Tipps vom Hundeflüsterer

Cesar Millan

Mit Melissa Jo Peltier

Tipps vom Hundeflüsterer

Weltbild

Genehmigte Lizenzausgabe für Verlagsgruppe Weltbild GmbH,
Steinerne Furt, 86167 Augsburg

Originaltitel: *Cesar's Way*
© der Originalausgabe 2006 bei Cesar Millan
© der deutschsprachigen Ausgabe 2007 by Arkana Verlag, München,
ein Unternehmen der Verlagsgruppe Random House GmbH.
Übersetzung: Andrea Panster
Umschlaggestaltung: Studio Höpfner-Thoma, München
Umschlagmotiv: Alan Weissmann
Gesamtherstellung: GGP Media GmbH, Pößneck
Printed in the EU
ISBN 978-3-8289-1791-0

2010   2009   2008
Die letzte Jahreszahl gibt die aktuelle Lizenzausgabe an.

Einkaufen im Internet:
www.weltbild.de

Im Gedenken an meinen Großvater
Teodoro Millan Angulo
und
für meinen Vater Felipe Millan Guillen.
Sie lehrten mich, Mutter Natur aufrichtig zu schätzen und
zu respektieren, und dafür danke ich ihnen.

Mein besonderer Dank gilt meiner Mutter Maria Teresa
Favela d'Millan, die mir beibrachte, welche Kraft in einem
Traum steckt.

INHALT

VORWORT

Ich möchte Sie mit dem Gedanken vertraut machen, dass Cesar Millans Hundepsychologie Sie ebenso viel über sich selbst wie über Ihre(n) Hund(e) lehren wird. Denn im Grunde haben wir Menschen das Wissen um jene natürliche Ordnung verloren, in der unsere Hunde leben. Wir wissen meist nichts vom Wesen unserer Haustiere und von ihren Bedürfnissen, was ihre natürlichen Überlebensinstinkte verkümmern lässt. Unsere Tiere können unausgeglichen und unglücklich werden, und dann bereiten sie uns mehr Kopfzerbrechen als Freude.

Cesar hilft uns, die ursprüngliche Lebensweise unserer Hunde zu verstehen, damit sie ausgeglichener und glücklicher werden können. Das erlaubt es uns, ein gesünderes Verhältnis zu ihnen zu entwickeln.

Mit seiner Geduld und seiner Weisheit ist Cesar ein Segen für meine Familie, meine Hunde und für mich. Seien Sie also offen für Neues.

Ich segne Sie.

Jada Pinkett Smith
Schauspielerin

ZUM GELEIT

Heute steht uns ein breites Angebot an Büchern, Beistand, Erziehungshilfen und zweifellos an Hunde-Leckerlis zur Verfügung, und trotzdem gibt es mehr schlecht erzogene Hunde denn je. Uns stehen alle Möglichkeiten offen, unseren Hund gut zu erziehen, und doch fehlt uns ein ausreichendes Verständnis seines Wesens. Die meisten »Herrchen« und »Frauchen« sind liebevolle Menschen mit den allerbesten Absichten. Dennoch kann dieser Mangel an Verständnis viele weit verbreitete Hundeprobleme verursachen.

Mit einfachen Worten: Tiere sind keine kleinen Menschen. Sie denken nicht wie wir, handeln nicht so und sehen die Welt ganz anders, als wir das tun. Hunde sind Hunde, und wir müssen sie als solche respektieren. Wir erweisen ihnen einen schlechten Dienst, wenn wir sie wie Menschen behandeln und so viele der unschönen Verhaltensweisen hervorrufen, die wir heute allenthalben beobachten können.

In dem Augenblick, in dem ich Cesar Millan in seiner Sendung »Dog Whisperer« zum ersten Mal mit Hunden arbeiten sah, war mir klar, dass er dies wusste. Er ist ein ganz besonderer Mensch und hat keine Angst davor, Ansichten zu vertreten, die manchem unerwünscht sind oder als nicht »politisch korrekt« empfunden werden. Er spricht davon, dass ein Hund Führung braucht, und scheut – falls nötig – auch nicht davor zurück, seine Klienten zu korrigieren.

Es beeindruckt mich immer wieder, zu sehen, wie Cesar sowohl mit den Tieren als auch mit ihren Besitzern umzugehen weiß. Er erklärt die Ursache eines Problems so, dass jeder Halter es versteht. Seine Persönlichkeit, seine Wärme und sein Humor sind unwiderstehlich. Mit seinem Charme bringt er sogar die widerspenstigsten Hundebesitzer zum Zuhören und weckt in ihnen die Bereitschaft, sich zu ändern.

Er kann Probleme nicht nur erklären, er vermag sie auch zu beheben. Mit einem Minimum an verbaler Kommunikation fügt sich der Hund, ändert seine Einstellung und sein Verhalten. Die Tiere reagieren auf Cesars ruhige, selbstbewusste Art. Der Mann weiß wirklich, wie man mit ihnen spricht.

Mit diesem Buch erinnert uns Cesar daran, dass die Erziehung im Wesentlichen darin besteht, zwischen Mensch und Hund eine gesunde Beziehung mit klaren Grenzen aufzubauen. Ich weiß aus Erfahrung, wie wichtig das ist. Mein erster Hund Kim zeigte keinerlei Aggression und führte sich nie außergewöhnlich auf – weder in der Öffentlichkeit noch wenn Gäste kamen. Heute würden die Leute sagen: »Was für ein wohlerzogener Hund!« Aber es war keine Frage der Erziehung. Wir hatten eine Beziehung, die auf den drei wichtigen Säulen beruhte, von denen Cesar in diesem Buch spricht: Bewegung, Disziplin und Zuneigung.

Cesar zeigt uns, wie man eine solche Beziehung aufbaut, und hilft uns, unsere Hunde besser zu verstehen. Er erklärt auch, wie wir mit der richtigen Herangehensweise das Verhalten und die Einstellung unseres Hundes verändern können. Für alle, die in Frieden mit ihren geliebten Kameraden zusammenleben möchten, sind diese Informationen von unschätzbarem Wert.

Martin Deeley
Präsident der International Association
of Canine Professionals

EINFÜHRUNG

Macht Ihr Hund Sie verrückt? Ist er aggressiv, nervös, ängstlich oder einfach überdreht? Vielleicht zeigt Ihr vierbeiniger Freund auch ein zwanghaftes Verhalten – ganz gleich, ob er jeden anspringt, der zur Tür hereinkommt, oder Sie ständig damit nervt, dass Sie immer wieder denselben verdreckten grünen Tennisball für ihn werfen sollen.

Vielleicht, ja, vielleicht glauben Sie sogar, den perfekten Hund zu haben, wünschen sich aber eine noch erfüllendere Beziehung zu ihm. Sie möchten wirklich gern wissen, was Ihren Hund bewegt. Sie wollen in Erfahrung bringen, wie er denkt, damit die Bindung zwischen Ihnen noch enger werden kann.

Wenn Sie eine dieser Fragen mit Ja beantwortet haben, sind Sie hier richtig.

Falls Sie mich noch nicht aus meiner Fernsehsendung »Dog Whisperer« kennen, die auf dem National Geographic Channel zu sehen ist, gestatten Sie bitte, dass ich mich kurz vorstelle. Ich heiße Cesar Millan und möchte Sie gern an meinem Wissen teilhaben lassen, das ich in einem Leben und bei der Arbeit mit Hunden gewonnen habe – wozu auch die vielen tausend »hoffnungslosen Fälle« gehören, die ich im Laufe der Jahre rehabilitiert habe.

Lassen Sie mich etwas über die eigene Person erzählen: Ich verließ Mexiko im Jahr 1990, um in die Vereinigten Staaten zu gehen. Ich hatte keinen Penny in der Tasche, aber den Traum und den Ehrgeiz, der beste Hundetrainer der Welt zu werden. Ich begann als Hundefriseur, arbeitete jedoch nicht einmal zehn Jahre später mit Rudeln übermäßig aggressiver Rottweiler. Darunter waren einige Hunde, die zufällig einem wundervollen Ehepaar gehörten, von dem Sie vermutlich schon gehört haben: Will Smith und Jada Pinkett Smith. Will und Jada sind verantwortungsbewusste Tierhalter und waren von meiner Art des Umgangs mit Hunden beeindruckt. Großzügigerweise empfahlen sich mich an ihre Freunde und Kollegen weiter, von denen viele ebenfalls prominent waren. Ich machte keine Werbung. Meine Klienten hörten nur durch Mundpropaganda von mir.

Mein Geschäft blühte auf, und bald konnte ich das Dog Psychology Center im Süden von Los Angeles eröffnen. Ich halte ein Rudel von dreißig bis vierzig Hunden, die niemand haben will. Die meisten Tiere stammen aus Heimen oder von Schutzorganisationen. Sie galten als »unvermittelbar« oder waren wegen Verhaltensauffälligkeiten von ihren Besitzern abgegeben worden. Leider gibt es nicht genügend Gnadenhöfe. Deshalb steht der Mehrzahl dieser Tiere der sichere Tod bevor.

Doch die Hunde sind nach ihrer Rehabilitierung glückliche, nützliche Rudelmitglieder. Viele von ihnen finden irgendwann liebevolle und verantwortungsbewusste Adoptivfamilien. Und während der Zeit, die sie bei mir verbringen, spielen diese Tiere, denen einst die Todesstrafe gewiss war, regelmäßig sozusagen den Gastgeber und dienen als Vorbild für die Problemhunde meiner Klienten.

Amerikanische Hunde sehnen sich wie ihre Artgenossen in den anderen Industrieländern nach etwas ganz Bestimmtem – seit jenem Tag, an dem ich die Grenze zu den Vereinigten Staaten überschritten habe, kann ich es in ihren Augen lesen und in ihrer energetischen Ausstrahlung spüren. Sie schmachten nach dem, was für die meisten Hunde in freier Wildbahn ganz natürlich ist: Sie wollen einfach Hunde sein und in einem stabilen, ausgeglichenen Rudel leben. Die amerikanischen Vierbeiner kämpfen mit einem Problem, das die meisten Hunde dieser Welt nicht kennen – sie müssen die von der Liebe ihrer Halter motivierten, aber letztlich destruktiven Bemühungen, sie in »Menschen mit Fell« zu verwandeln, wieder »entlernen«.

Als Kind hatte ich mir in Mexiko »Lassie« und »Rin Tin Tin« im Fernsehen angesehen und davon geträumt, der größte Hundetrainer der Welt zu werden. Inzwischen bezeichne ich das, was ich tue, nicht mehr als »Training«. Es gibt viele wunderbare Menschen, die Ihrem Hund beibringen können, Kommandos wie »Sitz!«, »Bleib!«, »Komm!« und »Bei Fuß!« zu befolgen. Ich mache etwas anderes, und zwar rehabilitiere ich die wirklich schweren Fälle. Ich beschäftige mich mit Hundepsychologie. Ich versuche, den Verstand und die natürlichen Instinkte des Tiers anzusprechen, um unerwünschtes Verhalten zu korrigieren. Dabei verwende ich keine Kommandos. Ich arbeite mit Energie und Berührung.

Wenn ich einen Klienten besuche, hält dieser für gewöhnlich den Hund für das Problem. Ich aber habe immer im Hinterkopf, dass das Problem höchstwahrscheinlich beim Besitzer liegt. Ich sage oft zu meinen Klienten: »Ich rehabilitiere Hunde, ich trainiere Menschen.«

Der Schlüssel zu meiner Methode ist das, was ich als »die Macht des Rudels« bezeichne. Ich bin auf einer Farm mit Hunden aufgewachsen, die Arbeits- und keine Haustiere waren, und konnte sie jahrelang innerhalb ihrer natürlichen »Rudelstrukturen« beobachten und mit ihnen umgehen. Diese Struktur ist genetisch in einem Hund verankert. In einem Rudel gibt es nur zwei Rollen: die des Führers und die des Mitglieds. Und wenn Sie nicht der Rudelführer Ihres Hundes sind, wird er diese Aufgabe übernehmen und versuchen wollen, Sie zu dominieren.

In Amerika und anderen westlichen Ländern verwöhnen die Hundebesitzer ihre Tiere meist. Sie zeigen ihnen pausenlos ihre Zuneigung und glauben, das sei genug. Kurz gesagt, es ist nicht genug. Wenn ein Hund nur Zuneigung erfährt, stört das sein natürliches Gleichgewicht. Aber indem ich meinen Klienten beibringe, die Sprache ihres Hundes – die Sprache des Rudels – zu sprechen, eröffne ich ihnen eine ganz neue Welt. Bei meiner Arbeit habe ich stets das Ziel, sowohl den Menschen als auch den Hund gesünder und glücklicher zu machen.

In Amerika gibt es über 65 Millionen Haushunde.[1] In den vergangenen zehn Jahren hat sich die Größe der Heimtierbranche verdoppelt. Amerikanische Hundebesitzer verwöhnen ihre winzigen Yorkshireterrier mit grünen Krokodilledertaschen für 5700 Dollar und schließen Versicherungspolicen über 30 000 Dollar ab.[2] Im Durchschnitt geben sie im Lauf eines Tierlebens bis zu 11 000 Dollar oder mehr für ihren Liebling aus – und das ist eine eher konservative Schätzung![3] In diesem Land leben zweifellos die verwöhntesten Hunde der Welt. Aber auch die glücklichsten?

Meine Antwort darauf lautet – leider –: »Nein.«

Ich hoffe, Sie werden bei der Lektüre dieses Buchs einige praktische Methoden kennenlernen, wie sie Ihrem Hund bei seinen Problemen helfen können. Noch wichtiger ist jedoch, dass ich Ihnen ein tieferes Verständnis dafür vermitteln möchte, wie Ihr Hund die Welt sieht – und was er tatsächlich für ein friedliches, glückliches und ausgeglichenes Leben wünscht und braucht. Ich glaube, fast alle Hunde kommen ausbalanciert und im Einklang mit sich und der Natur zur Welt. Erst wenn sie ihr Leben mit Menschen teilen, entwickeln sie Verhaltensauffälligkeiten, die ich als »Probleme« bezeichne.

Da wir gerade von »Problemen« sprechen: Wer von uns hat nicht selbst ein paar davon? Wenn Sie meine Methoden umsetzen, werden Sie vielleicht sogar lernen, sich selbst besser zu verstehen. Sie werden Ihr Verhalten in einem anderen Licht sehen und vielleicht sogar die Art und Weise, wie Sie Ihren Kindern, Ihrem Ehepartner oder Ihrem Chef begegnen, zum Positiven hin verändern. Schließlich sind auch wir »Rudeltiere«! Ich habe von mehr Zuschauern gehört, als Sie sich vielleicht vorstellen können, dass meine Methoden ebenso vielen Menschen wie Hunden geholfen haben. Hier ein Auszug aus einem entzückenden Zuschauerbrief:

Lieber Cesar,
herzlichen Dank für Ihre Sendung »Dog Whisperer«.
Das Lustige ist, dass Sie mein Leben und das meiner Familie verändert haben, obwohl wir noch nicht einmal einen Hund besitzen.
Ich bin 41 Jahre alt und Mutter von zwei Kindern (einem fünf Jahre alten Sohn und einer sechs Jahre alten Tochter). Es fiel mir immer ausgesprochen schwer, für

Disziplin zu sorgen (ich musste feststellen, dass sie keine Grenzen kannten). Meine Kinder kommandierten mich im wahrsten Sinne des Wortes sowohl in der Öffentlichkeit als auch zu Hause herum. Dann sah ich Ihre Sendung.

Inzwischen habe ich gelernt, mich als Mutter besser durchzusetzen. Ich strahle eine stärkere autoritäre Energie aus und fordere meinen Platz als Autoritätsperson. Ich habe sogar gelernt, nicht mehr zu bitten und zu betteln, bis meine Kinder etwas tun, sondern es einfach von ihnen zu verlangen (zum Beispiel dass sie ihr Zimmer aufräumen, den Tisch abräumen und die sauberen Kleider in den Schrank legen). Mein Leben und meine Kinder haben sich verändert. Zu meinem Erstaunen sind sie disziplinierter geworden (und streiten auch weniger). Sie sind stolz darauf, wenn sie eine Aufgabe erledigt haben, und ich bin einfach begeistert.

Cesar, Sie bringen den Menschen nicht nur etwas über ihre Hunde, sondern auch über sich selbst bei.

Vielen herzlichen Dank!

Familie Capino

Ich habe den Hunden viel zu verdanken. Natürlich verdiene ich meinen Lebensunterhalt mit ihnen, aber meine Dankbarkeit geht sehr viel tiefer. Ich führe meine Ausgeglichenheit zurück auf den Umgang mit ihnen. Durch sie machte ich die Erfahrung bedingungsloser Liebe und bekam die Möglichkeit, als kleiner Junge die Einsamkeit zu besiegen. Ich verdanke ihnen meine Vorstellung von Familie, und sie helfen mir, ein besserer, entspannterer »Rudelführer« für meine Frau und unsere Kinder zu sein.

Hunde geben uns so viel, und was bekommen sie dafür?

Einen Platz zum Schlafen, Futter, Zuwendung… aber ist das genug? Sie teilen ihr Leben so rein und selbstlos mit uns. Können wir da nicht einen tieferen Blick in ihre Köpfe und in ihre Herzen werfen, um herauszufinden, was sie sich wirklich wünschen?

Ich bin zu der Überzeugung gelangt, dass einige Besitzer nicht bereit sind, zu tun, was nötig ist, damit ihre Hunde ein erfülltes Leben haben. Sie fürchten, das könne die Art und Weise schmälern, wie die Tiere ihr Leben bereichern. Aber sollte eine ideale Beziehung nicht die Bedürfnisse beider Parteien erfüllen?

Mit diesem Buch möchte ich versuchen, Ihnen dabei zu helfen, dass Sie Ihrem Hund einen Bruchteil dessen zurückgeben, was er Ihnen schenkt.

Mit dem Rudel in den Bergen

Ein Hundeleben

Es ist 6.45 Uhr, die Sonne blinzelt über den Kamm der Santa Monica Mountains. Wir laufen direkt nach Osten, und der Weg liegt ruhig und verlassen da. Ich habe noch keine Spur von anderen Menschen entdeckt, und das ist gut. Wenn ich mit ungefähr 35 frei laufenden Hunden auf den Fersen durch die Hügel jogge, halte ich mich an die am wenigsten begangenen Wege. Die Hunde sind nicht gefährlich, aber auf jemanden, der noch nie einen Mann mit einem Hunderudel hat joggen sehen, können sie einen recht bedrohlichen Eindruck machen.

Wir sind seit etwa einer halben Stunde unterwegs, und mein Assistent Geovani bildet die Nachhut. Er bleibt hinter dem letzten Hund und hält Ausschau nach Nachzüglern. Aber die sind selten. Sobald wir unseren Rhythmus gefunden haben, wühlen das Rudel und ich den Boden des Weges auf, als seien wir eine Einheit, als seien wir ein Tier. Ich führe, und sie folgen. Ich kann ihren schweren Atem und das leichte Scharren ihrer Pfoten auf dem Weg hören.

Sie sind ruhig und glücklich und trotten leichtfüßig mit gesenktem Kopf und wedelndem Schwanz dahin.

Die Hunde folgen mir in der Reihenfolge ihres Ranges, doch da dieses Rudel sehr viel größer ist als ein wild lebendes Wolfsrudel, bilden die Hunde je nach Energieniveau Gruppen mit hoher, mittlerer und niedriger Energie. (Die kleineren Hunde müssen sich mehr anstrengen, um Schritt zu halten.)

Alle Tiere sind aufs Laufen eingestellt und werden von ihrem Instinkt geleitet. Manchmal glaube ich, das gilt auch für mich. Ich atme tief durch. Die Luft ist klar und sauber, und ich kann keine Spur von Smog entdecken. Es ist überwältigend, ein berauschendes Gefühl. Ich bin eins mit der Natur, dem Sonnenaufgang und den Hunden. Ich denke daran, was für ein großer Segen es ist, dass ich meine Zeit so verbringen darf, dass dieser Tag zu meiner Arbeit, zu meiner Lebensaufgabe gehört und ich ihn genießen kann.

An einem durchschnittlichen Arbeitstag verlasse ich mein Haus in Inglewood, Kalifornien, und komme gegen 6.00 Uhr morgens im Dog Psychology Center im Süden von Los Angeles an. Geovani und ich lassen die Hunde in den »Hinterhof« des Centers, wo sie sich nach der nächtlichen Ruhephase erleichtern können. Dann laden wir sie in einen Bus und sind spätestens um 6.30 Uhr in den Bergen. Wir bleiben etwa vier Stunden dort und wechseln zwischen intensiver und mäßiger Aktivität sowie Ruhephasen ab.

Wenn wir unterwegs sind, läuft das wie beschrieben ab – ich führe das Rudel wie ein Leitwolf, und die Hunde folgen mir. Sie sind ein bunt gemischter Haufen – eine Schar von invaliden, abgeschobenen, ausgesetzten und aufgelesenen Tieren sowie denen meiner Klienten, die im Center zu ihren »(Hunde)wurzeln« zurückfinden sollen. Wir haben überdurchschnittlich viele Pitbulls, Rottweiler, Deutsche Schäferhunde und andere Kraftpakete sowie Springerspaniel, Italienische Windspiele, Englische Bulldoggen und Chihuahuas. Wenn ich laufe, sind die meisten Hunde nicht angeleint. Um diejenigen, die an der Leine geführt werden müssen, kümmert sich einer meiner Assistenten. Falls es Zweifel daran gibt, dass ein Hund ein gehorsames Rudelmitglied ist, bleibt er zu Hause, und ich verschaffe ihm auf andere Art und Weise Auslauf. Obwohl die Tiere sehr unterschiedlich sind, bilden sie ein Rudel. Ihr stärkster, ursprünglichster Instinkt sorgt dafür, dass sie mir – ihrem »Rudelführer« – folgen, mir gehorchen und untereinander kooperieren. Jeder dieser Ausflüge stärkt das Band zwischen uns. So soll ein Rudel sein – so will es die Natur.

Es ist erstaunlich, aber wenn wir miteinander spazieren gehen oder laufen, sind die einzelnen Rassen nicht mehr voneinander zu unterscheiden. Sie bilden einfach eine Gemeinschaft. Doch sobald wir eine Pause einlegen, entstehen nach Rassen geordnete Grüppchen. Die Rottweiler rotten sich zusammen. Sie buddeln ein Loch und ruhen sich darin aus. Die Pitbulls legen sich stets alle gemeinsam in die Sonne. Und die Deutschen Schäferhunde suchen sich ein lauschig-schattiges Plätzchen unter einem Baum. Jede Rasse hat ihre Vorlieben. Wenn es dann weitergeht, laufen sie wieder hinter mir her, als gäbe es keinerlei Un-

Die Rassen ruhen sich während eines Spaziergangs
gemeinsam aus

terschiede zwischen ihnen. Der Hund und das Tier in ihnen ist sehr viel stärker ausgeprägt als die Rassenmerk-
male – zumindest wenn es um die ernste Angelegenheit
des Umherziehens geht. An jedem Tag, den ich mit ihnen
verbringe, lehren mich die Hunde etwas Neues. Das, was
ich für sie tue, vergelten sie mir also tausendfach.

10.45 Uhr: Wir sind wieder daheim im Süden von Los
Angeles. Nach vier Stunden intensiver Bewegung in den
Bergen brauchen die Hunde Wasser – und Ruhe. Sie kehren ins Center zurück und ruhen sich im Schatten des
zweistöckigen Säulengangs, eines Laubbaums oder in
»Thailand« aus. So nenne ich die Reihe von fünf nicht so
großen Hundehütten für die Kleineren. Die aktiveren
Hunde kühlen sich gern in einem der Schwimmbecken ab,
ehe sie sich aufs Ohr legen. Sie ruhen ungefähr eine Stunde,
von 11.00 Uhr bis Mittag. In dieser Zeit berate ich Klienten

und nehme Hunde ins Center auf. Ein neuer, unausgeglichener »Patient« lässt sich am besten in ein stabiles Rudel einführen, wenn die Hunde völlig abgekämpft sind.

Haben sich die Hunde bewegt und sind sie ausgeruht, haben sie das Fressen verdient… genau wie das in der Natur der Fall wäre. Ich bereite das Futter gern selbst zu, mische und verteile es mit den Händen, damit der Geruch des Rudelführers daran haftet.

Die Fütterung in unserem Center dauert eineinhalb Stunden und ist eine psychologische Herausforderung für die Hunde – beim Menschen entspräche das in etwa einer Schulung der »Willenskraft«. Die Hunde stellen sich vor mir auf und warten. Der sanftmütigste, ruhigste und entspannteste bekommt sein Fressen zuerst. Das macht den anderen klar: Je ruhiger und sanftmütiger sie sind, desto eher bekommen sie, was sie wollen. Sie müssen Seite an Seite fressen, ohne dass Streit oder Kämpfe um das Futter ausbrechen. Das ist eine sehr große mentale Herausforderung für einen Hund, sorgt aber dafür, dass das Rudel reibungslos funktioniert.

Wenn sie gefressen und sich erleichtert haben, ist es wieder Zeit für körperliche Ertüchtigung.

Wie Sie sehen, halte ich sehr viel von einem geregelten Tagesablauf und intensiver körperlicher Aktivität, damit die Hunde so ausgeglichen sind, wie sie es in der Natur und in einer Welt ohne den Einfluss des Menschen wären.

Jetzt wird es richtig anstrengend. Wir gehen zum Inlineskaten. Ob Sie's glauben oder nicht, die meisten Hunde laufen liebend gern mit mir beim Inlineskaten. Sie genießen die Herausforderung, mit einem Rudelführer auf Rollen mitzuhalten! Da ich maximal zehn Hunde gleichzeitig mitnehmen kann, muss ich drei- oder viermal hintereinander fahren. Am Nachmittag war jeder einmal an der Reihe. Die Hunde sind erschöpft – und ich bin es auch … Während sie sich einige Stunden ausruhen, erledige ich telefonische Beratungen und die Büroarbeit.

Gegen 17.00 Uhr gehen wir dann wieder hinaus und spielen zwanzig Minuten Ball. Im Dog Psychology Center können dreißig bis vierzig Hunde demselben Ball nachjagen, ohne dass sie sich darum streiten. Ich nenne das »die Macht des Rudels«. Sie sorgt dafür, dass sich die Hunde ordentlich benehmen.

Wenn die Sonne langsam untergeht, wird es für den Rest des Tages ruhig. Das ist die beste Zeit für die Arbeit mit einzelnen Hunden. Nehmen wir zum Beispiel Beauty, eine schlaksige Deutsche Schäferhündin und ein schwerer Fall von Angstaggression. Sobald sich jemand nähert, weicht sie zurück und läuft entweder davon oder greift an. Wenn ich sie anleinen will, muss ich sie so lange hetzen, bis sie müde wird, und dann warten, bis sie aufgibt. Es kann sein, dass ich das tausendmal machen muss, bis ihr klar wird, dass es das Beste ist, wenn sie zu mir kommt, sobald ich die Hand nach ihr ausstrecke. Weil sich Beauty den ganzen Tag lang bewegt und im Rudel aufgehalten hat, ist sie in der optimalen geistigen Verfassung, um mit mir an ihren Problemen zu arbeiten.

Heute, mehr als zehn Jahre nach der Eröffnung des Dog Psychology Center, habe ich eine Belegschaft, die aus meiner Frau Ilusion sowie vier weiteren loyalen Angestellten besteht. Wir kümmern uns im Durchschnitt um dreißig bis vierzig Hunde. Viele in unserem Rudel sind schon von

Anfang an bei uns. Einige von ihnen betrachten wir als Haustiere und nehmen sie abends mit nach Hause. Inzwischen sind es so viele, dass wir abwechseln müssen. Andere Tiere sind regelmäßig bei uns zu Gast und gehören langjährigen Klienten, welche die ausgleichende Wirkung des Rudels zu schätzen wissen. Sie bringen ihre Hunde immer dann zu uns, wenn sie auf Reisen gehen. Für ihre Lieblinge, die psychisch bereits ausgeglichen sind, ist die Zeit im Rudel wie ein Zeltlager mit alten Freunden.

Alle anderen Hunde sind nur kurzzeitig im Center. Der Aufenthalt soll ihre Rehabilitation unterstützen. Das Verhältnis von Dauerrudelmitgliedern zu Gästen ist etwa fünfzig zu fünfzig. Einige von unseren Gästen kommen aus dem Heim. Es sind Hunde, die möglicherweise eingeschläfert werden, wenn wir nicht schleunigst sozialverträgliche Tiere aus ihnen machen. Die anderen gehören privaten Klienten.

Ich sage gern, dass die Hunde meiner Kunden gut fürs Geschäft und die von den Tierschutzvereinen gut fürs Karma sind. Meist brauchen die Hunde meiner Klienten keinen Aufenthalt im Center. Ebenso wie die wenigsten Menschen eine Gruppentherapie benötigen, um mit ihren psychologischen Problemchen fertigzuwerden. Damit sich ihr Verhalten bessert, haben die meisten Hunde lediglich mehr Führung von ihren Besitzern nötig. Zu Hause müssen gewisse Regeln und Grenzen festgelegt und anschließend konsequent eingehalten werden. Allerdings gibt es auch Fälle, für die es am besten ist, wenn sie die Unterstützung und den Einfluss ihrer Artgenossen spüren, damit sie das »Hundsein« wieder lernen.

29

Weil so viele »Patienten« von Tierschutzvereinen zu uns gebracht werden, haben sie oft eine herzzerreißende Vergangenheit, voll mit jenen unvorstellbaren Grausamkeiten, die manche Zeitgenossen unseren Mitgeschöpfen antun. Rosemary hat eine solche Biographie. Sie ist ein Pitbullmischling und war dazu gezüchtet worden, in illegalen Hundekämpfen gegen andere Artgenossen anzutreten. Nachdem sie einen wichtigen Kampf verloren hatte, übergossen ihre Besitzer sie mit Benzin und zündeten sie an.

Vertreter einer Tierschutzorganisation retteten ihr das Leben, und sie erholte sich von ihren Verletzungen. Allerdings war nur allzu klar, dass diese entsetzliche Erfahrung sie gefährlich und aggressiv gemacht hatte. Sie fing an, Menschen zu beißen. Rosemarys Fall kam mir zu Ohren, nachdem sie zwei ältere Herren angefallen hatte. Ich bot sofort an, sie zu mir zu nehmen und ihre Rehabilitation zu versuchen.

Rosemary war mir als gefährlicher, todbringender Hund beschrieben worden. Aber als ich sie ins Center holte, stellte sich bald heraus, dass ihre Verwandlung eine meiner leichtesten Übungen werden sollte. Sie brauchte lediglich einen sicheren Ort und verlässliche Führung, um wieder Vertrauen zu uns zu fassen. Zuvor hatten die Menschen ihr Angst gemacht, deshalb reagierte sie immer präventiv. Sie griff an, weil sie die Erfahrung hatte machen müssen, dass die Vertreter unserer Spezies ihr wehtaten, wenn sie ihnen nicht zuvorkam. Ich brauchte nur zwei Tage, um ihr Vertrauen zu gewinnen. Danach war sie der gutmütigste, gehorsamste Hund, den man sich nur vorstellen kann. Sie war nicht zum Killer geboren. Menschen hatten sie dazu gemacht. Im Center, umgeben von der Energie stabiler, ausgeglichener Hunde, erwies sie sich als völlig problemlos.

Inzwischen ist Rosemary von einer Familie adoptiert worden, die sie liebt – und nicht glauben kann, dass sie Menschen gegenüber einmal aggressiv gewesen ist. Sie wurde eine der besten Repräsentantinnen des Dog Psychology Center, die ich mir nur vorstellen kann.

Popeye war wie Rosemary von Tierschützern aufgelesen worden, als er einsam durch die Straßen wanderte; und er landete bei mir, weil sie seiner nicht Herr wurden. Popeye ist ein reinrassiger Pitbull, der bei einem illegalen Kampf ein Auge verloren hat. Seine Besitzer hatten keine Verwendung mehr für den »beschädigten« Hund und setzten ihn aus. Während er sich an das Leben mit einem Auge gewöhnte, wurde Popeye anderen Hunden gegenüber immer misstrauischer, weil er nicht mehr so viel von der Welt mitbekam und sich verletzlich fühlte. Das kompensierte er durch aggressives Auftreten seinen Artgenossen gegenüber. Er wollte sie einschüchtern, was fast immer in einem Kampf endete. Schließlich ging er auch auf Menschen los.

Als er zu mir kam, war er äußerst aggressiv, dominant und überspannt. Er war ein sehr harter Brocken, weil er eine so starke Energie hatte. Ich musste in seiner Gegenwart also immer besonders wachsam und aufmerksam sein. Heute ist Popeye ein gutmütiges, verlässliches Rudelmitglied. Und hier macht ihm niemand das Leben schwer, weil er nur ein Auge hat.

In unserem Rudel gibt es viele Pitbulls. Nicht, weil sie gefährlicher wären als andere Hunde, sondern weil sie zu den stärksten Rassen gehören und die Tierschutzorganisationen oft nicht besonders gut mit ihnen zurechtkommen, wenn es Probleme gibt – vor allem mit Aggression. Leider werden Pitbulls meist für illegale Hundekämpfe oder als Schutzhunde gezüchtet und darauf konditioniert, ihre aggressive Seite zu zeigen.

Auch Preston ist ein Pitbull, und er ist riesig. Er hatte bei einem damals achtzigjährigen Mann gewohnt und war sein Leben lang mit ihm in der Wohnung eingesperrt gewesen. Preston hat ein ruhiges Wesen und wurde deshalb nicht zerstörerisch – zumindest nicht, solange sein »Herrchen« noch lebte. Der Hund war dabei, als sein Besitzer starb, und wurde vom Vermieter des Mannes gefunden, der die Tierschutzorganisation Amanda Foundation verständigte. Als sie ihn abholten, war Preston sehr schüchtern.

Schüchterne Hunde sind oft anfällig für Angstaggressionen. Die Helfer steckten Preston in eine Transportbox, und als sie ihn später wieder herausholen wollten, ging er auf sie los. Weil er so ein riesiger Kerl ist, bekamen es seine Retter mit der Angst zu tun, aber als ich ihn zu mir nahm, erkannte ich sofort, dass er im Grunde verängstigt und unsicher war.

Preston war einer der wenigen Hunde, die vom ersten Tag an in Vollzeit im Rudel lebten. Dank seines ruhigen Wesens übertrug sich die entspannte, ausgeglichene Energie der anderen Mitglieder sofort auf ihn, und er passte sich ihnen beinah augenblicklich an. Er beruhigte sich auf der Stelle. Die meisten Besucher finden ihn immer noch furchteinflößend – aber ich kenne sein Geheimnis: Er ist ein sanfter Riese …

Eigentlich liebe ich alle Hunde im Center gleichermaßen, aber an Scarlett, einer schwarzweißen Französischen Bulldogge, hänge ich besonders. Ich nehme sie oft mit heim, und meine Söhne betrachten sie als Haustier. Scarlett war der Neuzugang in einem Haus voller Hunde und anderer Haustiere. Ihre Besitzer hatten auch ein Kaninchen, das eines Tages aus dem Stall entkam. Scarlett schnappte sich das Tier und biss ihm ein Auge aus.

Ich fuhr zu den Leuten, um mit Scarlett zu arbeiten. Meines Erachtens war sie kein Fall für das Center. Scarlett war auch nicht das Problem. Das Problem waren ihre Besitzer. Es fehlte hier gänzlich die Disziplin – Regeln und Grenzen –, und die Leute waren zu selten zu Hause, um sich um all die Tiere zu kümmern, die sich frei auf ihrem Grundstück tummelten. Ich gab ihnen viele »Hausaufgaben«, aber es änderte sich nichts.

Ein paar Wochen später biss Scarlett einem Chihuahua, der ebenfalls im Haus lebte, das Bein ab. Weil Scarlett der aggressivste und der neueste Hund im Rudel war, gaben die Besitzer wiederum ihr die Schuld. Da ich mir nicht vorstellen konnte, dass sie in diesem Haushalt eine Chance hatte, bot ich an, sie zu adoptieren. Inzwischen ist sie so lieb und ruhig, dass sie mich überallhin begleiten kann. Sie ist mein Glücksbringer. Immer wenn ich eine besonders große Portion Fortüne brauche, reibe ich ihr den Bauch, als sei sie eine Buddhastatue. Sie hat mich noch nie enttäuscht.

Oliver und Dakota sind zwei weiß-braune Springerspaniel. Beide haben infolge von Inzucht gesundheitliche Probleme und leiden zum Beispiel unter wiederholten Entzündungen der Augen und Ohren.

Dakota hat es am schlimmsten erwischt. Ich bin überzeugt davon, dass jeder Hund uns etwas lehren soll. Er lehrte mich die Bedeutung neurologischer Störungen – ein Problem, gegen das ich machtlos bin. Dakotas Energie ist aus dem Lot. Alles an ihm (von seinem Gebell bis hin zu der Art und Weise, wie er den Schatten hinterherjagt) ist aus dem Gleichgewicht. Weil ich im Rudel keinerlei Aggression dulde – niemals! –, lassen die anderen Hunde ihn in Ruhe, und er kann in Frieden leben. In der Natur würde ihn seine Schwäche zum Angriffsziel machen, und das überlebte er wohl nicht.

Ich wünschte, ich könnte Ihnen all unsere Tiere vorstellen, denn auch den anderen ist eine gleichermaßen faszinierende Vergangenheit zu eigen. Eines aber haben sie gemeinsam: Es ist für sie sehr wichtig, in einem Rudel zu leben. Es wäre nicht dasselbe für sie, Teil einer menschlichen Familie zu sein. Sie hätten es gut, würden vielleicht sogar verwöhnt. Aber jener ursprüngliche Aspekt würde in ihrem Leben fehlen. Wenn diese Hunde also Teil eines Rudels sein dürfen – ganz gleich, welche Rassen dazugehören –, fühlen sie sich vollständig.

Ich wünschte, alle Hunde in Amerika und auf der ganzen Welt könnten so ausgeglichen und erfüllt sein wie die in meinem Rudel. Mein Lebensziel ist es, bei der Rehabilitation so vieler »Problemhunde« zu helfen wie möglich.

Wenn es Abend wird, ist es an der Zeit, zu meinem »Menschenrudel« nach Hause zu gehen – zu meiner Frau Ilusion und unseren beiden Söhnen Andre und Calvin. Geovani wird über Nacht bleiben, sich um die Hunde kümmern und sie zur Schlafenszeit in die Zwinger bringen. Nachdem sie sich sieben bis acht Stunden bewegt haben, sind sie gern bereit, sich aufs Ohr zu legen. Morgen wird sich der Ablauf im Center mit mir oder einem meiner Kollegen wiederholen. Das ist mein Leben – ein »Hundeleben« –, und ich hätte es besser nicht antreffen können.

Mit diesem Buch lade ich Sie ein, es mit mir zu teilen.

Meine Familie auf der Farm in Ixpalino (von links): Mutter,
Großmutter, meine Schwester, meine Cousine,
Großvater und ich

1

Eine Kindheit mit Hunden

Eindrücke von jenseits der Grenze

An jenem Sommermorgen auf der Farm wachten wir vor Sonnenaufgang auf. Wir hatten keinen Strom, und wenn es abends dunkel wurde, gab es für uns Kinder bei Kerzenlicht nicht mehr viel zu tun. Während sich die Erwachsenen bis tief in die Nacht leise unterhielten, versuchten meine große Schwester und ich, in der heißen, stickigen Luft einzuschlafen. Wir brauchten keinen Wecker. Dessen Arbeit erledigte der erste Sonnenstrahl, der morgens durch das unverdunkelte Fenster schien und den goldenen Staub zum Tanzen brachte. Das Erste, was ich hörte, war das ununterbrochene Gegacker der Hühner, während sie um die Körner stritten, die mein Großvater bereits auf den Hof gestreut hatte. Wenn ich lange genug liegen blieb, konnte ich den Kaffee auf dem Herd riechen und das Wasser in den Porzellaneimern schwappen hören, die meine Großmutter vom Brunnen brachte. Ehe sie das Haus betrat, sprengte sie etwas Wasser auf die Lehmpiste vor der Tür, damit wir nicht im Staub erstickten, wenn die Kühe

37

auf ihrem morgendlichen Marsch zum Fluss am Haus vorbeikamen.

Aber an den meisten Tagen wollte ich um keinen Preis im Bett bleiben. Ich konnte es kaum erwarten, aufstehen und nach draußen laufen zu dürfen. Ich wollte immer nur bei den Tieren sein. Soweit ich mich erinnern kann, verbrachte ich meine Zeit bereits in jungen Jahren am liebsten damit, neben ihnen herzulaufen oder sie einfach zu beobachten. Ich wollte wissen, wie ihr wilder Verstand funktionierte. Ob Katze, Huhn, Stier oder Ziege – ich wollte in Erfahrung bringen, wie diese Tiere die Welt sahen. Ich wollte sie in- und auswendig kennen. Ich glaubte nie, dass sie uns gleichen, aber ich kann mich auch nicht daran erinnern, jemals gedacht zu haben, dass sie »weniger wert« seien als wir. Meine Faszination – und mein Entzücken – über die Unterschiede zwischen uns war endlos. Meine Mutter erzählt mir noch heute oft, dass meine Neugier von dem Augenblick an, als ich die Hand nach einem Tier ausstrecken und es berühren konnte, quasi »unersättlich« war.

Am meisten interessierten mich stets die Hunde. In unserer Familie gehörten sie zum Leben wie das Essen und das Trinken. In meiner Kindheit waren sie allgegenwärtig, und ich kann nicht oft genug betonen, welch großen Anteil sie an meiner Entwicklung hin zu dem Mann haben, der ich heute bin. Eine Welt ohne Hunde will ich mir nicht vorstellen. Ich respektiere die Würde dieser stolzen, wunderbaren Tiere. Ich staune über ihre Treue, ihre Beständigkeit, ihre Zähigkeit und ihre Kraft. Ich studiere ihre Verbindung zur Mutter Natur, die trotz der vielen tausend Jahre an der Seite des Menschen ungebrochen ist; und das lässt mich spirituell wachsen. Wenn ich sagte, dass ich

Hunde »liebe«, brächte das meine tiefen Gefühle für sie und meine Verbundenheit mit ihnen nicht einmal annähernd zum Ausdruck.

Ich hatte das große Glück, eine wunderbare Kindheit zu verbringen und sie mit Hunden und vielen anderen Tieren teilen zu dürfen. Und ich bin wie gesagt in Mexiko in einer Kultur aufgewachsen, die sich völlig von derjenigen der Vereinigten Staaten und anderer »westlicher Zivilisationen« unterscheidet. Das verschaffte mir den Vorteil, Amerika und seine Gepflogenheiten mit den Augen eines Fremden zu sehen. Ich bin zwar weder Tierarzt noch Biologe, und ich habe auch nicht promoviert. Dessen ungeachtet konnte ich im Laufe der Jahre viele tausend Problemhunde erfolgreich rehabilitieren. Dabei ist mir aufgefallen, dass zahlreiche Hunde lange nicht so glücklich oder ausbalanciert sind, wie sie sein könnten.

Ich würde Ihnen gern zeigen, wie Sie Ihren Hund auf eine ausgeglichenere, gesündere Art und Weise lieben können. Ich möchte Ihnen einen Weg weisen, der zu jener tiefen Verbundenheit mit einem Tier führt, die Sie sich immer gewünscht haben. Wenn Sie meine Erfahrungen und die Geschichte meines vom Umgang mit Hunden geprägten Lebens kennen, werden Sie die Beziehung zwischen uns Menschen und unseren »tierischen Freunden« vielleicht in einem anderen, positiveren Licht sehen.

Die Farm

Ich wurde in Culiacán geboren, das ist eine der ältesten Städte meines Landes, etwa tausend Kilometer von Mexico City entfernt. Dort habe ich auch die ersten Jahre meines Lebens verbracht. Aber besonders gut sind mir die Ferien und die Wochenenden auf der Farm meines Großvaters in Ixpalino, ungefähr eine Stunde von Culiacán entfernt, in Erinnerung geblieben. Im mexikanischen Bundesstaat Sinaloa waren landwirtschaftliche Betriebe wie der, auf dem mein Großvater lebte, Teil einer Art Feudalsystem. Die Farm oder Ranch gehörte den *patrones*, reicheren mexikanischen Familien. Mein Großvater war einer von vielen Arbeitern oder Bauern, den *campesinos*, die *ejidos* (Parzellen) pachteten und ihren mageren Lebensunterhalt damit verdienten, dass sie dieses Land bestellten. Jene Bauernfamilien bildeten eine Gemeinschaft; sie teilten sich das Land, das sie bearbeiteten. Die Hauptaufgabe meines Großvaters war es, sich um die Kühe zu kümmern – Dutzende davon – und sie jeden Tag sicher von der Weide zum Fluss und wieder zurückzuführen.

Wir hatten auch Hühner und andere Tiere, überwiegend für den Eigenbedarf. Das Haus war klein: lang, schmal und hauptsächlich aus Ziegelsteinen und Lehm gebaut. Es gab nur vier Zimmer, in denen es ziemlich eng wurde, als meine jüngeren Geschwister geboren waren – und wenn meine Cousinen und Cousins zu Besuch kamen.

Ich war schon vierzehn oder fünfzehn, als wir fließend Wasser bekamen. Ich wüsste aber nicht, dass ich mich je »arm« gefühlt hätte. In jenem Teil Mexikos waren die meisten Menschen Arbeiter, und in meinen jungen Augen sah ich die Farm als das Paradies. Ich hätte sie jederzeit dem Besuch eines Vergnügungsparks vorgezogen. Auf der Farm hatte ich das Gefühl, ich selbst sein zu können. So, wie es meinem Wesen entsprach. Dort fühlte ich mich wahrhaft mit der Natur verbunden.

Die Hunde waren im Hintergrund immer da. Für gewöhnlich lebten sie in lockeren Rudelverbänden, die aus fünf bis sieben Tieren bestanden. Sie waren nicht wild, aber auch keine Haustiere im herkömmlichen Sinne. Sie lebten draußen auf dem Hof und kamen und gingen, wie es ihnen beliebte. Meist waren es bunte Promenadenmischungen, und viele von ihnen sahen aus wie eine Kreuzung aus einem kleinen Deutschen Schäferhund, einem Labrador und einem Basenji. Sie gehörten zur Familie, aber diese »Hofhunde« mussten sich ihren Lebensunterhalt selbst verdienen. Sie sorgten dafür, dass die anderen Tiere nicht aus der Reihe tanzten – sie liefen neben oder hinter meinem Großvater her, wenn er die Kühe zum Wasser trieb, und sie achteten darauf, dass keine von ihnen vom Weg abkam. Die Hunde hatten auch noch andere Aufgaben, zum Beispiel unser Land und unser Eigentum zu schützen. Falls ein Arbeiter seinen Hut auf dem Feld vergaß, konnte man sicher sein, dass einer der Hunde bleiben und den Hut bewachen würde, bis sein Besitzer zurückkam. Sie beschützten auch die Frauen der Familie. Wenn meine Großmutter den Arbeitern mittags das Essen aufs Feld brachte, wurde sie immer von einem oder zwei Hunden begleitet – für den Fall, dass plötzlich ein aggressives Schwein auftauchen und versuchen sollte, ihr die Mahlzeit zu stehlen. Die Hunde beschützten uns.

Für uns war das selbstverständlich. Wir mussten ihnen das auch nicht »beibringen«, jedenfalls nicht im Sinne einer »Hundeerziehung«, wie die meisten Menschen sie kennen. Wir gaben ihnen weder Kommandos, wie Hundetrainer es tun, noch belohnten wir sie mit Leckerlis. Wir misshandelten sie auch nicht, damit sie uns gehorchten. Sie erledigten einfach, was gerade anlag. Etwas an der Art und Weise, wie sie uns halfen, schien ihnen im Blut zu liegen. Vielleicht wurden diese Verhaltensweisen aber auch von einer Generation an die nächste weitervererbt. Als Gegenleistung für ihre Hilfe warfen wir ihnen hin und wieder ein paar Burritos zu. Sonst suchten sie sich ihr Futter selbst oder jagten kleinere Tiere. Sie waren gern mit uns zusammen, aber sie hatten ihren ganz eigenen Lebensstil – ihre eigene »Kultur«, wenn Sie so wollen.

Die »Arbeitshunde« auf unserer Farm waren meine eigentlichen Lehrer in der Kunst und der Wissenschaft der Hundepsychologie.

Ich habe schon immer gern Hunde beobachtet. Ich schätze, ein amerikanisches Durchschnittskind läuft mit seinem Hundefreund herum und spielt mit ihm Ball – wirft ihm eine Frisbeescheibe zu, spielt mit ihm Tauziehen oder tollt mit ihm im Gras herum. Doch schon als ich noch ganz klein war, machte es mir Freude, den Hunden einfach nur zuzusehen. Wenn sie sich nicht gerade ausruhten oder mit den anderen Tieren auf der Farm beschäftigt waren, beobachtete ich sie beim Spielen. Ich lernte früh, ihre Körpersprache zu verstehen – zum Beispiel die typische Verbeugung, mit der sie einander zum Spielen auffordern.

Ich weiß noch, wie sie sich gegenseitig an den Ohren packten und auf dem Boden herumrollten. Manchmal gingen sie gemeinsam auf Entdeckungstour. Ein anderes Mal taten sie sich zusammen, um ein Rattennest auszuheben. Wenn ihr »Arbeitstag« vorüber war, sprangen ein paar von ihnen in den Bach, um sich abzukühlen. Die weniger Mutigen lagen reglos am Ufer und beobachteten die anderen im Wasser. Ihre alltäglichen Muster und Rhythmen fügten sich zu einer ganz eigenen Kultur zusammen. Die

Mütter disziplinierten ihre Welpen, damit sie schon früh die Regeln des Rudels lernten. Ihre Gemeinschaften und Familien ähnelten geordneten Gesellschaften mit klaren Regeln und Grenzen.

Je länger ich sie beobachtete, desto mehr Fragen schossen mir durch den Kopf. Wie stimmten sie ihre Aktivitäten aufeinander ab? Wie kommunizierten sie?

Schon früh fiel mir auf, dass der Blickwechsel zwischen zwei Hunden die Stimmung innerhalb des Rudels in Sekundenbruchteilen verändern konnte. Was ging zwischen ihnen vor? Was »sagten« sie zueinander – und wie sagten sie es? Ich lernte schnell, dass auch ich eine Wirkung auf sie hatte. Falls ich etwas von ihnen wollte, wenn einer von ihnen mich zum Beispiel aufs Feld begleiten sollte, schien es, als müsste ich nur daran denken, und ein Hund las meine Gedanken und gehorchte. Wie konnte das sein?

Mich faszinierte auch, wie vieles über ihre komplexe Umgebung die Hunde einfach durch Probieren lernten. Ich fragte mich, ob ein Teil dieser Kenntnisse angeboren war. Das umfangreiche Wissen um ihr Umfeld und wie sie darin überleben konnten, schien sich aus einer Quelle zu speisen, die ererbte sowie erlernte Fähigkeiten umfasste.

Ich kann mich zum Beispiel noch gut daran erinnern, wie ich zwei kleine Hunde beobachtete, die wohl zum ersten Mal in ihrem jungen Leben einen Skorpion sahen. Sie waren ganz offensichtlich von der bizarren Kreatur fasziniert und näherten sich ihr vorsichtig Zentimeter für Zentimeter, immer mit der Nase voran. Sobald sie näher kamen und der Skorpion Anstalten machte, sich auf sie zuzubewegen, sprangen die Welpen zurück. Bald darauf schnüffelten sie erneut um den Skorpion herum, zogen sich wieder zurück und näherten sich von neuem – aber sie wagten sich nie so nah an ihn heran, dass er sie hätte stechen können. Woher wussten sie, wie weit sie gehen konnten? Sandte der Skorpion ihnen »Signale« und teilte er ihnen so seine Grenzen mit? Konnten die beiden Welpen das Gift des Skorpions riechen?

Dasselbe Verhalten beobachtete ich bei einer Hündin und einer Klapperschlange. Konnte sie die Gefahr wittern, die von dem Reptil ausging? Ich wusste, wie *ich* gelernt hatte, dass ein Tier giftig war. Mein Vater hatte gesagt: »Wenn du den Skorpion nicht in Ruhe lässt, setzt es was.« Oder: »Diese Schlange ist giftig. Wenn du sie anfasst, beißt sie dich.« Aber ich hatte nie einen Hundevater oder eine Hundemutter zu einem Welpen »sagen« gehört: »Die Sache ist so und so …« Die Welpen lernten aus Erfahrung oder schauten es sich von den anderen Hunden ab, besaßen aber, was die Natur anging, offenbar noch eine Art sechsten Sinn – einen Sinn, den ich schon als kleiner Junge bei den meisten Menschen in meiner Umgebung vermisste. Diese Hunde schienen ganz im Einklang mit Mutter Natur zu sein. Das verblüffte mich und trieb mich jeden Tag von neuem dazu an, sie zu beobachten.

Von Rudelführern und -mitgliedern

Auch etwas anderes fiel mir recht früh auf – zahlreiche Verhaltensweisen, in denen sich die Hunde auf der Farm meines Großvaters von jenen auf den Höfen anderer Familien unterschieden. Offenbar hatten einige der benachbarten Bauern Rudel mit strengen Hierarchien. Ein Hund war der Führer, die anderen folgten ihm. Diese Familien sahen gern zu, wenn ihre Hunde um diese Position kämpften, also einer den anderen besiegte. Sie fanden das unterhaltend.

Mir war klar, dass Hunde von Natur aus zu einer derartigen Demonstration von Dominanz neigten. Ich hatte das auch bei den wilden Rudeln beobachtet, die in den Feldern unweit unseres Hauses lebten. Aber für meinen Großvater war ein solches Verhalten inakzeptabel. Unter den Tieren auf unserer Farm gab es keinen erkennbaren Anführer. Inzwischen weiß ich, dass er nicht duldete, wenn ein Hund ihm oder einem anderen Menschen die Führungsrolle streitig machte. Er wusste intuitiv, dass, wenn die Hunde einträchtig mit uns zusammenleben, wenn sie bereitwillig mit uns auf der Farm arbeiten und uns gegenüber niemals Aggression oder Dominanz zeigen sollten, sie verstehen mussten, dass wir Menschen ihre Rudelführer waren. Man konnte das auch an ihrer Haltung uns gegenüber ablesen. Ihre Körpersprache signalisierte deutlich die klassische »ruhige« oder »aktive Unterordnung« – eine Energie, auf die ich später noch ausführlicher eingehen werde. Die Hunde hielten den Kopf gesenkt, und wenn wir gemeinsam unterwegs waren, wahrten sie stets einen gewissen Abstand – sie trotteten entweder hinter oder neben uns her, liefen aber nie vorneweg.

Nun, mein Großvater hatte niemals irgendwelche Hand- oder Selbsthilfebücher gelesen, und er kannte auch keine wissenschaftlichen Methoden, auf die er sich hätte verlassen können. Trotzdem gelang es ihm stets, seine Hunde zu ruhiger Unterordnung und einem kooperativen Verhalten zu bewegen. Ich wüsste nicht, dass er sie jemals grausam bestraft oder mit Leckerbissen bestochen hätte. Er strahlte jene immer gleiche, ruhige und bestimmte Energie aus, die Führungspersönlichkeiten unabhängig von ihrer Spezies oder ihrer Sprache auszeichnet. Mein Großvater war einer der selbstbewusstesten, ausgeglichensten Menschen, die ich je gekannt habe – und mehr als jeder andere im Einklang mit der Natur. Ich denke, ihm war klar, dass ich diese Gabe geerbt hatte. Das Klügste, was er je zu mir gesagt hat, war: »Arbeite niemals gegen Mutter Natur. Nur wenn du *mit* ihr arbeitest, wirst du Erfolg haben.« Ich sage mir – und meinen Klienten – diese Worte bis zum heutigen Tag vor. Wenn ich gestresst bin, wende ich sie manchmal sogar auf andere Lebensbereiche an. Mein Großvater starb im Alter von 105 Jahren. Ich danke ihm jeden Tag für diesen Rat, der niemals seine Gültigkeit verlieren wird.

Da wir von sanftmütigen, folgsamen Hunden umgeben waren, hatte keines von uns Kindern je Angst, dass einer von ihnen uns etwas zuleide tun könnte. Wir fühlten uns in ihrer Gegenwart stets stark und wurden deshalb automatisch ebenfalls zu ihren Rudelführern. Ich habe nie gesehen, dass eines der Tiere die Zähne gefletscht, meinen Großvater angeknurrt oder sich ihm gegenüber aggressiv verhalten hätte. Und in unserer Familie war kein Kind je von einem Hund angefallen oder gebissen worden.

Aufgrund all dessen, was ich auf der Farm von meinem klugen Großvater gelernt habe, bin ich zu der Überzeugung gelangt, dass es im Zusammenleben von Hunden und Menschen das Beste ist, wenn der Hund ruhig und unterordnungsbereit ist. Meine Familie und ich sind mit solchen Tieren aufgewachsen, und unsere Beziehung zu ihnen war die reine, entspannte Harmonie. Auch die Hunde machten stets einen glücklichen, gelösten, heiteren und zufriedenen Eindruck. Sie zeigten weder Anzeichen von Stress noch von Angst. Sie waren gesund und ausgeglichen, so wie Mutter Natur das vorgesehen hat.

Ich möchte nicht, dass der Eindruck entsteht, ich hätte meine erstaunliche, einzigartige Kindheit ganz allein meinen Großeltern zu verdanken. Mein Vater war der ehrlichste, anständigste Mann, den ich kenne. Er brachte mir bei, was Integrität ist. Meine Mutter lehrte mich Geduld und Opferbereitschaft. Sie sprach stets davon, wie wichtig es sei, einen Traum zu haben – und dass dieser Traum so ehrgeizig sein konnte, wie man nur wollte. Aber wie viele Menschen, die später einmal mit Tieren arbeiten, hatte ich immer das Gefühl, anders zu sein als die übrigen Kinder. Offenbar fiel es mir leichter, mit Tieren als mit Menschen Freundschaft zu schließen. Als wir weniger Zeit auf der Farm und mehr in der geschäftigen Küstenstadt Mazatlán verbrachten, verstärkte sich das Gefühl der Isolation noch.

Wir waren umgezogen, weil sich mein Vater Sorgen um unsere Ausbildung machte. Er war ein traditioneller mexikanischer Sohn und verehrte seine Eltern sehr. Gleichzeitig war ihm klar, dass es auf der Farm keine richtige Schule gab. Von Zeit zu Zeit kamen Lehrer vorbei und unterrichteten ein paar Kinder, aber bis zu ihrem nächsten Besuch verging meist viel Zeit. Mein Vater wollte, dass wir Kinder unsere Ausbildung ernster nahmen. Deshalb zogen wir nach Mazatlán, der zweitgrößten Küstenstadt Mexikos und ein Touristenmekka. Ich dürfte damals etwa sechs oder sieben Jahre alt gewesen sein.

Das Leben in der Stadt: Jeder gegen jeden

Ich kann mich noch gut an unsere erste Wohnung in Mazatlán erinnern. Glauben Sie mir, sie hätte es nie auf den Titel von *Schöner Wohnen* geschafft. Sie befand sich im

47

ersten Stock eines Mietshauses in der Calle Morelos, im überfüllten Arbeiterviertel der Stadt. Die Wohnung war lang, schmal und schlauchförmig, wie man es auch oft in Manhattan findet. Sie bestand aus Wohnzimmer, Küche, Flur und zwei Schlafzimmern. Einem für unsere Eltern und einem anderen für uns Kinder. Es gab noch ein Bad, in dem auch die Wäsche gewaschen wurde. Das war's. Mein Vater fand Arbeit als Zeitungsbote, und wir Kinder trugen die abgelegten Kleider unserer älteren Geschwister auf und gingen jeden Tag zur Schule.

Für mich war das Schlimmste am Stadtleben, dass ich keine Hunde mehr um mich haben konnte. Anfangs hatten wir welche in der Wohnung. Wir hielten sie im Flur. Aber sie rochen streng, und wir räumten ihren Dreck nicht besonders ordentlich weg. (Wir probierten ebenso einmal, Hühner im Flur zu halten, aber die stanken noch schlimmer ...!) Wir konnten die Hunde auch nicht nach draußen lassen, weil die Gefahr bestand, dass sie von den Autos überfahren wurden, die hier noch schneller fuhren als in Culiacán. Wir waren es gewohnt, dass sich die Hunde auf der Farm frei bewegen konnten und sich im Grunde selbst versorgten. Wir wussten nicht, dass wir in der Stadt mit ihnen spazieren gehen und uns richtig um sie kümmern mussten. Um ehrlich zu sein, waren wir in diesem Punkt etwas bequem. Und die Stadtkinder in unserem Viertel spielten nicht mit Hunden.

Die Tiere, die wir sahen, streunten meist wild umher und durchwühlten den Abfall nach Essbarem. Mir fiel auf, dass sie nicht ganz so dünn waren wie die auf der Farm. Sie fanden sehr viel mehr zum Fressen, denn Abfall gab es reichlich. Aber sie waren ängstlicher, nervöser und nicht so selbstsicher. Zum ersten Mal sah ich auch, wie Men-

48

schen Tiere misshandelten. Auf dem Land wurden Hunde nur angeschrien oder davongejagt, wenn sie sich über die Hühner hermachten oder den Menschen ihr Essen stahlen. Das waren meist wilde Hunde oder Kojoten. Unsere hätten so etwas nie getan. Aber in der Stadt sah ich, wie Menschen mit Steinen nach Hunden warfen und sie beschimpften, sobald sie nur an ihrem Wagen, ihrem Laden oder ihrem Obststand vorbeiliefen. Es zerriss mir das Herz. Ich hatte einfach das Gefühl, dass dies »nicht richtig« sein konnte. Das war die einzige Zeit in meinem Leben, in der ich mich von den Hunden entfernte. Ich denke, irgendwie distanzierte ich mich damals auch von mir selbst.

Da ich noch sehr jung war, zügelte die Stadt meine natürliche »Wildheit« bald ebenso, wie sie das wahre Wesen der Hunde hemmte. Auf der Farm konnte ich stundenlang draußen herumstreunen und »die Männer« – Vater, Großvater oder die anderen Landarbeiter – begleiten. Die Hunde trotteten immer hinter uns her. Ich konnte überall zu Fuß hingehen. In der Stadt wurde meine Mutter schon nervös, wenn wir nur bis zur nächsten Straßenecke gingen. Sie fürchtete Kidnapper und Kinderschänder – die üblichen Schreckgespenster der Großstadt. »Frei« fühlte ich mich nur an den Wochenenden, wenn wir auf die Farm zurückkehrten. Aber diese Wochenenden waren nie lang genug.

Ein Gutes hatte die Stadt: Ich sah dort zum ersten Mal in meinem Leben einen reinrassigen Hund. In unserer Nachbarschaft lebte ein Arzt. Er hieß Dr. Fisher. Er ging gerade mit seiner Irish-Setter-Hündin spazieren, und als ich ihr seidiges rotes Fell erblickte, war es um mich geschehen. Sie war so herrlich gepflegt, so ganz anders als die räudigen Mischlinge, die ich kannte. Ich konnte nicht aufhören, sie anzustarren, und dachte nur noch eins: »Ich muss diesen wunderschönen Hund haben!« Ich lief hinter Dr. Fisher her, um zu sehen, wo er wohnte. Anschließend ging ich jeden Tag dorthin, folgte ihm und beobachtete ihn, wenn er mit seiner Hündin spazieren ging.

Eines Tages hatte sie einen Wurf Welpen. Das war's. Ich nahm all meinen Mut zusammen, stellte mich Dr. Fisher vor und fragte: »Würden Sie mir einen von Ihren Welpen schenken?« Er sah mich an, als hätte ich den Verstand verloren. Da stand ich, ein Fremder, ein Kind, und bat ihn, mir einen seiner wertvollen, reinrassigen Welpen zu geben, für den die Reichen viele hundert Dollar zahlen würden. Aber er konnte wohl in meinen Augen lesen, wie ernst es mir war. Ich wollte wirklich einen dieser Hunde! Nachdem er mich eine Zeit lang gemustert hatte, erwiderte er: »Vielleicht.« Ja, vielleicht!

Zwei Jahre später bekam ich endlich einen Welpen aus einem seiner Würfe. Ich taufte ihn »Saluki«, und er wuchs zu einer großen, schönen und mir treu ergebenen Hundedame heran. Zehn Jahre lang wich sie nicht von meiner Seite, und sie lehrte mich etwas, was mir nun bei meiner Arbeit mit Hunden und ihren Besitzern eine große Hilfe ist. Ob reinrassig oder Mischling, Hofhund oder Haustier, Sibirischer Husky, Deutscher Schäferhund oder Irish Setter – ein reinrassiger Hund ist schlicht und einfach ein ganz normaler Hund im »Designerfell«. Ich werde später noch erklären, weshalb ich glaube, dass zu viele Menschen der »Rasse« die Schuld am Fehlverhalten ihrer Hunde geben. Meine süße Saluki lehrte mich, dass die wunderschönen reinrassigen Hunde und die ulkig anzusehenden Mischlinge unter dem Fell im Prinzip alle gleich sind.

Meine Schulkameraden waren allesamt Stadtkinder, die in dieses Leben hineingeboren und damit groß geworden waren. Mir wurde bereits am ersten Tag mit ihnen klar, dass die Art und Weise, wie sie ihr Leben sahen, nichts damit zu tun hatte, wie ich das meine empfand. Ich urteilte nicht, hielt weder das eine noch das andere für besser oder schlechter. Ich spürte nur, dass wir nicht wirklich viel gemeinsam hatten. Aber ich wusste: Wenn ich es in der Stadt schaffen wollte, musste jemand sein Verhalten ändern – und das waren nicht die anderen Kinder. Sie waren das »Rudel«, also versuchte ich, mich anzupassen und einzuordnen.

Ich muss zugeben, dass es mir recht gut gelang. Ich verbrachte meine Freizeit mit ihnen, ging mit ihnen an den Strand, spielte Base- und Fußball. Aber tief im Inneren wusste ich, dass ich ihnen etwas vormachte. Es war nie wie auf der Farm, wenn wir mal hier, mal da einen Frosch jagten, Glühwürmchen in Gläsern fingen und sie wieder freiließen oder einfach unter dem Sternenhimmel saßen und dem Zirpen der Grillen lauschten. Die Natur gab mir immer wieder die Gelegenheit, etwas Neues zu lernen, über etwas nachzudenken. Der Sport war lediglich eine Möglichkeit, überschüssige Energie loszuwerden und mich anzupassen.

Die Wahrheit ist, die Jahre auf der Farm hatten meine Seele stark geprägt. Wirklich glücklich war ich nur draußen in der Natur, wo mich weder Betonmauern noch Straßen oder Gebäude einengten. Ich verleugnete meine Seele, um akzeptiert zu werden, und diese überschüssige Energie und Frustration stauten sich in mir an. Bald verwandelten sie sich in Aggression, doch meist brach sich meine Wut zu Hause Bahn. Ich fing an, mit meinen Schwestern

Mit acht Jahren bei einem Judoturnier

zu raufen und mit meiner Mutter zu streiten. Meine Eltern waren klug – sie meldeten mich zum Judounterricht an. Das war die perfekte Möglichkeit, meine Wut abzubauen, sie in sinnvolle, gesunde Kanäle zu lenken und eine Fertigkeit zu erlernen, der ich sogar meinen heutigen Erfolg zu einem Großteil zuschreibe.

Mit sechs Jahren betrat ich zum ersten Mal eine Judoschule. Mit vierzehn hatte ich sechs Wettkämpfe hintereinander gewonnen. Ich musste meine Aggression irgendwie sinnvoll nutzen, und mein Judomeister Joaquim war der perfekte Mentor. Er sagte mir, ich hätte etwas ganz Besonderes an mir, ein »inneres Feuer«. Er nahm mich unter seine Fittiche, erzählte mir von Japan und davon, dass auch dort die Menschen im Einklang mit Mutter Natur lebten. Er brachte mir japanische Meditationstechniken bei – wie man bewusst atmete, sich konzentrierte und die Kraft seines Geistes einsetzte, um jedes beliebige Ziel zu erreichen.

Das erinnerte mich an meinen Großvater und seine natürliche Weisheit. Viele der Techniken, die ich beim Judo lernte – Zielstrebigkeit, Selbstbeherrschung, den Geist zur Ruhe bringen, tiefe Konzentration –, wende ich auch heute noch täglich an. Sie sind besonders bei der Arbeit mit gefährlichen, aggressiven Hunden im so genannten roten Bereich nützlich. Viele dieser Techniken empfehle ich auch Klienten, die erst lernen müssen, sich selbst besser zu beherrschen, ehe sie ihre Hunde dazu bringen können, sich zu benehmen.

In der damaligen Phase meines Lebens hätten meine Eltern kein besseres Ventil für mich finden können. In jenen Jahren verhinderte Judo, dass ich den Verstand verlor, bis ich an den Wochenenden wieder auf der Farm herumtollen, in die Berge gehen oder bei den Tieren sein konnte. Nur in der Natur oder beim Judo war ich wirklich in meinem Element.

El perrero

Als ich ungefähr vierzehn war, bekam mein Vater eine Stelle als Fotograf bei der Regierung. Und mit der Zeit hatte er genügend Geld angespart, um uns ein hübsches Haus in einem sehr viel besseren Teil der Stadt zu kaufen. Wir besaßen einen Garten und waren nur einen Block vom Strand entfernt. Erst jetzt fühlte ich mich allmählich

Rin Tin Tin

wieder wohl in meiner Haut und sah, wie meine Lebensaufgabe allmählich Gestalt annahm. Alle meine Freunde
sprachen davon, was sie einmal werden wollten, wenn sie
groß waren. Ich hatte nicht den Wunsch, Feuerwehrmann,
Arzt, Rechtsanwalt oder Ähnliches zu werden. Ich wusste
nicht genau, was ich einmal tun wollte, aber ich wusste,
wenn es einen Beruf gab, in dem ich mit Hunden arbeiten
konnte, dann wollte ich ihn ergreifen.

Ich erinnerte mich an unseren ersten Fernseher. Als kleiner Junge hatten mich die Wiederholungen von »Lassie«
und »Rin Tin Tin« fasziniert, die ich in Schwarzweiß und

in der spanischen Synchronfassung sah. Da ich in einem sehr natürlichen Umfeld mit Hunden aufgewachsen war, wusste ich sehr wohl, dass Lassie eigentlich nicht verstehen konnte, was Timmy zu ihr sagte. Mir war auch klar, dass normale Hunde nicht automatisch solche Heldentaten vollbrachten, wie Lassie und Rin Tin Tin das jede Woche taten.

Als ich erfuhr, dass hinter der Kamera Trainer die Hunde dirigierten, fing ich an, diese Leute zu idealisieren. Was für eine Leistung, ganz normale Tiere in derart brillante Schauspieler zu verwandeln! Dank meines natürlichen Verständnisses für die Hunde auf der Farm wusste ich intuitiv, dass ich sie mit Leichtigkeit dazu bringen konnte, dieselben eindrucksvollen Tricks zu vollführen, die ihre Trainer Lassie und Rin Tin Tin beigebracht hatten. Diese beiden Fernsehsendungen inspirierten meinen ersten großen Traum – nach Hollywood zu gehen und der beste Hundetrainer der Welt zu werden.

Wenn ich dieses Ziel im Stillen wiederholte, fühlte es sich einfach richtig an. Als ich mir sagte: »Ich werde mit Hunden arbeiten und der beste Trainer der Welt sein«, war das, als reichte mir jemand ein Glas Wasser, nachdem ich beinahe verdurstet wäre. Es fühlte sich natürlich, leicht und wirklich gut an. Mit einem Mal musste ich nicht mehr gegen mich ankämpfen. Ich kannte meinen Weg.

Der erste Schritt bestand darin, mir einen Job bei einem der Tierärzte in der Stadt zu suchen. Seine Wirkstätte hatte nur wenig Ähnlichkeit mit den schicken, sterilen Praxen in den Vereinigten Staaten. Es war eine Art Mischung aus Praxis, Hundepension und -friseur. Ich war gerade erst fünfzehn, aber die Angestellten merkten sofort, dass ich keine Angst vor Hunden hatte. Ich berührte sogar die Tiere, an die sich nicht einmal der Veterinär heranwagte.

Ich fing als Hilfskraft an, fegte den Boden und machte sauber. Anschließend wurde ich Hundefriseur und arbeitete mich sehr schnell zum Tierarzthelfer hoch. Als solcher musste ich die Hunde beruhigen und festhalten, damit der Arzt ihnen eine Spritze geben konnte. Ich trimmte sie vor der Operation, badete und verband sie. Im Grunde unterstützte ich den Tierarzt bei all seinen Aufgaben.

Damals, ich ging gerade auf die Highschool, fingen die anderen Kinder auch an, mich *el perrero* zu rufen – »der Hundejunge«. In der Stadt Mazatlán war das nicht gerade ein Kompliment. In Nordamerika und in weiten Teilen Westeuropas werden Menschen verehrt, die eine besondere Beziehung zu Tieren haben. Denken Sie nur an so unvergessliche Figuren wie Dr. Dolittle, den »Pferdeflüsterer«, Siegfried und Roy… ja, sogar den »Crocodile Hunter«! Sie alle – die Phantasiegestalten wie die Menschen – hat ihr erstaunliches Talent für die Kommunikation mit Tieren in dieser Kultur zu Helden gemacht. In den Städten Mexikos jedoch betrachtete man Hunde als niedere, dreckige Kreaturen – und weil ich meine Zeit mit ihnen verbrachte, galt das auch für mich. Ob mir das etwas ausgemacht hat? Nein. Ich hatte eine Mission. Aber ich möchte die extremen Unterschiede hervorheben, die bezüglich der Einstellung zu Hunden zwischen Mexiko und den Vereinigten Staaten bestehen. Ich glaube, weil ich aus einem Land komme, in dem Hunde weniger geschätzt werden, habe ich eine klarere Vorstellung davon, wie man sie besser respektiert.

In Wirklichkeit werden Hunde in den meisten Teilen

der Welt lange nicht so verehrt wie in Nordamerika und Westeuropa. In Südamerika und Afrika behandelt man sie genauso wie in Mexiko – als nützliche Arbeitstiere auf dem Land, aber als schmutzige Plage in der Stadt. In Russland werden sie geschätzt, aber in besonders armen Gegenden gibt es wilde Hunderudel, die auch dem Menschen gefährlich werden können. In China und Korea kocht und isst man sie sogar. Das kommt uns vielleicht barbarisch vor, aber bedenken Sie, in Indien gelten wir als Barbaren, weil wir Rindfleisch verzehren – das Fleisch der heiligen Kühe! Da ich in der einen Kultur aufgewachsen und in der anderen meine eigene Familie gegründet habe, halte ich es für das Beste, wenn man sich jeglicher Werturteile hinsichtlich anderer Lebensweisen enthält – zumindest, solange man nicht selbst Erfahrungen damit gemacht und sich darum bemüht hat, zu verstehen, wie diese Einstellungen und Verhaltensweisen entstehen konnten.

Nachdem ich das vorausgeschickt habe, muss ich sagen, dass mir bei meiner Ankunft in den Vereinigten Staaten eine ziemlich große Überraschung hinsichtlich der Einstellung gegenüber Hunden bevorstand!

Über die Grenze

Ich war etwa 21 Jahre alt, als mich der Wunsch, meinen Traum zu verwirklichen, schließlich überwältigte. Ich weiß es noch ganz genau. Es war der 23. Dezember. Ich sagte meiner Mutter geradeheraus: »Ich gehe in die Vereinigten Staaten. Heute.«

Sie war natürlich perplex, antwortete aber schließlich: »Du bist wohl ein bisschen verrückt geworden. Es ist fast

Weihnachten – und wir können dir nur hundert Dollar geben!«

Ich sprach kein Englisch. Ich würde allein gehen. Meine Familie kannte niemanden in Kalifornien. Einige meiner Onkel waren nach Yuma, Arizona, gegangen, aber dorthin wollte ich nicht. Mein Ziel war Hollywood; und ich wusste, dass der einzige Weg dorthin durch Tijuana führte. Meine Mutter redete mal mit Engelszungen auf mich ein, mal wurde sie böse. Ich kann es nicht erklären – der Drang, unverzüglich in die Vereinigten Staaten zu gehen, überwältigte mich. Ich wusste, ich musste ihm nachgeben.

Es wurde schon einmal veröffentlicht, und ich schäme mich nicht, es zuzugeben: Ich bin illegal in die Vereinigten Staaten gekommen. Inzwischen habe ich meine Aufenthaltsgenehmigung erhalten, eine saftige Strafe für meine Einreise gezahlt und einen Einbürgerungsantrag gestellt. Nirgendwo möchte ich lieber wohnen als in den USA. Ich glaube wirklich, dass dies das wunderbarste Land der Welt ist. Ich bin dankbar dafür, hier leben und meine Kinder aufziehen zu können. Aber den Armen und den mexikanischen Arbeitern bleibt nur die Möglichkeit, illegal hierherzukommen. Alle anderen Wege sind ihnen versperrt. In Mexiko kommt es darauf an, wen man kennt und wie reich man ist. Für ein legales Visum muss man den Beamten riesige Summen hinblättern. Meine Familie hatte keine Möglichkeit, derart viel Geld aufzutreiben. Und so machte ich mich mit gerade mal etwas mehr als hundert Dollar in der Tasche auf den Weg nach Tijuana, um einen Weg über die Grenze zu finden.

Ich war vorher noch nie dort gewesen. Es ist ein übles Pflaster. Die Bars und Cantinas sind voll mit Betrunkenen, Dealern und Kriminellen – Menschen, die stets darauf aus sind, andere übers Ohr zu hauen, und die es vor allem darauf anlegen, diejenigen auszunutzen, die über die Grenze wollen. Ich habe dort schreckliche Sachen gesehen. Zum Glück hatte ich einen Freund in Tijuana; der arbeitete im »Señor Frog's«, einer berühmten Bar. Er ließ mich zwei Wochen lang im Hinterzimmer schlafen, während ich überlegte, wie ich die Grenze überqueren könnte.

Ich weiß noch, dass es fast jeden Tag regnete, aber immer wieder zog ich von neuem los, um mir die Situation an der Grenze anzusehen. Ich wollte meine hundert Dollar sparen, deshalb versuchte ich dreimal, allein durchzukommen. Keine Chance.

Ungefähr zwei Wochen später traf ich meine Vorbereitungen für einen erneuten Versuch. Es war etwa elf Uhr abends. Die Nacht war regnerisch, kalt und windig. Ich stand an einem Kiosk, um den sich die Leute drängten, weil sie sich aufwärmen wollten, als ein dürrer Kerl – ein so genannter Kojote – auf mich zukam und sagte: »Hey, ich hab gehört, du willst über die Grenze.« Ich bejahte. Darauf erwiderte er: »Gut. Das kostet hundert Dollar.«

Es lief mir kalt den Rücken hinunter. War es Zufall, dass er ausgerechnet so viel Geld verlangte, wie ich bei mir hatte? Er sagte nur: »Komm mit. Ich bring dich nach San Ysidro.« Also folgte ich ihm ostwärts.

Wir liefen bis zur Erschöpfung. Mein Kojote deutete auf die roten Lichter in der Ferne und erklärte mir, dass sie die Position der *migras*, das sind die Grenzpolizisten, verrieten. Er sagte: »Wir warten hier, bis sie fort sind.«

Wir standen in einem Wasserloch. Ich wartete die ganze Nacht in brusthohem Wasser. Ich fror und zitterte, aber das war mir egal. Schließlich sagte mein Kojote: »In Ordnung. Wir können gehen.«

Dann liefen wir nach Norden – durch Schlamm, über einen Schrottplatz, eine Autobahn und durch einen Tunnel. Am anderen Ende des Tunnels war eine Tankstelle.

Mein Führer sagte: »Ich besorg dir ein Taxi, das dich ins Zentrum von San Diego bringt.«

Ich hatte noch nie von San Diego gehört. Ich kannte nur San Ysidro und Los Angeles. Der Kojote gab dem Taxifahrer zwanzig Dollar, wünschte mir alles Gute und war schon wieder verschwunden. Zum Glück sprach der Fahrer Spanisch, denn ich konnte kein Wort Englisch. Er brachte mich nach San Diego und setzte mich dort ab – pitschnass, verdreckt, durstig, hungrig und mit schlammverkrusteten Stiefeln.

Ich war der glücklichste Mann auf Erden. Ich war in den Vereinigten Staaten.

San Diego

Zuerst fielen mir die Leinen auf – überall Leinen! In Mexiko hatte ich in der Stadt schon Ketten gesehen, aber die waren mit den Leder-, Nylon- und Flexileinen der Amerikaner nicht zu vergleichen. Ich sah mich in der Stadt um und fragte mich: »Wo sind all die Hunde auf den Straßen?«

Ich brauchte eine Weile, bis ich das Konzept der »Leinenpflicht« verstand. Auf der Farm kam ein dickes Stück Seil einer Leine am nächsten, das wir in der Art, wie es auf Hundeschauen üblich ist, um den Hals besonders schwieriger Tiere legten, bis sie uns als Rudelführer anerkannten. Später hieß es dann »Zurück zur Natur« – das Anbinden war nicht mehr nötig. Leinen legte man den Maultieren an, die meisten Hunde auf unserer Farm aber waren gut erzogen und taten stets, was wir von ihnen verlangten. Doch Leinen und ausgefallene Halsbänder sollten erst der Anfang des Kulturschocks sein. Ich war gerade erst in dieses wunderbare Land gekommen und durfte mich noch auf einiges gefasst machen.

Bei meiner Ankunft in den Vereinigten Staaten hatte ich nur ein paar Dollar in der Tasche und sprach kein Wort Englisch. Natürlich war mein Traum in allen Sprachen gleich – ich war gekommen, um der beste Hundetrainer der Welt zu werden. Die ersten Wörter, die ich auf Englisch lernte, waren: »Haben Sie Arbeit?«

Nach etwas über einem Monat auf den Straßen von San Diego, als ich mich in denselben Stiefeln auf Arbeitssuche machte, mit denen ich auch die Grenze überquert hatte, fand ich meinen ersten Job – und, nahezu unglaublich, sogar in der erträumten Branche! Alles war so schnell gegangen, dass es ein Wunder gewesen sein musste. Ich wusste nicht, wo ich nach einer Stelle als »Hundetrainer« hätte suchen sollen. Ich konnte ja noch nicht einmal die »Gelben Seiten« lesen. Aber eines Tages, als ich – immer noch begeistert, dass ich tatsächlich hier war – in irgendeinem Viertel umherlief, sah ich das Schild eines Hundesalons. Ich klopfte an die Tür und schaffte es, meinen Satz zu sagen und die beiden Besitzerinnen zu fragen, ob sie Arbeit für mich hätten. Zu meinem allergrößten Erstaunen stellten sie mich sofort ein.

Man muss dabei bedenken, dass ich kein Wort Englisch konnte, meine Kleider abgetragen und schmutzig waren und ich auf der Straße lebte. Warum um alles in der Welt hätten sie mir vertrauen sollen? Aber sie gaben mir nicht nur Arbeit, sondern auch noch fünfzig Prozent vom Gewinn, wenn ich einen neuen Kunden brachte. Fünfzig Prozent! Als sie ein paar Tage später erfuhren, dass ich obdachlos war, ließen sie mich sogar im Hundesalon wohnen!

Bis heute bezeichne ich diese Frauen als meine amerikanischen Schutzengel. Sie haben mir vertraut und gehandelt, als hätten sie mich schon ihr Leben lang gekannt. Unsere Wege kreuzten sich aus einem ganz bestimmten, wunderbaren Grund; und dafür werde ich ihnen ewig dankbar sein, obwohl ich mich nicht einmal mehr an ihre Namen erinnere.

Wenn jemand zu Ihnen sagt, die Menschen in den Vereinigten Staaten hätten keine Herzensgüte mehr, dann glauben Sie ihm nicht. Ohne die selbstlose Hilfe und das Vertrauen der vielen Leute, die mir die Hand gereicht haben, wäre ich nicht da, wo ich heute bin. Die beiden wunderbaren Damen in San Diego sollten die Ersten, aber nicht die Letzten davon sein. Glauben Sie mir, es vergeht kein Tag, an dem ich nicht daran denke, welch großer Segen die Menschen sind, die mir auf meinem Weg begegneten.

Im Hundesalon

Da war ich also 21 Jahre alt, konnte fast kein Englisch und arbeitete in einem Hundesalon. Einem Hundesalon! Schon bei der Vorstellung hätte sich mein Großvater geschüttelt vor Lachen! Die Tiere auf der Farm putzten sich gegenseitig und sprangen nur in den Bach, wenn es ihnen zu heiß war. Ihre Version von einem Bad war es, sich im Schlamm zu suhlen! Mein Großvater spritzte einen Hund nur dann einmal mit dem Schlauch ab, wenn er Zecken, Flöhe oder andere Parasiten hatte beziehungsweise wenn sein Fell zu struppig oder verfilzt war. Ob Sie's glauben oder nicht, in Mexiko ließen manche Hundebesitzer ihre Tiere einschläfern, wenn sie zu viele Zecken hatten. Sie kannten keine Gnade – weg mit dem alten und her mit einem neuen, das keine »Mängel« hatte ... Selbst die Fellpflege beim Tierarzt in Mazatlán war lediglich Bestandteil der medizinischen Behandlung gewesen. Der Umstand, dass Amerikaner gutes Geld – meiner Ansicht nach gewaltige Summen! – dafür ausgaben, dass ihre Hunde regelmäßig gewaschen, geschoren und gestriegelt wurden, war erhellend. Es war der erste Hinweis darauf, wie sie ihre Haustiere sahen. In Mexiko hatte ich zwar schon gehört, sie würden sie »wie Menschen behandeln«; aber nun sah ich es mit eigenen Augen und war vollkommen verblüfft. Für Hunde in den USA war offenbar das Beste gerade gut genug.

So fremd mir die Vorstellung von einem »Hundesalon« auch war, als ich anfing, dort zu arbeiten, gefiel es mir. Die Damen hätten freundlicher nicht sein können. Und ich hatte bald den Ruf weg, der Einzige zu sein, der die schwierigeren Hunde beruhigen konnte – die körperlich kraftvollen Rassen oder die, bei denen alle anderen ratlos aufgaben. Stammkunden fingen an, nach mir zu fragen, nachdem sie gesehen hatten, wie ich mit ihren Tieren umging. Trotzdem verstand ich noch immer nicht, weshalb sich die Hunde bei mir so viel besser benahmen als in den anderen Salons oder gar bei ihren Besitzern. Ich denke, allmählich bekam ich eine vage Vorstellung davon, woran es lag; aber ich konnte es noch nicht in Worte fassen.

Der Hundesalon in San Diego war viel besser ausgestattet, als ich das aus Mexiko kannte. Es gab Schermaschinen, duftende Shampoos und besonders schonende Haartrockner, die speziell für Tiere entwickelt worden waren. Der helle Wahnsinn! Weil ich das Scheren beim Tierarzt in Mazatlán gelernt hatte, hatte ich noch nie eine Schermaschine in der Hand gehabt. Dafür konnte ich ausgesprochen gut mit der Schere umgehen. Die Besitzerinnen des Hundesalons in San Diego waren entzückt, als sie sahen, wie schnell und präzise ich »per Hand« arbeitete. Also gaben sie mir Cockerspaniel, Pudel, Terrier – all die Hunde, bei denen die Fellpflege nicht einfach ist. Das sind zufälligerweise diejenigen, deren Behandlung auch am meisten kostet. Für einen durchschnittlich großen Pudel verlangte der Salon 120 Dollar. Das waren 60 Dollar für mich! Es war ein Geschenk des Himmels. Ich gab nur wenig aus, holte mir lediglich morgens und abends ein paar Hotdogs für 99 Cent im Laden an der Ecke. Alles andere sparte ich. Am Ende des Jahres wollte ich genug Geld beisammenhaben, um nach Hollywood gehen zu können – und meinem Traum wieder einen Schritt näherzukommen.

Verhaltensauffälligkeiten

Als ich nach Amerika kam, erstaunte es mich, Hunde mit edlen Leinen, Halsbändern, teurem Trimming und extravaganter Schur zu sehen. Aber irgendwie hatte mich der »Hollywoodrummel« in Film und Fernsehen in meiner Jugend darauf vorbereitet. Es war, als ginge man endlich zum ersten Mal in den Zirkus, nachdem man sein Leben lang davon gehört hatte. Doch ein Aspekt meines neuen Lebens erschütterte mich bis ins Mark. Das waren die bizarren Verhaltensstörungen, die viele dieser Tiere zeigten. Obwohl ich mit Hunden aufgewachsen war und mein ganzes Leben mit ihnen verbracht hatte, waren mir Hunde mit Auffälligkeiten, die ich heute als »Probleme« bezeichne, bisher völlig fremd. Im Salon sah ich die schönsten Tiere, die ich mir nur vorstellen konnte – umwerfende Exemplare ihrer Rassen mit klaren Augen, glänzendem Fell und gesunden, wohlgenährten Körpern. Doch ein Blick genügte, um zu sehen, dass ihr Geist nicht gesund war. Wenn man mit Tieren aufgewachsen ist, spürt man automatisch, ob ihr Energiepegel normal ist.

Ein gesunder, ausgeglichener Gemütszustand ist in jedem Geschöpf erkennbar – ganz gleich, ob es sich um einen Menschen oder ein Pferd, ein Huhn oder einen Wellensittich handelt. Deshalb war mir sofort klar, dass die meisten amerikanischen Hunde eine, wie mir schien, höchst seltsame und sehr unnatürliche Energie ausstrahlten. Nicht einmal beim Tierarzt in Mazatlán waren mir so neurotische, reizbare, ängstliche und angespannte Hunde begegnet. Und wie sich ihre Besitzer beklagten! Ich brauchte keine großen Englischkenntnisse, um zu verstehen, dass diese Hunde aggressiv und zwanghaft waren und ihre Halter in den Wahnsinn trieben. Einige dieser Menschen benahmen sich, als gäben in ihrem Leben die Hunde den Ton an. Was ging hier vor?

Es war undenkbar, dass sich ein Hund auf der Farm meines Großvaters »danebenbenommen« hätte und ungestraft davongekommen wäre – oder versucht hätte, einem Menschen gegenüber Dominanz zu demonstrieren. Und das lag nicht etwa daran, dass er Misshandlung oder körperliche Strafen fürchten musste. Vielmehr wussten die Menschen, dass sie Menschen waren, und die Hunde wussten, dass sie Hunde waren. Wer das Sagen hatte, war sonnenklar. Die Beziehung zwischen Mensch und Hund beruht schon seit vielen Tausenden – vielleicht sogar Zehntausenden – von Jahren auf dieser einfachen Gleichung, seit der erste Vorfahre des Hundes in das Lager unserer Ahnen gewandert war und herausbekommen hatte, dass er dort schneller zu einer Mahlzeit kam, als wenn er den ganzen Tag jagte. Die Grenzen zwischen Menschen und Hunden waren klar – und deutlich. Die Hunde in Mexiko waren von Natur aus ausgeglichen. Sie hatten keine Verhaltensstörungen wie unverhohlene Aggression oder irgendwelche Fixierungen. Sie waren oft mager und räudig und manchmal nicht besonders schön anzusehen, lebten ihr Leben aber offenbar in jener Harmonie, die Gott und Mutter Natur für sie vorgesehen hatten. Sie verhielten sich sowohl ihren Artgenossen als auch den Menschen gegenüber vollkommen natürlich. Was also lief bei diesen herrlichen amerikanischen Vorzeigehunden schief?

Wie viele amerikanische Hunde »Probleme« hatten, wurde mir noch stärker bewusst, als ich nach Los Angeles ging und anfing, dort als Pfleger in einer Hundeschule zu arbeiten. Ich wollte Trainer werden und hatte gehört, dass dies die beste Ausbildungsstätte weit und breit sei. Ich wusste, dass reiche Menschen es sich viel Geld kosten ließen, ihre Tiere in dieser renommierten Schule abrichten zu lassen. Sie brachten ihre Hunde zwei Wochen lang hier unter, wo sie lernen sollten, Befehle wie »Sitz!«, »Bleib!«, »Komm!« und »Bei Fuß!« zu befolgen.

Als ich dort anfing, musste ich entsetzt feststellen, in was für einer desolaten Verfassung sich einige Hunde befanden. Natürlich sahen sie allesamt wunderschön aus. Sie waren wohlgenährt, aufs Trefflichste gepflegt, und ihr glänzendes Fell strotzte nur so vor Gesundheit. Aber emotional waren sie oft völlig am Ende. Die einen waren ängstlich und duckten sich. Andere waren nervös oder aggressiv und außer Rand und Band.

Ironischerweise brachten ihre Besitzer sie hierher, um sie abrichten zu lassen. Sie hofften, auf diese Weise das neurotische Verhalten zu beseitigen. Sie glaubten, sobald der Hund gelernt habe, auf Kommandos zu reagieren, würden sich seine Angst oder andere Verhaltensprobleme auf wunderbare Weise in Luft auflösen. Das ist ein gängiger, aber gefährlicher Irrtum. Es stimmt: Wenn ein Hund von Geburt an ein sanftes, unbekümmertes Wesen hat, kann die traditionelle Hundeerziehung ihm helfen, ruhiger zu werden, was das Leben aller Beteiligten erleichtert. Doch einem nervösen, angespannten, reizbaren, ängstlichen, aggressiven, dominanten, panischen Hund oder einem solchen, der anderweitig aus dem Gleichgewicht geraten ist, kann die traditionelle Erziehung manchmal mehr schaden als nutzen. Das war mir seit dem ersten Tag in jener Hundeschule klar.

Ich war dafür zuständig, die Tiere bis zu ihrer täglichen »Lektion« in Einzelzwinger zu sperren und sie zu ihren Trainern zu bringen. Die Isolation, in der diese unglücklichen Hunde zwischen den Übungseinheiten lebten, steigerte die bereits vorhandene Furcht oft noch. Da die Schule leider nur bezahlt wurde, wenn der »Absolvent« bei seiner Abholung die Befehle befolgte, bestand die letzte Hoffnung häufig darin, dem »Patienten« noch mehr Angst einzujagen. Einige der Tiere waren nach ihrem Aufenthalt in einer schlechteren psychischen Verfassung als zuvor. Ich sah Hunde, welche die Befehle eines Trainers gehorsam ausführten, während sie sich duckten, die Ohren anlegten, sich niederkauerten und den Schwanz zwischen die Beine klemmten – eine Körpersprache, die laut und deutlich verkündet: »Ich gehorche dir nur, weil ich Angst habe!«

Ich glaube schon, dass die Trainer an dieser Schule liebevolle Fachleute waren und dort nichts Grausames oder Unmenschliches vor sich ging. Aber meinen persönlichen Beobachtungen zufolge herrschte ein tief sitzendes Missverständnis hinsichtlich der Grundbedürfnisse eines Hundes – hinsichtlich dessen, was er wirklich braucht, um geistig ausgeglichen zu sein. Das liegt daran, dass die traditionelle Hundeerziehung auf der Humanpsychologie basiert. Sie geht nicht einmal andeutungsweise auf das Wesen der Kreatur ein.

Ich blieb an dieser Ausbildungsstätte, da ich meinte, den Beruf des Hundetrainers erlernen zu müssen. Deshalb hatte ich diesen weiten Weg ja schließlich zurückgelegt. Aber es war ganz anders, als ich es mir erträumt hatte. Vom ersten Augenblick an spürte ich, dass diese Art von »Erziehung« vielleicht den Menschen half. Für die Hunde war sie dagegen manchmal schädlich. Wenn ich so zurückdenke, nahm mein ursprünglicher »Traum« damals eine neue Gestalt an. Auch diese Veränderung war zum größten Teil Zufall. Obwohl ich gern glauben möchte, dass es nichts mit Zufall zu tun hatte – dass es Schicksal war.

Der »Hundeflüsterer« entwickelt seine Methode

Auch in diesem Trainingszentrum stand ich bald wieder in dem Ruf, selbst mit den aggressivsten und körperlich kraftvollsten Rassen wie Pitbulls, Deutschen Schäferhunden und Rottweilern umgehen zu können. Nun, zufälligerweise bin ich geradezu verrückt nach ihnen... Ihre schiere Kraft inspiriert mich.

Es gab noch einen anderen Hundepfleger, der gut mit den Vertretern jener Rassen umgehen konnte, aber er arbeitete nicht gern mit den nervösen oder ängstlichen Tieren. Einem aggressiven oder unsicheren Hund näherte ich mich schweigend, statt ihn anzubrüllen, wie das die Kollegen taten. Ich sagte nichts, fasste ihn nicht an und mied den Blickkontakt. Wenn ich zu einem solchen Hund kam, öffnete ich die Tür und wandte ihm den Rücken zu, als wollte ich in die andere Richtung davongehen. Da diese Tiere von Natur aus neugierig sind, kam der Hund irgendwann zu mir. Ich leinte ihn erst dann an. Jetzt war es einfach, da ich meine ruhige, bestimmte Dominanz bereits bewiesen hatte, wie das auch ein anderer dominanter Artgenosse in der freien Natur getan hätte.

Ohne mir dessen bewusst zu sein, wandte ich also das hundepsychologische Wissen an, das ich in all den Jahren erworben hatte, in denen ich das Rudel auf der Farm meines Großvaters beobachtete. Ich gab mich so, wie sich die Hunde untereinander verhielten. Das war die Geburtsstunde der Rehabilitationstechniken, die ich auch heute noch anwende, obwohl ich das, was ich tat, damals weder auf Englisch noch auf Spanisch hätte in Worte fassen können.

Ein weiterer wichtiger »Zufall« war, dass ich in jener Hundeschule allmählich den Einfluss, »die Macht des Rudels«, entdeckte, wenn es darum ging, einen aus dem Gleichgewicht geratenen Hund zu rehabilitieren. Eines Tages ging ich mit zwei Rottweilern, einem Schäferhund und einem Pitbull gleichzeitig auf den Hof. Ich war der

Einzige, der so etwas überhaupt versuchte. Die meisten anderen Angestellten hielten mich für verrückt. Einmal wurde mir die Arbeit mit mehreren Tieren sogar ausdrücklich verboten. Es machte das Management nervös. Doch ich wusste sofort, als ich diese Methode gefunden hatte, dass ein Rudel bei einem Problemhund eine große Hilfe sein würde. Ich hatte nämlich Folgendes entdeckt: Wenn ein neuer, unausgeglichener Hund in eine Gruppe mit einer gesunden Struktur kam, beeinflusste das Rudel den Neuankömmling dahingehend, dass er denselben ausgeglichenen Gemütszustand annahm wie die anderen Tiere. Ich musste lediglich dafür sorgen, dass die Begegnung zwischen Neuankömmling und älteren Rudelmitgliedern nicht allzu heftig ausfiel. Wenn ich die Hunde beobachtete und jede Aggression, jedes Territorialverhalten und jeden Wettbewerb auf beiden Seiten sofort unterband, passte der neue Hund sein Verhalten irgendwann an, um sich ins Rudel einzufügen.

Bei Menschen und Hunden – bei allen rudelbildenden Arten – liegt es im genetischen Interesse, dass sie versuchen, sich einzufügen und mit den Artgenossen auszukommen.[1] Ich bediente mich also lediglich dieses höchst natürlichen angeborenen Antriebs. Bei der Arbeit mit Rudeln fiel mir auf, dass Hunde die gegenseitige Genesung sehr viel besser unterstützen konnten als ein menschlicher Trainer.

In der Schule galt ich bald als fleißiger und verlässlicher Mitarbeiter. Aber je mehr ich meine eigenen Vorstellungen von Hundepsychologie entwickelte, desto unzufriedener wurde ich. Ich habe daraus wohl auch kein Hehl gemacht. Einer der Klienten, ein erfolgreicher Geschäftsmann, war besonders begeistert von meiner Art, mit seinem Golden Retriever umzugehen. Er hatte mich schon eine Weile beobachtet und war sowohl von meinen Fähigkeiten als auch von meiner Arbeitsethik überzeugt.

Eines Tages kam er auf mich zu und sagte: »Sie machen mir hier keinen besonders glücklichen Eindruck. Wollen Sie für mich arbeiten?«

Ich fragte ihn, wie diese Arbeit denn aussehen würde. Ich dachte natürlich, sie hätte etwas mit Hunden zu tun. Ich war ein wenig enttäuscht, als er sagte: »Sie werden Limousinen waschen. Ich habe einen ganzen Fuhrpark voll.«

Nun ja. Das Angebot war nett gemeint, aber ich bin nach Amerika gekommen, um Hundetrainer zu werden. Trotzdem war er ein bemerkenswerter Mann – ein starker, selbstsicherer Geschäftsmann, wie ich es eines Tages sein wollte.

Dann versüßte er mir das Angebot damit, dass er mir erklärte, als Angestellter seiner Firma bekäme ich einen eigenen Wagen. Ich konnte mir damals noch kein Auto leisten; und in Los Angeles ist das praktisch so, als habe man keine Beine. Ich brauchte ein paar Wochen, um mich zu entscheiden, aber schließlich nahm ich sein Angebot an. Wieder einmal hatte ein unbekannter Schutzengel geholfen, die Bühne für die nächste Etappe meines Wegs zu bereiten.

Mundpropaganda

Mein neuer Boss war ein strenger, aber gerechter Lehrmeister. Er führte mich in die Branche ein und zeigte mir, wie ich seine Limousinen zu waschen hatte. Er legte großen Wert darauf, dass sie stets makellos waren. Diese Arbeit war manchmal körperlich sehr anstrengend, aber das störte mich nicht wirklich; denn auch ich war – und bin – ein Perfektionist. Wenn ich schon als Autowäscher arbeitete, dann wollte ich der beste aller Zeiten sein. Diesem Mann habe ich es zu verdanken, dass ich so viel über die Führung eines soliden, profitablen Unternehmens lernte.

Den Tag, an dem ich den neuen Wagen abholte, welchen er mir zur Verfügung stellte, werde ich nie vergessen. Ja, es war nur ein Auto – ein weißer 88er Chevy Astrovan, der mir noch nicht einmal gehörte –, aber für mich war es das erste Zeichen dafür, dass ich es in Amerika »geschafft« hatte.

An jenem Tag gründete ich auch meine eigene »Hundeschule«, die Pacific Point Canine Academy. Ich besaß nur ein Logo, eine Jacke und ein paar hastig gedruckte Visitenkarten. Aber ich hatte eine genaue Vorstellung von dem, was ich tun wollte. Ich träumte nicht mehr davon, der beste Filmhundetrainer der Welt zu werden. Ich wollte Hunden wie den Hunderten von Problemtieren helfen, denen ich seit meiner Ankunft in Amerika begegnet war. Ich hatte das Gefühl, mit meiner einzigartigen Erziehung und meinem natürlich erworbenen hundepsychologischen Wissen sowohl den Hunden als auch ihren Besitzern die Chance auf eine bessere Beziehung und eine neue, glücklichere Zukunft geben zu können.

Es setzte mir gewaltig zu, dass viele dieser vermeintlich »bösen« Hunde, die in konventionellen Hundeschulen »versagt« hatten, zum Tod durch Einschläfern verdammt waren, wenn ihre Besitzer die Ansicht vertraten, sie könnten »nicht mehr mit ihnen zurechtkommen«. Mein

Herz sagte mir, dass diese Hunde es ebenso sehr verdienten zu leben wie ich. Ich sah optimistisch in die Zukunft, weil ich der tiefen Überzeugung war, dass es in Amerika viele Hunde gab, die meine Hilfe gut gebrauchen konnten.

Dank der Großzügigkeit meines neuen Arbeitgebers nahm meine Vision schneller Gestalt an, als ich es mir je hätte träumen lassen. Mundpropaganda ist eine erstaunliche Sache. Selbst in einer so großen und vielschichtigen Stadt wie Los Angeles verbreitet sich der neueste Klatsch oder ein heißer Tipp wie ein Lauffeuer. Zum Glück kannte mein neuer Chef viele Menschen und sparte niemals mit Lob, wenn er über meine Fähigkeiten sprach. Er rief seine Freunde an und sagte: »Ich kenne da diesen großartigen Mexikaner, der unglaublich gut mit Hunden umgehen kann. Kommt doch einfach mal rüber.«

Mein erster Wagen und die Jacke mit dem Logo meiner ersten Firma, der Pacific Point K-9 Academy

Nach und nach brachten seine Freunde ihre Problemhunde zu mir, und sie waren mit den Ergebnissen zufrieden. Sie gaben den Tipp an ihre Freunde weiter. Irgendwann hatte die Pacific Point Canine (K-9) Academy sieben Dobermänner und zwei Rottweiler, mit denen ich in den Straßen von Inglewood, einer kleinen Stadt im Umland von Los Angeles, auf und ab lief. (Wir boten einen ziemlich seltsamen Anblick.) – Mein Geschäft explodierte.

Was beeindruckte diese Menschen so? Wie konnte ich, nachdem ich gerade mal ein paar Jahre in Amerika war, eine blühende Firma haben, ohne je eine einzige Anzeige geschaltet zu haben? Schließlich gibt es Hunderte von Hundetrainern und geprüften Tierverhaltenstherapeuten in Südkalifornien; und ich bin mir sicher, viele von ihnen machen ihre Arbeit außergewöhnlich gut…

Die Eckpfeiler meiner Methode waren Energie, Körpersprache und, falls nötig, eine schnelle Berührung mit einer zum Pfötchen geformten Hand, die für den Hund nicht schmerzhaft ist, aber große Ähnlichkeit mit dem rügenden »Schnappen« eines dominanten Hundes oder der Mutter hat. Ich schrie die Tiere niemals wütend an, schlug sie nicht und »bestrafte« sie niemals im Zorn. Ich korrigierte ihr Verhalten so, wie ein Rudelführer ein Mitglied in freier Wildbahn korrigiert und erzieht. Ich verbesserte sie und ließ es gut sein. Meine Techniken waren nicht neu – sie waren die direkte Umsetzung meiner Beobachtungen der Natur. Ich will keineswegs behaupten, dass es in Amerika nicht auch andere Trainer gab, die mit diesen Methoden herumexperimentierten. Doch offenbar stillten jene Techniken ein dringendes Bedürfnis meiner Klienten in Los Angeles, da ich immer mehr Zulauf hatte.

Mit dem Rudel, als alles begann

Eines Tages, es war das Jahr 1994, arbeitete ich im Haus eines Klienten mit Kanji, einer Rottweilerdame mit Problemen. Sie machte große Fortschritte, und ihr Besitzer, der gute Beziehungen zur Unterhaltungsindustrie hatte, rührte in der ganzen Stadt die Werbetrommel für mich. Ich sah gerade aus dem Fenster, als ein brauner Nissan 300C in die Einfahrt fuhr, eine atemberaubend schöne Frau ausstieg und selbstbewusst auf mich zuschlenderte. Ich sah sie an und überlegte, wo ich sie schon einmal gesehen hatte, konnte mich aber beim besten Willen nicht erinnern. Neben ihr lief ein lange nicht so selbstbewusster, sondern verschämter, schüchterner Rottweiler. (Wie sich herausstellte, war Saki einer von Kanjis Welpen.)

Die Frau fragte mich, ob sie ihren Hund erziehen könne, und drei Wochen später fuhr ich zu ihr. Die Tür öffnete kein anderer als der Schauspieler Will Smith. Ich war sprachlos. Schlagartig fiel mir auch wieder ein, woher ich die Frau kannte – ich hatte sie in dem Film »A Low Down Dirty Shame« (»Mister Cool«) gesehen. Meine Klientin war Jada Pinkett Smith!

Also, damit das klar ist: Ich bin gerade mal drei oder vier Jahre in Amerika, habe ein eigenes, erfolgreiches Unternehmen und werde heute mit dem Hund von Jada Pinkett und Will Smith arbeiten?

Jada und Will erklärten mir, Jay Leno habe ihnen zwei junge Rottweiler geschenkt und diese Hunde bräuchten ein wenig Erziehung, genau wie Saki. Und das war untertrieben – die Hunde waren in einem schlimmen Zustand. Zum Glück gehört Jada zu jenen seltenen und ganz besonderen Menschen, die meine Technik und meine Philosophie sofort verstehen. Sie ist die ideale Hundehalterin – sie will das, was für die Tiere am besten ist, und tut alles, damit sie glücklich und zufrieden sind.

Das war der Beginn einer Freundschaft, die bis zum heutigen Tag währt. Jada und Will empfahlen mich ihren Freunden in der »Hollywood-Elite«. Doch das ist bei weitem nicht das größte Geschenk, das Jada mir machte. Sie nahm mich unter ihre Fittiche und engagierte einen Sprachlehrer, der ein Jahr lang intensiv mit mir an meinem Englisch arbeitete. Das Wichtigste aber war, dass sie an mich glaubte.

Ich hatte immer davon geträumt, mit dem, was ich tue, bekannt zu werden, aber jedes große Geschenk hat auch seinen Preis. Mein Leben ist sehr viel komplizierter geworden. Ich stehe vor neuen Problemen, zum Beispiel dem, wem ich vertrauen kann und vor wem ich mich in Acht nehmen muss. Welche Verträge gut sind und welche in den Aktenvernichter gehören – Dinge, die man auf einer Farm im mexikanischen Ixpalino nicht lernt. Wenn ich einmal nicht mehr weiterweiß, kann ich mich auf Jada verlassen. Sie ist nicht nur einer der großzügigsten, sondern auch einer der klügsten Menschen, die ich kenne.

Ich frage: »Jada, was ist hier los? Was soll ich tun?«, und sofort ist sie für mich da und beruhigt mich: »Also gut, Cesar, die Sache ist die …«

Ich kann mich immer darauf verlassen, einen Menschen zu haben, der sehr viel besser weiß als ich, wie man bei den ganz Großen mitspielt. Außerdem ist sie stets bereit, sich trotz ihres prall gefüllten Terminkalenders einen Augenblick Zeit für mich zu nehmen. Jada ist mehr als nur eine Klientin. Sie ist meine Mentorin, meine Schwester und einer meiner kostbaren Schutzengel. Dank Jada machte auch mein Englisch gewaltige Fortschritte.

Meine neue Aufgabe war glasklar und begeisterte mich immer mehr. Wie gesagt definiere ich sie folgendermaßen: »Ich rehabilitiere Hunde, ich trainiere Menschen.« Ich stellte mir ein autodidaktisches Studienprogramm zusammen und las alles, was ich über Hundepsychologie und das Verhalten von Tieren in die Finger bekommen konnte. Die beiden Bücher, die mich am meisten beeinflussten und mich in meinem intuitiven Wissen bestätigten, waren *Was geht in meinem Hund vor?* von Dr. Bruce Fogle und *Dog Psychology* von Dr. med. vet. Leon F. Whitney. Ich lernte sehr viel aus diesen und auch aus anderen Werken (siehe Literaturverzeichnis) und achtete darauf, jene neuen Informationen mit meinem in der Praxis erworbenen Wissen zu verbinden. Meiner Ansicht und meinen Beobachtungen nach ist Mutter Natur die beste Lehrmeisterin. Doch nun lernte ich auch, auf eine Weise kritisch zu denken, wie ich das nie zuvor getan hatte. Noch wichtiger aber war, dass ich Möglichkeiten fand, mein intuitives

Wissen in Worte zu fassen. Endlich war ich in der Lage, meine neuen Vorstellungen klar und auf Englisch auszudrücken.

Damals hatte ich gerade meine zukünftige Frau Ilusion kennengelernt. Sie war erst sechzehn, als wir anfingen, miteinander auszugehen. Nachdem mir ein Freund erklärt hatte, in den Vereinigten Staaten gebe es ein Gesetz, das die Beziehung zwischen einem so jungen Mädchen und einem älteren Mann verbiete, drehte ich fast durch. Ich hatte schreckliche Angst, ausgewiesen zu werden, und machte postwendend Schluss. Sie war untröstlich. Da sie überzeugt war, dass ich »der Richtige« sei, klopfte sie aber an ihrem achtzehnten Geburtstag erneut an meine Tür.

Unsere ersten Ehejahre und die Zeit nach der Geburt unseres Sohnes Andre waren schwierig. Ich legte immer noch mein altmodisches mexikanisches Machogehabe an den Tag. Ich glaubte, in unserer Familie zählte nur ich – mein Traum, meine Karriere – und sie sollte etwas dagegen unternehmen oder sich damit abfinden.

Sie tat weder das eine noch das andere. Sie ging. Als sie fort war und mir klar wurde, dass sie es ernst meinte, musste ich zum ersten Mal in meinem Leben in mich gehen. Ich wollte sie nicht verlieren. Ich wollte nicht zusehen müssen, wie sie einen anderen heiratete – und dieser Mann unseren Sohn großzog. Ilusion war bereit, zu mir zurückzukehren. Doch unter zwei Bedingungen: dass wir zum Eheberater gingen und ich mich dazu verpflichtete, in unserer Beziehung ein vollwertiger Partner zu sein. Zögernd willigte ich ein.

Ich glaubte, nicht viel lernen zu müssen, aber da irrte ich mich gewaltig. Ilusion resozialisierte mich so, wie ich

Hunde reintegriere, die aus dem Gleichgewicht geraten sind. Sie zeigte mir, was für ein großes Geschenk ein starker Partner und eine Familie sind und dass jedes Mitglied seinen Teil dazu beitragen muss. Heute sind Ilusion, Andre und Calvin für mich der größte Segen auf Erden.

Während ich mich darum bemühte, ein besserer Ehemann zu werden, hatte ich dank der Hilfe von Menschen wie meinem Chef und Jada mehr Arbeit, als ich bewältigen konnte. Tierschutzvereine baten mich um Hilfe, damit ihre schwierigsten Fälle eine letzte Chance bekamen, ehe sie eingeschläfert wurden; und plötzlich hatte ich ein Rudel frisch rehabilitierter, aber verwaister Hunde.

Ich brauchte mehr Platz und mietete ein heruntergekommenes Anwesen im Warehouse District mit seinen alten Lagerhäusern im Süden von Los Angeles. Ilusion und

Die Anfänge des Dog Psychology Center

ich renovierten es und schufen das Dog Psychology Center, eine Art ständiges Rehabilitationszentrum oder Institut für ambulante »Gruppentherapie« mit Hunden. Während dieser Zeit suchte ich auch immer weiter nach Möglichkeiten, dem »ganz normalen« Hundehalter meine Methoden und meine Philosophie nahezubringen.

Amerikaner und Hunde: Wenn Menschen zu sehr lieben

Wenn ich mir als kleiner Junge in Mexiko »Lassie« und »Rin Tin Tin« im Fernsehen ansah, fand ich ihre Abenteuer stets unterhaltsam, wusste aber, dass diese Sendungen reine Hollywoodphantasien waren. Wenn Lassie viermal bellte und Timmy sagte: »Lassie, was ist los? Es brennt? Das Haus… nein, die Scheune? Danke! Gehn wir!«, dann war mir klar, dass sich echte Hunde nicht so verhielten – und ich ging davon aus, dass dies allen anderen Menschen auch bewusst war. Als ich nach Amerika kam, stellte ich aber mit einigem Erstaunen fest, dass viele hier unbewusst glaubten, Lassie verstünde tatsächlich jedes Wort, das Timmy zu ihr sagte! Ich begriff, dass man im Grunde dachte, alle Hunde seien wie der vierbeinige Fernsehstar – Menschen im Gewand eines Tiers. Es dauerte ein wenig, bis ich das verarbeitet hatte; mir wurde klar, dass die meisten Haustierbesitzer tatsächlich irgendwie der Ansicht waren, ihre Lieblinge – ganz gleich, ob Hunde, Katzen, Vögel oder Goldfische – seien »Menschen in anderer Gestalt«. Und sie behandelten sie natürlich auch dementsprechend.

Nach rund fünf Jahren in den Vereinigten Staaten fiel es mir schließlich wie Schuppen von den Augen: Genau dies war das Problem! Die amerikanischen Hunde hatten so viele Schwierigkeiten, weil ihre Besitzer sie für *Menschen* hielten! Sie durften keine Tiere sein! In diesem freien Land, in dem angeblich jeder sein grenzenloses Potenzial verwirklichen kann, waren die Hunde alles andere als frei! Gewiss, sie wurden auf Teufel komm raus verwöhnt – sie hatten das beste Fressen, die beste Unterkunft, die beste Pflege und bekamen eine großzügige Dosis Liebe –, aber sie wollten mehr. Sie wollten einfach Hunde sein!

Ich erinnerte mich an das, was ich in Mexiko in den unzähligen Stunden gelernt hatte, in denen ich die besten Hundetrainer der Welt beobachten konnte – die Hunde selbst. Als ich an meine natürliche Beziehung zu ihnen zurückdachte, wurde mir allmählich klar, wie ich den Hunden in den Vereinigten Staaten zu einem glücklicheren Leben verhelfen konnte und auch ihre Besitzer davon profitieren würden. Man muss kein Genie sein, um meine Methode zu verstehen. Ich habe sie auch nicht erfunden. Das war Mutter Natur.

Meine Formel für einen glücklichen Hund ist einfach: Ein Hund ist ausgeglichen und gesund, wenn ihm sein Besitzer *Bewegung* verschafft, auf *Disziplin* achtet und ihm *Zuneigung* schenkt! Auf diese Reihenfolge kommt es an, wie ich später noch genauer erklären werde.

Leider haben die meisten amerikanischen Hundebesitzer, die ich bisher kennengelernt habe, Probleme damit. Sie setzen die Zuneigung an die erste Stelle. Viele von ihnen schenken ihren Tieren nichts weiter als Liebe! Ich weiß natürlich, dass sie es gut meinen. Trotzdem können sie ihren vierbeinigen Freunden damit einen beträchtlichen Schaden zufügen. Ich bezeichne diese Hundehalter als »Menschen, die zu sehr lieben«.

Vielleicht lesen Sie diese Zeilen und denken: »Ich schenke meinem Hund Zuneigung! Er ist mein Baby! Und mit ihm stimmt alles! Er hat keine Verhaltensprobleme.« Sie haben womöglich in der Tat einen Hund, der von Natur aus passiv und entspannt ist, und es gibt nicht ein einziges Mal Probleme. Möglicherweise überschütten Sie ihn mit Liebe und bekommen von ihm nur jene wunderbare, bedingungslose Hundeliebe zurück. Mag sein, Sie halten sich für das glücklichste Herrchen oder Frauchen auf Erden und glauben, das perfekte Haustier zu haben. Es macht Sie glücklich und sorgt dafür, dass Ihr Leben erfüllt ist. Das freut mich für Sie. Aber ziehen Sie bitte auch die Möglichkeit in Betracht, dass Ihr Hund vielleicht auf einen der Faktoren verzichten muss, die *er* für ein wirklich glückliches und erfülltes, artgerechtes Leben braucht.

Zumindest hoffe ich, dass dieses Buch Ihnen helfen wird, die natürlichen Bedürfnisse Ihres Hundes besser zu verstehen, und die Lektüre Sie dazu inspiriert, kreative Möglichkeiten zur Stillung dieser Bedürfnisse zu finden.

Ich werde Sie nun an den Erkenntnissen teilhaben lassen, die ich in über zwanzig Jahren bei der Arbeit mit Tausenden von Hunden gesammelt, an dem, was ich gelernt, erlebt und beobachtet habe. Ich glaube aus tiefstem Herzen, dass es meine Aufgabe ist, Hunden zu helfen und ein Leben lang zu lernen, was sie mir beibringen können. Ich betrachte meine berufliche Beschäftigung mit Hunden als unaufhörlichen Lernprozess. Sie sind meine Lehrer, und ich bin ihr Schüler. Lernen auch Sie, was die Hunde mich lehrten. Sie haben mir geholfen, zu verstehen, dass das, was sie wirklich brauchen, nicht immer das ist, was wir ihnen geben wollen.

2

Wenn wir mit den Tieren sprechen könnten

Die Sprache der Energie

Wie kommunizieren Sie mit Ihrem Hund? Flehen Sie ihn an, zu Ihnen zu kommen, aber er weigert sich, läuft weiter die Straße entlang und jagt einem Eichhörnchen aus der Nachbarschaft hinterher? Wenn Ihr Hund Ihren Lieblingshausschuh klaut, sprechen Sie dann mit ihm wie zu einem Baby und versuchen Sie gleichzeitig, ihm den Schuh wieder abzuluchsen? Brüllen Sie ihn aus vollem Halse an, er soll von den Möbeln gehen, aber er bleibt einfach sitzen und sieht Sie an, als hätten Sie den Verstand verloren? Wenn Sie sich in einem dieser Beispiele wiedererkennen, weiß ich, dass Ihnen die Sinnlosigkeit Ihres Vorgehens klar ist. Sie wissen, dass Sie mit einem Hund nicht »vernünftig reden« können, Sie wissen aber auch einfach nicht, wie Sie sonst mit ihm kommunizieren sollen. Ich bin hier, um Ihnen zu sagen, dass es eine sehr viel bessere Möglichkeit gibt.

Erinnern Sie sich an die Geschichte von Dr. Dolittle, dem Mann, der mit Tieren sprechen und die Sprache aller

Tiere verstehen konnte, denen er begegnete? Diese wundervolle Story begeistert Generation für Generation Kinder und Erwachsene – angefangen bei den Büchern Hugh Loftings über den Stummfilm von 1928, die Radiosendungen der dreißiger Jahre, das Filmmusical von 1967 und die Zeichentrickserie aus den siebziger Jahren bis hin zu den Blockbustern mit Eddie Murphy. Bedenken Sie nur, welche Dimensionen sich uns erschlössen, wenn wir die Welt so sehen könnten wie die Tiere. Stellen Sie sich vor, Sie blickten mit den Augen eines dahingleitenden Adlers auf die Erde hinab oder loteten Ihre Umgebung sicher mithilfe von Schallwellen aus wie die Fledermaus. Wer hätte nicht schon davon oder von Ähnlichem geträumt! Dr. Dolittles Geschichte ist so faszinierend, weil sie die Tiere direkt mit uns kommunizieren lässt.

Was würden Sie sagen, wenn ich Ihnen erklärte, dass Dr. Dolittles Geheimnis mehr als nur eine Story ist?

Man mag dieses Geheimnis aus einer menschlichen Perspektive sehen und kann natürlich ausschließen, dass ich von einer Möglichkeit spreche, mit Hunden über Wörter zu kommunizieren – vielleicht mithilfe eines Lexikons, dank dessen man unsere Begriffe in ihre Sprache übersetzen könnte. Auch muss niemand lernen, zu winseln und zu bellen oder das Hinterteil seines Hundes beschnüffeln … Wäre es nicht einfacher, wenn es eine universelle Sprache gäbe, die von allen Arten verstanden wird?

»Unmöglich«, mag man einwenden. »Nicht einmal die Menschen sprechen alle dieselbe Sprache!«

Stimmt, aber das hat uns nicht davon abgehalten, uns jahrhundertelang um eine gemeinsame Sprache zu bemühen. In der Antike lernten die gebildeten Menschen und die Angehörigen der höheren Gesellschaftsschichten

Griechisch. So konnten sie die wichtigsten Dokumente lesen und verstehen. Im Zeitalter der Kirchenherrschaft konnte jeder, der »jemand« war, Latein lesen und schreiben. Heute ist Englisch die Sprache an der Spitze der Nahrungskette. Das musste auch ich leidvoll erfahren, als ich seinerzeit nach Amerika kam. Glauben Sie mir, wenn Englisch nicht Ihre Muttersprache ist, ist es sehr schwer, sie von Grund auf zu lernen – und doch wird sie überall, von den Chinesen bis hin zu den Russen, als internationale Geschäftssprache akzeptiert.

Die Menschen suchen auch nach anderen Möglichkeiten, die Kommunikationsbarriere zu durchbrechen. Ganz gleich, welche Sprache man spricht – ist man blind, beherrscht man die Brailleschrift; wenn Sie taub sind, können Sie sich mithilfe von Gebärden verständigen; die Mathematik und die Computercodes überwinden viele Sprachgrenzen und gestatten es Menschen unterschiedlicher Herkunft, sich dank der Macht der Technik mühelos miteinander zu verständigen.

Wenn es uns gelingt, gemeinsame Idiome zu erfinden, wieso kennen wir dann keine Möglichkeit, mit den anderen Arten auf diesem Planeten zu kommunizieren? Gibt es denn keine Sprache, die für alle Geschöpfe dasselbe bedeutet?

Ich habe gute Neuigkeiten! Es freut mich, Ihnen mitteilen zu können, dass die universelle Sprache Dr. Dolittles bereits existiert. Der Mensch hat sie nicht erfunden. Es handelt sich um eine Sprache, die alle Tiere sprechen, ohne sich dessen bewusst zu sein – auch der Mensch. Darüber hinaus ist das instinktive Wissen um sie allen Tieren angeboren. Sogar der Mensch spricht sie bei seiner Geburt fließend, aber dann vergessen wir sie meist wieder, weil man uns von

Kindesbeinen an immer wieder einschärft, das Wort sei das einzige Kommunikationsmittel. Die Ironie liegt darin, dass wir zwar glauben, diese universelle Sprache nicht mehr zu beherrschen, sie in Wirklichkeit aber ständig anwenden. Ohne es zu wissen, senden wir rund um die Uhr nonverbale Informationen! Unsere Mitgeschöpfe können die Signale noch erfassen, nur haben wir keinen Schimmer mehr, wie wir sie verstehen sollen. Sie erfassen unsere Botschaften laut und deutlich, selbst wenn wir nicht einmal mehr erahnen, dass wir mit ihnen kommunizieren!

Diese in der Tat universelle Sprache zur Verständigung zwischen den Arten heißt *Energie*.

Energie in freier Wildbahn

Wie kann Energie eine Sprache sein? Hier ein paar Beispiele: In freier Wildbahn leben die unterschiedlichsten Tierarten problemlos zusammen. Nehmen wir etwa die afrikanische Savanne oder den Dschungel: An einem Wasserloch können Sie beispielsweise Affen und Vögel in den Bäumen sitzen sehen, und in der Savanne ziehen die verschiedenen Pflanzenfresser wie Zebras oder Gazellen umher und trinken gern vom selben kristallklaren Wasser. Alles ist friedlich, obwohl sich so viele unterschiedliche Arten denselben Lebensraum teilen. Wieso kommen sie so reibungslos miteinander aus?

Nehmen wir ein nicht ganz so exotisches Beispiel. Vielleicht leben in Ihrem Garten Eichhörnchen, Vögel, Kaninchen und sogar Füchse einträchtig nebeneinander. Probleme gibt es erst, wenn Sie den Rasenmäher anstellen. Warum ist das so?

Es ist so, weil diese Tiere mit derselben entspannten, ausgeglichenen und friedlichen Energie kommunizieren. Sie »wissen« alle, dass sich auch die anderen Spezies nur ausruhen und ihren eigenen Interessen nachgehen wollen – Wasser trinken, Futter suchen, sich entspannen, sich gegenseitig bei der Körperpflege helfen. Alle sind »relaxt«, und niemand greift einen anderen an. Im Gegensatz zu uns brauchen sich Tiere nicht nach dem gegenseitigen Befinden zu erkundigen. Die Energie, die sie ausstrahlen, verrät ihnen, was sie wissen müssen. So gesehen kommunizieren sie pausenlos miteinander.

Nun, da Sie dieses friedliche Bild im Kopf haben, stellen Sie sich Folgendes vor: Plötzlich betritt ein neues Tier mit einer ganz anderen Energie Ihren Garten oder nähert sich dem Wasserloch in Ihrer Vorstellung. Diese neue Energie könnte eher unbedeutend sein wie die eines Eichhörnchens, das die Vorräte eines Artgenossen plündern will, oder die einer Gazelle, die mit einer anderen Gazelle um die bessere Trinkposition am Wasser rangelt. Es könnte aber auch etwas Gefährliches sein, etwa ein hungriges Raubtier auf der Suche nach der nächsten Mahlzeit. Haben Sie je gesehen, wie eine ganze Gruppe friedlicher Tiere von einer Sekunde auf die andere ängstlich oder defensiv wurde – manchmal sogar schon, bevor das Raubtier überhaupt auf der Bildfläche erschien? Vielleicht haben sie es gerochen, vielleicht haben sie aber auch seine Energie gespürt…

Es verblüfft mich immer wieder, dass die anderen Tiere für gewöhnlich wissen, ob sie gefahrlos bleiben können oder nicht, wenn ein Raubtier in der Nähe ist. Stellen Sie sich vor, Sie würden einem Mann vorgestellt, von dem Sie wissen, dass er ein Serienmörder ist. Könnten Sie sich in seiner Gegenwart entspannen? Natürlich nicht! Wenn Sie freilich einer anderen Spezies auf diesem Planeten angehörten, würden Sie vermutlich spüren, ob der Killer ein Opfer sucht oder sich einfach nur entspannt. Tiere wissen sofort, ob ein Raubtier Jagdenergie ausstrahlt. Manchmal wissen sie das sogar schon, bevor sie das betreffende Raubtier sehen. Wir Menschen sind für die energetischen Nuancen der Tiere meist nicht zugänglich – wir halten beispielsweise einen Tiger grundsätzlich für gefährlich, obwohl die Sache in Wirklichkeit so ist: Wenn er gerade eine 150 Kilo schwere Beute vertilgt hat, dürfte er eher träge als angriffslustig sein. Doch sobald sich sein Magen leert, bekommen wir es mit einem ganz anderen Vertreter zu tun – dann ist er nur noch Instinkt, die pure Überlebensenergie. Sogar das Eichhörnchen in Ihrem Garten könnte diesen »feinen« Unterschied energetisch spüren. Aber wir Menschen sind für das, was im Reich der Tiere einer blinkenden roten Warnleuchte gleichkommt, in aller Regel nicht empfänglich.

Ein Beispiel für die energetische Kommunikation von Tieren dürfte den Menschen im Süden der USA vermutlich vertraut sein: An einem sonnigen Tag kann man in Florida, Louisiana, North oder South Carolina riesige Alligatoren sehen, die ihre ledrigen Körper überall auf den teuren, exklusiven Golfplätzen auf den Sandbänken in den Sümpfen sonnen! Ein paar Meter weiter schlagen Golfspieler ab. Reiher und Kraniche und Schildkröten räkeln sich zufrieden gleich neben den furchterregenden Reptilien in der Sonne. Vierzig Kilo leichte ältere Damen gehen mit Hündchen, die in eine Teetasse passen, auf Wegen spazieren, die nur wenige Zentimeter an den Alligatorsümpfen vorbeiführen. Was ist hier los? Ganz einfach.

Die anderen Tiere – von den Schildkröten bis hin zu den winzigen Chihuahuas – wissen instinktiv, dass die furchterregenden Raubtiere im Augenblick nicht an ihnen interessiert sind. Doch wenn der Bauch eines dieser großen Tiere zu knurren beginnt und es energetisch in den Jagdmodus wechselt, sind die anderen blitzschnell verschwunden – darauf können Sie sich verlassen.

Bis auf die Golfspieler vielleicht. Aber das ist ja eh eine der seltsamsten Spezies überhaupt, die selbst der modernen Wissenschaft noch Rätsel aufgibt…

Menschen und Energie

Energetisch haben wir Menschen mehr mit den Tieren gemein, als wir für gewöhnlich zugeben wollen. Denken Sie beispielsweise an einen der gnadenlosesten Dschungel der menschlichen Welt – die Highschool-Cafeteria. Stellen Sie sich diese als ein »Wasserloch« vor, an dem die unterschiedlichen Gattungen – in dem Fall etwa die Sportskanonen, die Nerds und die Kiffer – mehr oder weniger friedlich »ihren Interessen nachgehen«, nämlich ihren Hunger und Durst stillen und miteinander kommunizieren. Plötzlich rempelt einer der »Schultyrannen« vollkommen »versehentlich« das Tablett eines kleineren Jungen an. Die Energie, die bei dieser Begegnung freigesetzt wird, verbreitet sich sofort im ganzen Raum.

Dehnen wir die Vorstellung nun über die Schulmensa hinaus auf die ganze Gesellschaft aus. Ob das nun »richtig« oder »falsch« ist, sei dahingestellt, aber in Amerika erwarten wir, dass die Führer unserer Nation eine dominante, kraftvolle Energie ausstrahlen wie etwa Bill Clinton oder

Ronald Reagan. Einige wenige mächtige Führungspersönlichkeiten haben eine charismatische Energie, mit der sie alle Menschen in ihrer Umgebung anstecken und elektrisieren. Die Energie von Martin Luther King jr. war das, was ich als »ruhig und bestimmt« bezeichne – die ideale Kraft für einen Anführer. Auch Gandhi konnte die Menschen leiten, aber seine Energie war eher mitfühlender Natur.

Interessanterweise ist der Homo sapiens die einzige Spezies, die auch einem weisen, gütigen, mitfühlenden oder liebenswerten Menschen folgt. Er gehorcht sogar einem unausgeglichenen Zeitgenossen, aber das ist ein Kapitel für sich! So schwer es uns vielleicht fallen mag, es zu verstehen: Hinsichtlich der Führungsqualitäten würde im Tierreich ein Fidel Castro eine Mutter Teresa jederzeit aus dem Feld schlagen. Im Tierreich gibt es keine Moral, kein Richtig oder Falsch in unserem Sinne. Umgekehrt gelangen Tiere auch niemals durch Betrug oder Lügen an die Macht – das ist schier unmöglich. Die anderen Artgenossen kämen ihnen sofort auf die Schliche. In der Natur führt derjenige, der die deutlichste und unanfechtbarste Energie ausstrahlt. Die Fauna besteht ganz und gar aus Regeln, Routinen und Ritualen, die das Überleben der Stärksten, nicht der Klügsten oder Fairsten gewährleisten sollen.

Sie haben sicher schon einmal davon gehört, dass man Angst »riechen« kann. Das ist nicht nur eine Redensart. Tiere vermögen energetische Schwingungen wahrzunehmen, aber das Riechen ist bei ihnen am zweitstärksten ausgeprägt – bei Hunden sind Energie und Geruch offenbar eng miteinander verknüpft. Wenn sie Angst haben, leeren sie ihre Analdrüsen und sondern ein Sekret ab, dessen Geruch nicht nur für andere Artgenossen, sondern auch für die meisten übrigen Tiere (sogar für den Menschen) unverwechselbar ist. Der Geruchssinn ist mit dem limbischen System verbunden, jenem Teil des Gehirns, der für die Gefühle verantwortlich ist.

In seinem Buch *Was geht in meinem Hund vor?* zitiert Dr. Bruce Fogle Studien aus den siebziger Jahren, wonach Hunde Buttersäure – einen der Bestandteile des menschlichen Schweißes – noch in einer Konzentration feststellen können, die bis zu einer Million Male geringer ist als die, die der Mensch wahrnimmt.[1] Denken Sie an die Sensoren eines Lügendetektors, welche die minimalen Veränderungen der Feuchtigkeitsabgabe an den Händen eines Probanden erkennen, wenn er die Unwahrheit sagt. Ihr Hund ist im Grunde so etwas wie ein lebender »Lügendetektor«!

Können Hunde unsere Angst also tatsächlich »riechen«? Sie nehmen sie jedenfalls sofort wahr. Zahllose Jogger und Briefträger haben die bedrohliche Erfahrung gemacht, dass sie an einem Haus vorbeilaufen oder -gehen, und »Hasso« fängt an zu bellen, zu knurren oder sogar an Zaun oder Tor hochzuspringen. Ein solcher Hund hat möglicherweise die Beschützerrolle übernommen und nimmt sie sehr ernst. Außerdem beweisen die Narben viel zu vieler Postboten und Jogger, wie körperlich starke, aggressive Hunde – die ich im roten Bereich ansiedle – außer Kontrolle geraten können. (Wenn sich ein Hund in dieser Zone befindet, ist das eine ernste Angelegenheit; ich werde später ausführlicher darauf eingehen.)

Um verstehen zu können, wie Hunde Gefühlszustände wahrnehmen, bedenken Sie einmal Folgendes, wenn Sie an einem Haus vorbeigehen, dessen Hund sich in ebenjenem roten Bereich befindet: *Vielleicht hat er ein »Geheimnis«*. Unter Umständen hat er mehr Angst vor Ihnen als umgekehrt! Aber sobald Sie erstarren, kippt das Kräftegleichgewicht. Kann der Hund die energetische Veränderung in Ihnen mit seinem »sechsten Sinn« wahrnehmen? Oder riecht er die Veränderung in der Chemie Ihres Körpers oder Ihres Gehirns?

Die Wissenschaft hat das alles noch nicht in Worte gefasst, die auch für den Laien verständlich sind, aber meiner Meinung nach ist es eine Kombination aus beidem. Ich weiß aus Jahrzehnten genauester Beobachtung, dass sich ein Hund nicht »bluffen« lässt wie ein betrunkener Pokerspieler: Sobald Sie sich fürchten, weiß der Hund, dass er Ihnen gegenüber im Vorteil ist. Sie strahlen eine schwache Energie aus. Und wenn er die Möglichkeit hat, ist die Wahrscheinlichkeit, dass er Sie hetzt oder beißt, sehr viel größer, als wenn Sie sein Gebell einfach überhört hätten und Ihres Weges gegangen wären.

In der Natur werden die Schwachen schnell »aussortiert«. Das ist keine Frage von Richtig oder Falsch – so funktioniert das Leben auf der Erde seit Jahrmillionen.

Gefühle und Energie

Das Wichtigste an der energetischen Kommunikation ist, dass es sich um eine emotionale Sprache handelt. Sie müssen einem Tier nicht sagen, dass Sie traurig, müde, aufgeregt oder entspannt sind. Es weiß ganz genau, wie Sie sich fühlen. So gibt es denn auch reichlich mehr oder weniger rührselige Geschichten, die man in trivialen, aber ebenso in anspruchsvolleren Veröffentlichungen nachlesen kann: Beispiele von Hunden, die ihre kranken, niedergeschlagenen oder trauernden Halter getröstet oder sogar gerettet haben. In diesen Storys liest man Sätze wie: »Es war, als wüsste er, was sein Herrchen gerade durchmachte.«

Ich möchte Ihnen versichern, dass diese Tiere tatsächlich wissen, in welcher Grundstimmung sich ihre Besitzer befinden. Eine französische Studie kam zu dem Ergebnis, dass Hunde die emotionalen Zustände von Menschen mithilfe ihres Geruchssinns unterscheiden können.[2] Ich bin kein Wissenschaftler, aber ein Leben in der Gesellschaft von Hunden hat mich zu der Überzeugung geführt, dass sie zweifelsfrei auch die schwächsten energetischen und emotionalen Veränderungen bei den Menschen in ihrer Umgebung wahrnehmen. Natürlich können sie den Zusammenhang unserer Probleme nicht verstehen. Sie können nicht wissen, ob wir unglücklich sind, weil wir geschieden wurden, unsere Arbeit oder unseren Geldbeutel verloren haben, da derlei höchst menschliche Umstände keinerlei Bedeutung für sie haben. Aber diese Situationen lösen bestimmte Gefühle aus – und Gefühle sind universell. Krank und traurig ist krank und traurig, da spielt die Spezies keine Rolle.

Tiere sind nicht nur mit anderen Kreaturen im Einklang – offenbar können sie auch die Energie der Erde wahrnehmen. Es gibt unzählige Berichte von Hunden, die Erdbeben »vorherzusagen« vermochten, oder von Katzen, die sich Stunden vor dem Eintreffen eines Tornados im Keller versteckten. 2004 machten sich vierzehn elektronisch gekennzeichnete Schwarzspitzenhaie, die ihr Revier vor der Küste Sarasotas noch nie verlassen hatten, eine halbe Stunde vor Eintreffen des Hurrikans Charly an der

Küste Floridas auf den Weg in tiefere Gewässer. Und denken Sie an den schrecklichen Tsunami in Südostasien im Winter desselben Jahres.[3] Augenzeugen zufolge fingen in Indonesien eine halbe Stunde bevor die Welle die Küste überflutete die Elefanten in Gefangenschaft an zu heulen. Sie rissen sich sogar von ihren Ketten los, um in höher gelegene Regionen zu fliehen. Überall in der Region suchten die Tiere in den Zoologischen Gärten Schutz und weigerten sich, wieder herauszukommen. Hunde blieben in den Häusern, und im Yala-Nationalpark auf Sri Lanka flohen Hunderte von wilden Tieren – Leoparden, Tiger, Elefanten, Wildschweine, Hirsche, Wasserbüffel und Affen – auf sichereres Terrain.[4] Das sind zwar nur einige der Wunder von Mutter Natur, die mich immer wieder in Erstaunen versetzen, sie liefern aber ein beredtes Beispiel für die mächtige Sprache der Energie.

Sie sollten sich im Besonderen merken, dass alle Tiere in Ihrer Umgebung – erst recht die Haustiere, mit denen Sie Ihr Leben teilen – Ihres energetischen Zustands stets gewahr werden. Sicher, Sie können jederzeit verbal leugnen, was Ihnen wirklich durch den Kopf geht, aber Ihre Ausstrahlung kann nicht lügen. Sie mögen Ihren Hund anbrüllen und fordern, dass er die Chaiselongue verlässt, bis Ihr Gesicht blau anläuft. Wenn Sie keine Führungsenergie ausstrahlen, wenn Sie tief in Ihrem Inneren wissen, dass Sie Ihren Liebling auf dem guten Stück liegen lassen werden, so er denn nur lange genug bettelt, dann weiß er, was wirklich Sache ist. Dieser Hund wird sich so lange nicht von der Stelle bewegen, wie es ihm passt. Ihm ist klar, dass Ihr Geschrei nicht ernst zu nehmen ist. Weil Hunde die lauten verbalen Äußerungen eines erhitzten Menschen als

Zeichen von Schwäche werten, lässt Ihr Wutanfall ihn entweder kalt, oder er reagiert verwirrt beziehungsweise verängstigt. Aber er wird gewiss nicht auf die Idee kommen, das Ganze könne etwas mit Ihren Regeln hinsichtlich der Benutzung eines Sitzmöbels zu tun haben…!

Die ruhige und bestimmte Persönlichkeit

Ein Hund braucht nur wenige Sekunden, um herauszufinden, in welchem energetischen Zustand Sie sich befinden. Deshalb müssen Sie konsequent bleiben. Sie sollten Ihrem Hund gegenüber immer eine Energie ausstrahlen, die ich als »ruhig und bestimmt« bezeichne. Ein so »getunter« Rudelführer ist entspannt, weiß aber stets, dass er alles unter Kontrolle hat.

Ruhige und bestimmte Persönlichkeiten sind die Anführer der Tierwelt. Unter der Spezies des Homo sapiens sind sie dünn gesät, aber fast immer handelt es sich um die mächtigsten, beeindruckendsten und erfolgreichsten Menschen in einem bestimmten Umfeld. Oprah Winfrey zum Beispiel – mein größtes Vorbild in professioneller Hinsicht – ist der Inbegriff ruhiger, bestimmter Energie. Sie wirkt entspannt, ausgeglichen und hat stets alles im Griff. Überall auf der Welt reagieren die Menschen beeindruckt von ihrer magnetischen Aura, was die Talkmasterin zu einer der einflussreichsten und wohlhabendsten Frauen unserer Tage gemacht hat.

Die Beziehung der Entertainerin zu Sophie, einem ihrer Hunde, ist da ein völlig anderes Kapitel. Wie viele der mächtigen Menschen, die mich engagieren, damit ich ihnen im Umgang mit ihren Lieblingen helfe, hatte Oprah

Bedenken, auch Sophie in den Genuss ihrer viel gepriesenen ruhigen und bestimmten Energie kommen zu lassen. In all den Jahren, in denen ich nun schon Menschen und ihren vierbeinigen Freunden helfe, ist mir aufgefallen, dass gerade die typischen »Macher« – Regisseure, Studioleiter, Filmstars, Ärzte, Rechtsanwälte, Architekten – im Beruf keinerlei Schwierigkeiten haben, Dominanz und Kontrolle zu zeigen. Aber daheim, da lassen sie ihrem Hund alles durchgehen. Für diese Menschen ist die Beziehung zu ihrem Haustier oft die einzige Gelegenheit, die sanftere Seite ihrer Persönlichkeit zu zeigen. Auf sie mag das therapeutisch wirken, aber bei den Tieren kann das psychische Schäden verursachen. Ihr Hund braucht einen Rudelführer nämlich dringender als einen »Kumpel«.

Ruhige, bestimmte Energie: Das ist die Art von Ausstrahlung, die Sie im Umgang mit Ihrem Hund, Ihrer Katze, ja, Ihrem Chef oder Ihren Kindern anstreben sollten…

Tun Sie so als ob

Was sollen Sie nun unternehmen, wenn Sie von Natur aus kein besonders ruhiger und bestimmter Mensch sind? Wie reagieren Sie auf Probleme? Panisch und gereizt oder defensiv und aggressiv? Nehmen Sie Herausforderungen gern persönlich? Die Energie lügt nicht, das ist wahr. Aber Energie und Macht lassen sich auch konzentrieren und kontrollieren. Biofeedback, Meditation, Yoga und andere Entspannungstechniken eignen sich hervorragend dazu, zu lernen, wie Sie die von Ihnen ausgestrahlte Energie besser kanalisieren können. Acht Jahre intensives Judotraining in meiner Jugend haben dafür gesorgt, dass mir die Kontrolle meiner geistigen Energie in Fleisch und Blut übergegangen ist. Wenn Sie reizbar, ängstlich oder übermäßig emotional sein sollten – das wären ganz eindeutige energetische Hinweise für Ihre Tiere –, können derartige Techniken Ihre Beziehung zu ihnen erheblich verbessern. Indem Sie lernen, die Macht Ihrer ruhigen, bestimmten inneren Energie zu nutzen, wird sich das auch positiv auf Ihre geistige Gesundheit und auf die Beziehung zu den Menschen in Ihrem Leben auswirken. Das garantiere ich Ihnen.

Ich rate meinen Klienten häufig, ihre Phantasie und bestimmte Visualisierungstechniken einzusetzen, wenn sie nicht mehr weiterkommen und es ihnen nicht gelingt, ihren Hunden gegenüber die richtige Energie auszustrahlen. Es gibt viele wunderbare Ratgeber, Psychologie- und Philosophiebücher, die Ihnen helfen können, Ihr Verhalten mit der Kraft Ihres Geistes zu verändern. Zu den Autoren, die mich am stärksten beeinflussen, gehören Dr. Wayne Dyer, Tony Robbins, Deepak Chopra und Dr. Phil McGraw. Auch Schauspieltechniken, wie sie von Konstantin Stanislavski und Lee Strasberg propagiert wurden, eignen sich hervorragend, um die Art und Weise zu verändern, wie Sie der Welt begegnen.

In der ersten Staffel meiner Sendung »Dog Whisperer« gab es einen Fall, der ganz wunderbar zeigte, wie man die Macht der Visualisierung nutzen kann, um seine Energie und die Beziehung zu seinen Hunden im Handumdrehen zu verändern.

Sharon und ihr Mann Brendan hatten Julius, einen niedlichen, liebenswerten Pitbull-Dalmatiner-Mischling, aus dem Tierheim gerettet. Leider fürchtete sich Julius sogar vor seinem eigenen Schatten. Jedes Mal, wenn sie mit ihm spazieren gingen, zitterte er am ganzen Leib, zog den Schwanz ein und rettete sich bei der ersten Gelegenheit in den Schutz des Hauses. Wenn Gäste kamen, erstarrte Julius und verkroch sich unter die Möbel. Als ich mit den beiden arbeitete, fiel mir auf, dass Sharon immer dann, wenn Julius beim Spazierengehen besonders ängstlich war oder an der Leine zerrte, selbst Angst bekam und sich fürchtete. Sie machte sich solche Sorgen um Julius, dass sie versuchte, ihn mit Worten zu beruhigen. Wenn er sich nicht beruhigen ließ, zuckte sie ratlos mit den Schultern. Mir war klar, dass Julius Sharons ängstliche Energie aufschnappte, was seine eigene Furcht um ein Vielfaches vergrößerte.

Aber als Sharon mir erzählte, sie sei Schauspielerin, wurde mir klar, dass ihr ein bislang wohl ungenutztes, aber mächtiges Werkzeug zur Verfügung stand. Gute Schauspieler lernen, tief in sich zu gehen, um sich mit der Kraft der Gedanken, der Gefühle und der Vorstellung in andere Charaktere zu verwandeln und von einer Sekunde auf die nächste von einem emotionalen Zustand in den anderen zu wechseln. Ich bat Sharon, sich derselben »Tools« zu bedienen wie auf der Bühne oder vor der Kamera und sich auf eine höchst einfache Schauspielübung zu konzentrieren: Sie sollte sich überlegen, welche Figur ihrer Meinung nach eine ruhige, bestimmte Energie ausstrahlte. Dank ihrer Ausbildung wusste Sharon sofort, was ich von ihr wollte. Ohne zu zögern, antwortete sie: »Kleopatra.« Daraufhin riet ich ihr, bei jedem Spaziergang mit Julius in die Rolle der Kleopatra zu schlüpfen.

Es war phänomenal, Sharons ersten Versuch zu beobachten! Beim »Gassigehen« fing sie an, sich vorzustellen,

100

sie sei Kleopatra. Ich konnte zusehen, wie sie sich aufrich-
tete und die Brust herausdrückte. Sie hob den Kopf und
ließ den Blick schweifen, als sei sie die Herrscherin über
alles, was sie sah. Dank ihrer schauspielerischen Fähigkeiten, die sie ihr Leben lang perfektioniert hatte, wurde
sie sich plötzlich ihrer Macht und ihrer Schönheit bewusst
und erwartete natürlich, dass alle – ganz besonders ihr
Hund – ihren Wünschen Folge leisteten! Julius mimte nun
zwar nicht den kleinen Cäsar, er hatte ja noch nie einen
Schauspielunterricht besucht, aber er spürte die Veränderung in ihrer Energie, und ihm blieb keine andere Wahl,
als in der Kleopatra-Phantasie Sharons »Partner« zu werden. Mit einem Mal war der ängstliche Pitbull-Dalmatiner-Mischling wie ausgewechselt. Als ihm klar wurde, dass
er mit einer »Königin« unterwegs war, entspannte er sich
augenblicklich und verlor einiges von seiner Angst. Denn
welcher Hund fürchtete sich schon, wenn die allmächtige
Herrscherin Ägyptens seine Leine hielte?

Julius und seine Besitzer haben hart gearbeitet und viel
erreicht. Monatelang mussten sie engagiert und regelmäßig üben, aber ein Jahr später fühlte sich Julius beim
Spazierengehen völlig sicher, und er heißt inzwischen sogar Fremde zu Hause willkommen – all das dank ruhiger
und bestimmter Führung und mit ein bisschen Hilfe aus
dem klassischen Altertum…

Ruhige Unterordnung

Der korrekte energetische Zustand für die Mitglieder
eines Hunderudels ist die ruhige Unterordnung. Das ist
die gesündeste Energie, die Ihr Hund in seiner Beziehung

zu Ihnen ausstrahlen kann. Wenn Besucher ins Dog Psychology Center kommen und mein Rudel in Aktion sehen, sind sie oft überrascht, wie sanftmütig eine Meute von dreißig bis vierzig, manchmal fünfzig Hunden in neunzig Prozent der Zeit sein kann. Das liegt daran, dass mein Rudel aus ruhigen, unterordnungsbereiten und geistig ausgeglichenen Hunden besteht.

Das Wort »unterordnungsbereit« hat genau wie der Begriff »bestimmt« eine negative Konnotation. Es bedeutet in diesem Zusammenhang aber nicht, dass der Hund alles mit sich machen ließe. Auch nicht, dass Sie ihn zum »Zombie« oder »Sklaven« entstellen könnten. Es bedeutet schlicht und ergreifend »entspannt und aufnahmebereit«. Diese Energie entspricht eher derjenigen einer motivierten Schulklasse oder Kirchengemeinde. Wenn ich Seminare über das Verhalten von Hunden halte, danke ich dem Publikum stets für seine »ruhige Unterordnung« – das heißt dafür, dass sie aufgeschlossen sind und leicht miteinander ins Gespräch kommen.

Als ich gelernt hatte, mich meiner Frau gegenüber ruhig und unterordnungsbereit zu zeigen, verbesserte sich die Qualität meiner Ehe um hundert Prozent …!

Damit eine Kommunikation zwischen Hunden und Menschen möglich wird, muss der Hund ruhige Unterordnung ausstrahlen. Erst dann kann ihn der Mensch dazu bringen, dass er gehorcht. Unsere Tiere sollten zu keiner Zeit den Eindruck gewinnen, dass wir uns ihnen unterstellen.

Selbst ein Rettungshund zeigt kein bestimmendes Verhalten, sondern ebenjene aktive Unterordnung. Obwohl es seine Aufgabe ist, vor dem Hundeführer herzulaufen und aufgeregt in Trümmerhaufen zu scharren, wird jener ihn zuerst absitzen lassen und warten, bis er sich unterord-nungsbereit zeigt. Erst dann gibt er ihm den Befehl, mit der Suche zu beginnen. Auch Hunde, die mit Behinderten arbeiten, müssen parieren, obschon ihr Halter blind ist oder im Rollstuhl sitzt. Schließlich sollen diese Tiere den Menschen helfen – nicht umgekehrt.

Körpersprache

Ihr Hund beobachtet Sie pausenlos und »liest« Ihren energetischen Zustand. Er achtet auch auf Ihre Gestik und Mimik. Hunde kommunizieren auf körpersprachlicher Ebene miteinander, aber wir dürfen nicht vergessen, dass ihr Gebaren auch Ausdruck ihrer Energie ist. Man denke nur an das Beispiel von Sharon und Julius. Sharon genügte bereits die Vorstellung, in die Rolle der Kleopatra zu schlüpfen, dass sie eine aufrechtere und stolzere Haltung einnahm. Die Energie beeinflusste die Körpersprache, und diese verstärkte wiederum die Energie. Körpersprache und Energie sind immer miteinander verbunden.

Sie können lernen, die Signale Ihres Hundes anhand der optischen Hinweise zu verstehen, die Sie von ihm bekom-men. Dabei dürfen Sie nicht vergessen, dass ein und die-selbe Körperhaltung die Folge unterschiedlicher energe-tischer Zustände sein kann. Das ist ähnlich wie mit diesen lästigen englischen Wörtern, den so genannten Homo-nymen – Begriffen, die gleich klingen, aber eine unter-schiedliche Bedeutung haben. Zum Beispiel *red* und *read* oder *flee* und *flea*. Wenn man kein Muttersprachler ist, dauert es eine Weile, bis man diese Vokabeln unterschei-den kann. Natürlich kommt es dabei vor allem auf den

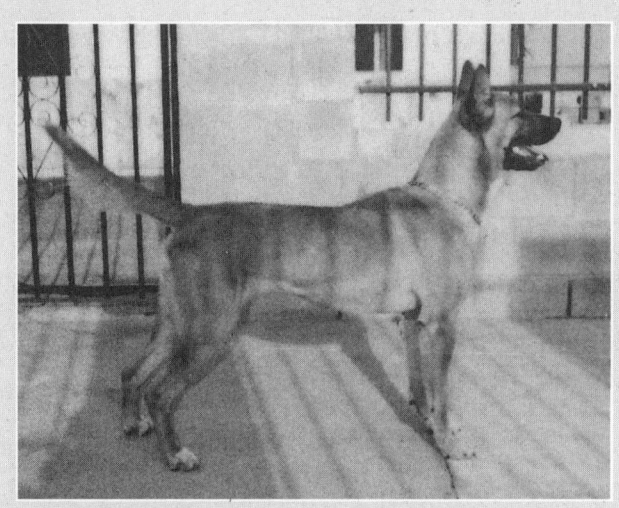

Aufmerksam und dominant

Aufmerksam und entspannt

Ruhige Unterordnung

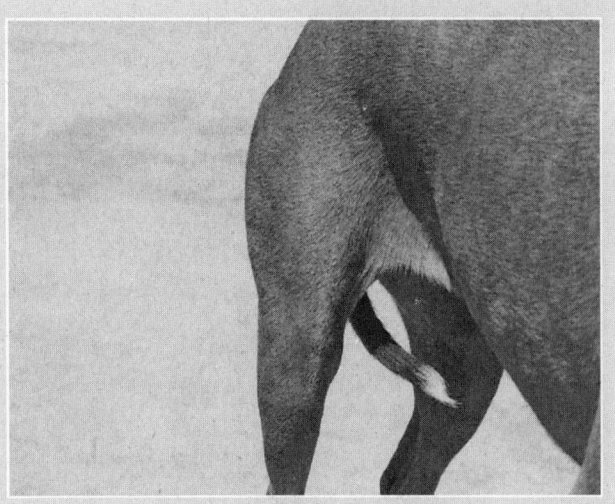

Angst (eingezogener Schwanz)

Zusammenhang an. Die Verwendung eines Wortes entscheidet über seine Bedeutung. So ist das auch bei den Hunden und ihrer Körpersprache. Wenn ein Hund die Ohren anlegt, kann das ruhige Unterordnung ausdrücken, die angemessene Energie für ein Rudelmitglied. Vielleicht signalisiert er aber auch, dass er Angst hat. Wenn ein Hund aufreitet, kann das eine Dominanzgeste sein, vielleicht will er aber auch nur spielen. Die Energie bestimmt den Zusammenhang.

Darf ich an dir schnuppern?

Wie bereits gesagt wurde, kann auch der Geruch für Hunde gleich einer Sprache sein; ihre Nase ist viele Millionen Male sensibler als die unsere und liefert ihnen zahlreiche wichtige Informationen über die Umgebung und die anderen Tiere. Der Geruch des Analdrüsensekrets eines Hundes ist seine natürliche »Visitenkarte«. Wenn sich zwei Vertreter dieser Spezies begegnen, beschnuppern sie ihre Hinterteile, um sich miteinander bekannt zu machen. Da es keine Telefonbücher für Vierbeiner gibt, teilen sie einander mit, wo sie wohnen und wo sie sich herumtreiben, indem sie bestimmte »Landmarken« – Büsche, Bäume, Felsen oder Masten – mit Urin markieren. Eine läufige Hündin hinterlässt ihren Geruch mit dem Urin überall in ihrem Revier, und das wirkt wie eine Kontaktanzeige auf alle männlichen Kandidaten in der Nachbarschaft.[5] Die stehen dann vielleicht am nächsten Morgen vor der Tür ihres Besitzers, und der arme Mensch hat keine Ahnung, wer um alles in der Welt sie »eingeladen« hat.

Hunde können am Geruch auch erkennen, ob wir oder einer ihrer Artgenossen krank sind oder was dieser gefressen hat. Genau wie in den Studien über die Möglichkeit, emotionale Veränderungen beim Menschen zu »erschnuppern«, versuchen die Wissenschaftler schon seit Jahren, die wunderbaren Fähigkeiten der Hundenase zu verstehen, selbst feinste Informationen aufzunehmen. Im September 2004 wurden im *British Medical Journal* die Ergebnisse einer Studie der Universität Cambridge veröffentlicht. Sie beweisen, dass Hunde anhand von Urinproben in mindestens 41 Prozent der Fälle in der Lage waren, Blasenkrebs zu »diagnostizieren«.[6] Jahrelang gab es Anekdoten über ihre ans Wunderbare grenzenden Fähigkeiten. Inzwischen erforscht die Wissenschaft aktiv, wie die Vierbeiner helfen können, Krankheiten noch sehr viel früher zu entdecken als hochtechnische Geräte.

Sie kennen diese Computertomographen, die Ihnen angeblich in wenigen Minuten eine komplette Diagnose all Ihrer Körpersysteme liefern. Etwas Ähnliches tun Hunde bei der ersten Begegnung. Sie scannen Ihren ganzen Körper mit der Nase, untersuchen Sie und stellen fest, wo Sie in letzter Zeit waren und was Sie so gemacht haben. Die Hundeetikette sieht vor, dass Sie das geduldig über sich ergehen lassen. Wenn im Dog Psychology Center ein neuer Hund das Revier des Rudels betritt, gebietet es die Höflichkeit, dass er stillhält, wenn die Rudelmitglieder ankommen und ihn beschnuppern. Bleibt er ruhig stehen und wartet er, bis die anderen fertig sind, wird er leichter ins Rudel aufgenommen. Wenn er zurückweicht, wird er von den anderen so lange gehetzt, bis sie genug gerochen haben.

Ein Hinweis darauf, dass ein Hund nicht mit anderen

auskommt, ist Unwohlsein oder aggressives Verhalten, wenn er beschnuppert wird. Ein solches Tier hat keine »Manieren« – es verhält sich wie ein Mensch, der einem anderen zur Begrüßung nicht die Hand reichen will. Wenn ein Mann oder eine Frau durch das Tor meines Centers treten und durch das Rudel laufen, verhalten sich meine Hunde ihnen gegenüber genauso. Viele finden es beängstigend – oder gar furchterregend –, wenn eine vierzigköpfige höchst bedrohlich aussehende Meute auf sie zustürmt und anfängt, an ihnen zu riechen. Wird man beschnuppert, sollte man die Tiere währenddessen weder ansehen noch berühren, sondern sich von ihnen umkreisen und beschnüffeln lassen. Nur so können diese sich an einen neuen Artgenossen oder eine neue Spezies gewöhnen – indem sie lernen, sie an ihrem Geruch zu erkennen. Für meine Hunde bin ich nicht »Cesar«. Ich bin ihr Rudelführer mit Cesars Geruch und Cesars Energie.

Dank seiner Nase kann Ihr Hund Sie am Geruch erkennen. Doch um sein Rudelführer zu werden, müssen Sie die korrekte Energie ausstrahlen. Wir werden uns später noch ausführlicher mit diesem Konzept beschäftigen – es ist der Eckpfeiler einer gesunden Beziehung zwischen Ihnen und Ihrem Hund. Zuerst müssen Sie aber wissen, dass er die Welt anders wahrnimmt als Sie selbst. Sobald Sie ihn in erster Linie als Tier und nicht als »Menschen mit Fell« sehen, werden Sie die »Sprache« der Energie besser verstehen – und wirklich »hören« können, was er zu Ihnen sagt.

»Sie behaupten also, Sie seien ein Hundesohn.«

3

Hundepsychologie

Keine Couch erforderlich

Im letzten Kapitel habe ich die Rolle der Energie als Kommunikationsmittel zwischen Mensch und Tier vorgestellt und erläutert. Sie und Ihr Hund verständigen sich ununterbrochen auf energetischem Wege mit Ihrer Körpersprache und Ihrem Geruch – ob Sie sich dessen nun bewusst sind oder nicht. Aber wie können Sie die Botschaften Ihres Haustiers entschlüsseln? Und woher wissen Sie, dass Sie ihm gegenüber die richtige Energie ausstrahlen? Zuerst müssen Sie sich mit der Hundepsychologie vertraut machen – indem Sie sich mit den angeborenen Eigenschaften Ihres Lieblings beschäftigen und versuchen, die Welt mit den Augen eines Vierbeiners zu sehen.

Menschen sind vom Saturn, Hunde vom Pluto

Damit in einer Beziehung wahre Harmonie möglich wird, darf sie nicht einseitig sein. Die Bedürfnisse beider Parteien müssen befriedigt werden. Denken Sie nur an das Verhältnis von Männern und Frauen. Als frisch Vermählter brauchte ich ziemlich lange, bis mir bewusst wurde, dass ich als Mann die Welt ganz anders sah als meine Frau. Was mir in der Beziehung Glück und Zufriedenheit schenkte, deckte sich nicht zwangsläufig mit dem, was meine Frau glücklich und zufrieden machte – und solange ich mich nur um die Befriedigung meiner eigenen Bedürfnisse kümmerte, gab es echte Probleme. Alles lief, wie ich es wollte, oder gar nicht. Zum Teil, weil ich egoistisch war, vor allem aber, weil ich nicht wusste, dass es noch andere Möglichkeiten gab.

Wie kann wahre Kommunikation entstehen, wenn mir das psychologische Verständnis für die wichtigste Frau in meinem Leben fehlt? Es kann keine Verbindung zwischen uns geben, und eine Beziehung ohne Verbundenheit ist scheidungsanfällig. Ich musste viele psychologische Ratgeber lesen, bis ich die Welt durch Ilusions Augen sehen konnte. Glauben Sie mir, meiner Ehe hat das sehr viel gebracht.

Nun möchte ich Ihnen helfen, ein neues Verständnis für das wahre Wesen Ihres Hundes zu entwickeln und so dieselben positiven Veränderungen in Ihrer »Ehe« mit ihm zu erzielen. Nur mithilfe dieses Wissens können Sie jene Verbindung zwischen den beiden Arten herstellen – die wahre Verbindung zwischen Mensch und Tier –, nach der Sie sich von tiefstem Herzen sehnen.

Der häufigste Fehler, den viele meiner Klienten im Umgang mit ihren Hunden machen, gleicht dem Missverständnis, dem zahlreiche Männer im Umgang mit ihren Frauen unterliegen – sie gehen davon aus, deren Verstand arbeite auf dieselbe Weise wie der ihre. Die meisten Tierliebhaber bestehen darauf, mit ihren Hunden unter Zuhilfenahme der menschlichen Psychologie Kontakt aufzunehmen. Für sie sind alle Hunde, ganz gleich, welcher Rasse, »vierbeinige Menschen mit Fell«.

Es ist wohl naheliegend, Tiere zu vermenschlichen, da die Humanpsychologie unser primärer Bezugsrahmen ist. Die meisten von uns wurden in dem Glauben erzogen, die Welt gehöre uns und sollte so funktionieren, wie wir das wollen. Aber obwohl der Homo sapiens recht schlau ist, sind wir nicht »klug« genug, dass wir Mutter Natur gänzlich »ausschalten« könnten.

Wenn ein Hund vermenschlicht wird, verursacht das viele der Verhaltensprobleme, die Leute wie ich dann anschließend therapieren. Es verursacht ein Ungleichgewicht, und ein Hund, der aus der Balance geraten ist, wird unerfüllt und bereitet meist auch Schwierigkeiten. Immer wieder werde ich gebeten, mit Tieren zu arbeiten, die das ganze Leben ihres Besitzers bestimmen, die ein dominantes, aggressives oder zwanghaftes Verhalten an den Tag legen und den kompletten Haushalt in Aufruhr versetzen. Das geht manchmal schon jahrelang so.

Oft sagt der verblüffte Halter über seinen Hund etwas wie: »Das Problem ist, dass er sich für einen Menschen hält.« – Sorry, aber nein, das tut er nicht. Ich kann Ihnen garantieren, dass der Hund sehr wohl weiß, was er ist.

Unterschiedliche Vergangenheit, unterschiedliche Gegenwart

Mensch und Tier stammen von verschiedenen Vorfahren ab, haben sich anders entwickelt und sind mit unterschiedlichen Stärken und Schwächen ausgestattet, die ihnen das Überleben auf unserer Welt ermöglichen. In seinem Buch *Wilde Intelligenz* erklärt Professor Marc D. Hauser, dass die Tiere über jeweils andere geistige »Werkzeugkästen« verfügen, um den Kampf ums Dasein zu bestehen.[1]

Der Vergleich mit einem »Werkzeugkasten« gefällt mir, weil er einen einfachen Ansatz liefert, um die große Vielfalt der Natur zu verstehen. Einige dieser »Tools« sind uns allen zu eigen, zum Beispiel die universelle Sprache der Energie, die ich bereits erwähnt habe. Manche findet man nur bei bestimmten Arten. Viele werden von mehr als einer Spezies verwendet – zum Beispiel der Geruch –, spielen aber für das Überleben der einen eine größere Rolle als für das der anderen. Der geistige Werkzeugkasten eines Tiers setzt sich aus all diesen Evolutionsinstrumenten zusammen, was die Psychologie einer Art in vielerlei Hinsicht höchst individuell und einzigartig macht. Giraffen haben ihre eigene Seelenstruktur. Elefanten ebenso. Niemand würde ernsthaft davon ausgehen, dass sich die Psychologie einer Echse mit der des Menschen deckt. Natürlich nicht. Weil sich die Echsen in einer völlig anderen Umgebung entwickelt haben und sich ihr Leben vollständig von dem des Menschen unterscheidet. Echsen sind für andere Aufgaben vorgesehen als wir.

Obwohl Hunde und Menschen seit vielen tausend Jahren eng zusammenleben – und vielleicht sogar einmal voneinander abhängig waren –, wurde auch der Hund von der Natur für andere Aufgaben »gemacht« als der Mensch. Angesichts all dessen kann man wohl kaum erwarten, dass Bello ebenso denkt wie sein Herrchen.

Wenn wir Hunde vermenschlichen, kommt es zum Bruch. Dann mögen wir sie so lieben, wie wir einen anderen Menschen lieben würden, aber wir werden niemals eine tiefe Verbundenheit zu ihnen herstellen können. Wir werden nie lernen, sie so zu lieben, wie sie wirklich sind.

Wenn Sie dieses Buch lesen, vielleicht meine Fernsehsendung sehen oder eins meiner Seminare besuchen, kommt es Ihnen möglicherweise so vor, als hacke ich immer auf denselben Themen herum: »Hunde denken anders als Menschen« und »Hundepsychologie hat nichts mit menschlicher Psychologie zu tun«. Wenn Sie genug davon haben und fest entschlossen sind, Ihren Hund wie einen Hund zu behandeln, dann meinen herzlichsten Glückwunsch – umso besser für Sie! Sie würden sich allerdings wundern, wie viele meiner Klienten und der Menschen, die mit mir sprechen oder mir schreiben, nur sehr zögerlich oder manchmal gar nicht bereit sind, das Bild aufzugeben, das sie sich von ihren Tieren gemacht haben: die Vorstellung, dass ihre Hunde niedliche kleine Menschlein seien. Und ihre Besitzer fürchten, eine neue Einstellung könne die Verbindung zu ihnen irgendwie zerstören, statt sie zu stärken.

Als am Ende eines meiner Seminare die Möglichkeit bestand, Fragen zu stellen, erhob sich eine sichtlich niedergeschlagene Frau und meinte: »Ist Ihnen eigentlich klar, dass das, was Sie sagen, allem widerspricht, was man uns bisher über unsere Hunde erzählt hat?«

Ich musste dem Publikum sagen: »Tut mir leid, Menschen.«

Einige meiner Klienten sind am Boden zerstört und vergießen sogar Tränen, wenn ich ihnen mitteile, dass sie ihre Hundekameraden ganz anders sehen und behandeln müssen, als sie das bisher – manchmal sogar jahrelang – getan haben, wenn sie deren Probleme lösen wollen. Nach einer Beratung fürchte ich oft, dass der Hund, den ich gerade kennengelernt habe, nie die Chance auf ein friedliches, ausgeglichenes Leben bekommen wird, weil ich den Eindruck gewonnen habe, dass sich der Besitzer nicht ändern wird – und das wohl auch nicht will.

Wenn Sie dies lesen und fürchten, dass Sie auch so denken, schöpfen Sie neuen Mut. Betrachten Sie es als ein großes Abenteuer, Ihren Hund kennenzulernen, wie er *wirklich* ist! Machen Sie sich bewusst, was für ein großes Privileg es bedeutet, mit einem ganz besonderen Mitglied einer anderen Spezies zusammenleben und die Welt durch seine Augen sehen zu dürfen! Bedenken Sie, dass Ihre Entscheidung für die Veränderung auch eine Entscheidung für Ihren Liebling ist. Sie geben ihm die Gelegenheit, sein natürliches Potenzial zu verwirklichen. Wenn Sie ein Lebewesen so sein lassen, wie es sein soll, erweisen Sie ihm die höchste Form von Respekt. Sie legen das Fundament für eine neue Art von Verbundenheit, die Sie einander noch näher bringen wird.

Worin unterscheidet sich die Hundepsychologie nun von der unseren? Um das zu verstehen, müssen wir uns noch einmal ansehen, wie Hunde in freier Wildbahn leben; ihr Dasein beginnt ganz anders als das eines Menschen. Sogar unsere Sinne unterscheiden sich voneinander.

Nase, Augen, Ohren: In dieser Reihenfolge!

Welpen haben nach ihrer Geburt sofort eine voll funktionsfähige Nase, während Augen und Ohren sich erst noch entwickeln müssen. Ein kleiner Hund nimmt den frühesten und wichtigsten Einfluss in seinem Leben – die Mutter – also zuerst über sein Riechorgan wahr. Für ihn ist sie zuallererst Geruch und Energie. Auch ein menschliches Baby kann die spezielle Duftnote seiner Mutter von denjenigen anderer Menschen unterscheiden. Dieser Sinn ist also auch für uns von Bedeutung.[2] Aber er ist nicht unser wichtigster. Der Mensch »glaubt, was er *sieht*«. Wenn Sie hören, dass ein Kerl namens Cesar Millan ein vierzig Hunde starkes Rudel im Griff hat, ohne die Tiere anzuleinen, werden Sie es erst glauben, wenn Sie es selbst in Augenschein genommen haben. Nun, ein Hund glaubt, was er riecht. Was er nicht riecht, kann er nicht verstehen. Es ist für ihn nicht wirklich.

Machen wir folgenden Vergleich: Die menschliche Nase verfügt über ungefähr fünf Millionen Geruchsrezeptoren. In der Hundenase befinden sich dagegen im Durchschnitt über 220 Millionen davon. Die Führer von Spür- und Leichensuchhunden können Ihnen sagen, dass ihre Helfer in der Lage sind, Gerüche aufzuspüren, die wir nicht einmal mit hochentwickeltem wissenschaftlichem Gerät wahrnehmen können.[3] Kurz gesagt, ein Welpe lernt, die Welt mit der Nase zu »sehen«. Sie ist sein wichtigstes Sinnesorgan.

Nebst Geruch und Energie lernt ein kleiner Hund auch die Berührung kennen, wenn er sich an seine Mutter drängt, um zu trinken, lange bevor er weiß, wie diese aussieht. Erst ungefähr fünfzehn Tage nach der Geburt öffnet er die Augen und fängt an, die Welt visuell wahrzunehmen. Die Ohren nehmen die Arbeit erst am zwanzigsten Tag seines Erdendaseins auf.[4] Und wie versuchen wir meist, mit unseren Hunden zu kommunizieren? Indem wir mit ihnen sprechen, als verstünden sie uns, oder indem wir ihnen Kommandos zubrüllen ...

Nase, Augen, Ohren: Meine Klienten sind es meistens schnell leid, das immer wieder zu hören, aber ich sage es noch einmal: Nase, Augen, Ohren. Prägen Sie sich diese Reihenfolge ein. Das ist die natürliche Hierarchie der Sinne eines Hundes. Damit möchte ich deutlich machen, dass Hunde von Anfang an – von der Entwicklung ihrer ersten grundlegenden Überlebenswerkzeuge – die Welt anders wahrnehmen als wir. Im Grunde erleben sie ein anderes Universum.

Selbst die Geburt erlebt ein Welpe vollkommen anders als ein menschliches Baby. Er ist ganz und gar von der ruhigen und bestimmten Energie seiner Mutter umgeben. Und nun denken Sie an eine typische menschliche Geburt, die klischeehafte Rolle des Vaters im Kreißsaal: »Atmen, Liebling, atmen!« Denken Sie an Ihre Lieblingscomedy, wie der Mann im Wartezimmer auf und ab läuft oder bei der Entbindung beim Anblick von Blut in Ohnmacht fällt. Kennen Sie zufälligerweise die berühmte Folge der Fünfziger-Jahre-Serie »I Love Lucy« (»Typisch Lucy«), in der Ricky und die Familie Mertz Lucys Krankenhausaufenthalt bis ins kleinste Detail vorbereiten, aber völlig zusammenbrechen, als es so weit ist?

Für Paare, die zum ersten Mal Eltern werden, ist eine Geburt meist eine höchst aufreibende und hektische Angelegenheit. In der Tierwelt verhält sich das ganz anders. In

ihrer natürlichen Umgebung fürchtet sich eine Hundemutter weder vor den Wehen, noch braucht sie Ärzte,
Krankenschwestern, Hebammen oder in bestimmten Entspannungstechniken geschulte Geburtshelfer, die sie an-
feuern. Sie baut ihr Nest, legt sich hinein und ist während
des gesamten Geburtsvorgangs meist eifersüchtig auf ihre
Ruhe bedacht. Haben Sie je gesehen, wie eine Hundemutter ihre Neugeborenen im Schrank oder unter dem Bett
versteckt, sie dort von der Plazenta säubert und anfängt, sie
zu säugen? Für sie ist das eine äußerst private Angelegenheit. Auch hier besteht ein großer Unterschied zwischen
Mensch und Hund. Bei uns tummelt sich fast die ganze
Familie im Krankenhaus: Oma, Opa, Cousinen und Cousins; und sie bringen Videokameras, Blumen, Babysachen,
Luftballons und möglicherweise sogar Zigarren mit. Wir
machen die Geburt zur Party! Für uns ist das ein sehr schö-
nes Ritual – aber auch hier sieht man, wie unterschiedlich
unser Leben beginnt. Ein Hund zu sein, ist weder besser
noch schlechter, als ein Mensch zu sein. Aber für beide
gestaltet sich das Leben vom ersten Tag an ganz anders.

Betrachten wir die frühe Entwicklung der Hunde als Fenster zu ihrem Geist. Wenn die Welpen noch ganz klein sind,
legt sich die Mutter ins Nest, und die Kleinen müssen sie
finden, zu ihr kommen – *nicht umgekehrt!* Wenn die Kleinen älter werden, entfernt sich die Mutter manchmal von
ihnen – oder schubst sie gar weg –, wenn sie säugen wollen. In der Natur beginnt damit sowohl die *Disziplin* als
auch die *natürliche Auslese*. Ist es Zeit für die Fütterung,
wird es den schwächlichen Welpen am schwersten fallen,
die Mutter zu finden; und sie können sich nicht gegen die
anderen durchsetzen. Wenn die Hündin merkt, dass einer

ihrer Welpen schwach ist, kümmert sie sich nicht weiter um ihn. Vielleicht stirbt er sogar.

Hier zeigt sich der gewaltige Unterschied zwischen Menschen und Tieren. Wir sind die einzige Spezies, die einem schwachen Nachkommen besonders viel Aufmerksamkeit widmet. In einem Rudel gibt es keine Neugeborenen-Intensivstation. Nicht, dass der Hundemutter ihr Nachwuchs egal wäre. In ihrer natürlichen Welt bedeutet dies vielmehr, dass sie das Überleben des Rudels und künftiger Generationen sichern will. Ein schwächlicher Welpe, der nicht mithalten kann, bremst nicht nur das Rudel und bringt es so in Gefahr, sondern wird höchstwahrscheinlich auch zu einem schwachen Tier heranwachsen und noch mehr schwache Welpen in die Welt setzen. Wir empfinden das als grausam, aber in der Natur werden die Schwachen schon früh aussortiert.

Ein Welpe nimmt seine Mutter also zuerst als Geruch und Energie wahr – dieselbe ruhige und bestimmte Energie, über die Sie in diesem Buch noch mehr lesen werden.

Das Hormon Progesteron, das auch nach der Schwangerschaft reichlich im Körper der Mutter vorhanden ist, verstärkt ihre ruhige Energie und hemmt ihr Kampf- oder Fluchtverhalten, damit sie sich ganz der Aufzucht der Jungen widmen kann.[5] Diese lernen also zuerst jene ruhige und bestimmte Energie kennen, und sie werden sie ihr Leben lang mit Ausgeglichenheit und Harmonie in Verbindung bringen. Sie internalisieren vom ersten Augenblick an, einem ruhigen und bestimmten Anführer zu folgen. Sie lernen auch ruhige Unterordnung, die natürliche Energie der Rudelmitglieder im Tierreich, vor allem in der Welt der Hunde. Sie lernen Geduld. Sie bekommen das

Futter nicht von Federal Express geliefert. Wenn sie trinken wollen, müssen sie warten, bis die Mutter ins Nest zurückkehrt. Sie lernen, dass Überleben sowohl den Wettbewerb mit ihren Geschwistern um die Nahrung als auch die Zusammenarbeit mit der Mutter bedeutet – ihrer ersten Rudelführerin.

Wie man sich einem Hund nähert

Dies ist kein biologisches Lehrbuch über den Canis lupus familiaris, aber es gibt einen Grund, weshalb Sie wissen sollten, wie sein Körper und sein Geist zusammenspielen und wie er sich aus dem Welpen entwickelt hat, der er oder sie einmal war. Die Mutter vermittelt einem Welpen seinen ersten Eindruck von der Welt. Sie ist das erste »andere Lebewesen«, das er kennenlernt. Vergleichen Sie nun den ruhigen, bestimmten Geruch und die Energie einer Hundemutter mit der Art und Weise, wie wir Menschen normalerweise einen Hund begrüßen. Was tun wir, wenn wir einen niedlichen kleinen Welpen sehen? Wir rufen laut: »Oooooo!«, womöglich noch in jener hohen Stimmlage, die normalerweise Kleinkindern vorbehalten ist. »Komm her, du niedlicher, kleiner Kerl!« Wir nehmen also zuerst mithilfe von Lauten mit dem Hund Kontakt auf – und nicht nur das. Für gewöhnlich geben wir auch ziemlich aufgeregte und gefühlsgeladene Äußerungen von uns. Wir strahlen eine hektische, »affektierte« Energie aus, die das genaue Gegenteil einer ruhigen und bestimmten ist. Auf einen Hund wirkt diese schwach und oft negativ. Wir teilen ihm also von Anfang an mit, dass wir nicht den blassesten Schimmer haben.

Die falsche Art und Weise, sich einem Hund zu nähern

Was passiert dann? Wir laufen auf ihn zu, nicht umgekehrt. Wir laufen zu ihm, beugen uns hinab und schenken ihm Zuneigung. Wir tätscheln ihm den Kopf, noch bevor er weiß, wer wir überhaupt sind. An diesem Punkt ist ihm bereits klar, dass wir nicht die geringste Ahnung von ihm haben. Zudem empfängt er das deutliche Signal, dass wir zu ihm kommen – und damit unterzeichnen wir den Vertrag, der besagt, dass er der Boss ist und wir ihm folgen. Kann man ihm das verübeln, nachdem wir einen derart unsicheren ersten Eindruck auf ihn gemacht haben?

Spielen wir diese erste Begegnung noch einmal durch und bedienen wir uns nun der Hunde-, nicht der Humanpsychologie. Sie nähern sich dem Hund richtig, wenn Sie sich ihm überhaupt nicht nähern. Diese Tiere laufen niemals frontal aufeinander zu, es sei denn, sie wollen sich

So nähern Sie sich einem Hund richtig

herausfordern. Der Rudelführer geht nie seiner Gefolgschaft entgegen. Die kommt zu ihm.

Es gibt so etwas wie »Benimmregeln« in der Hundewelt,
und ein »Hunde-Knigge« würde Ihnen raten, bei der Begegnung mit einem Vertreter dieser Spezies den Blickkontakt
zu vermeiden, eine ruhige und bestimmte Energie auszustrahlen und es dem Tier zu erlauben, zu Ihnen zu kommen. Wie wird es sich wohl mit Ihnen bekannt machen
wollen? Natürlich indem es Sie beschnuppert. Machen Sie
sich keine Gedanken, wenn es auch an Ihrem Schritt riecht.
Hunde begrüßen einander ständig auf diese Weise. Das hat
für gewöhnlich keinerlei sexuellen Hintergrund. Es stellt
vielmehr eine Möglichkeit dar, wichtige Informationen
über den anderen zu sammeln – über sein Geschlecht, sein
Alter und das, was er zu Mittag gegessen hat…

Beim Beschnuppern sammelt ein Hund ganz ähnliche Informationen über Sie. Er lernt nicht nur Ihren Geruch, sondern auch Ihre alles entscheidende Energie kennen. Unter Umständen findet er Sie nicht besonders interessant und macht sich auf die Suche nach anderen, faszinierenderen Gerüchen. Oder er bleibt bei Ihnen, um Sie noch näher kennenzulernen. Erst wenn sich der Hund entschlossen hat, Kontakt zu Ihnen aufzunehmen, indem er Sie berührt oder sich an Sie drückt, sollten Sie Ihre Zuneigung bekunden. Sparen Sie sich den Blickkontakt für später auf, wenn Sie einander besser kennen. Das ist ein wenig wie beim ersten Date – da wollen Sie ja auch nicht gleich zu weit gehen...

Manchmal verliert ein Hund nach dem Beschnuppern das Interesse an einem neuen Bekannten und läuft wieder davon. Der »Hundeliebhaber« wird nun die Hände nach ihm ausstrecken und versuchen, ihn mit Streicheleinheiten zurückzulocken. Einige Hunde empfinden das aber als unerwünschten Annäherungsversuch; und ein solches Verhalten kann sie zum Beißen reizen. Sogar bei freundlichen Tieren empfehle ich den Leuten meist, diese nicht sofort mit Zärtlichkeiten zu überschütten. Lassen Sie ihnen Zeit, Sie kennenzulernen und sich in Ihrer Gegenwart wohlzufühlen, und geben Sie ihnen die Gelegenheit, sich Ihre Zuneigung zuerst zu verdienen.

Dieser Rat kommt fast nie gut an, weil es für uns so befriedigend ist, einen Hund zu streicheln und zu herzen. Die meisten verstehen nicht, dass sie mit sofortigen Liebesbezeugungen niemand anderem einen Gefallen tun. Wir befriedigen damit nur unsere eigenen Bedürfnisse – schließlich sind Hunde so niedlich und süß und flauschig und weich …! Und wie man inzwischen weiß, sind sie sowohl für die körperliche als auch die geistig-seelische Gesundheit des Menschen wichtig. Die Verhaltenstherapeutin Patricia B. McConnell zum Beispiel schreibt in ihrem Buch *Das andere Ende der Leine*[6], dass es Menschen tatsächlich erhebliche gesundheitliche Vorteile bringen kann, Tiere zu streicheln. McConnell zufolge haben Studien gezeigt, dass dabei Puls und Blutdruck des Zwei- wie des Vierbeiners sinken und im Gehirn chemische Substanzen freigesetzt werden, die uns beruhigen und uns helfen, die Folgen von Stress zu bekämpfen. Doch wenn wir einem Hund, den wir kaum kennen, sofort bedingungslose Zuneigung schenken, bringen wir unsere Beziehung zu ihm damit unter Umständen ernsthaft aus dem Gleichgewicht. Verhaltensprobleme des Tiers nehmen oft mit einer solch schlichten Kontaktaufnahme ihren Anfang. Der erste Eindruck spielt bei den Hunden eine ebenso große Rolle wie in der menschlichen Welt.

Möglicherweise sind jetzt viele Hundeliebhaber wütend auf mich. Lassen Sie mich Folgendes klarstellen: Ich weiß, dass Menschen nur die allerbesten Absichten haben, wenn sie einem Hund vom ersten Augenblick an ihre Zuneigung zeigen. Die meisten verspüren den natürlichen Impuls, liebevoll auf andere Lebewesen zuzugehen, und das ist eine der Eigenschaften, die den Menschen so liebenswert machen. Trotzdem sollten wir darüber nicht vergessen, dass wir damit unser eigenes Bedürfnis nach Zuneigung stillen, nicht das des Hundes.

Wie die meisten Säugetiere sehnen sich auch Hunde nach körperlicher Zärtlichkeit. Aber dies ist nicht das, was sie von Ihnen am dringendsten brauchen. Wenn Sie ihnen sofort Zuneigung schenken, verschiebt sich das Gleichgewicht in Ihrer Beziehung zu Ihren Ungunsten.

Verkehrte Welt

Sie wissen jetzt, dass wir im Umgang mit Hunden für gewöhnlich alles »verkehrt herum« angehen – wir verwenden zuerst Laute, dann optische Zeichen, und den Geruch ignorieren wir im Allgemeinen völlig. Hunde erleben die Welt zunächst über den Geruchs-, dann den Gesichts- und schließlich den Gehörsinn – in dieser Reihenfolge. Das dürfen wir niemals außer Acht lassen, wenn wir richtig kommunizieren wollen. Vergessen Sie nie meine Formel: Nase, Augen, Ohren. Sagen Sie sich die Reihenfolge immer wieder vor, so wie ich das mit meinen Klienten mache, bis sie Ihnen in Fleisch und Blut übergegangen ist.

Es gibt noch einen wichtigen Bereich, in dem wir beim Umgang mit Hunden die Reihenfolge durcheinanderbringen, obwohl dieses Konzept etwas schwerer zu verstehen ist. Wir begegnen ihnen so, wie wir anderen Menschen begegnen würden – wir bringen sie in erster Linie mit einem bestimmten Namen oder einer Persönlichkeit in Verbindung. Im Umgang mit anderen Menschen erwarte ich – theoretisch –, dass sie mich zuerst als Cesar Millan sehen, dann als männlichen Lateinamerikaner und schließlich als menschliches Wesen. Bei unseren Begegnungen denken wir nur selten daran, welcher Spezies wir angehören, und wir erinnern uns fast nie daran, dass auch wir Teil des Tierreichs sind. Wenn wir uns mit unseren Freunden auf einen Kaffee treffen, denken wir einfach nicht daran. Ein Freund ist ein Name und eine Persönlichkeit. Punkt.

Natürlich sehen wir auch unsere Hunde und die meisten unserer Haustiere so – sie sind für uns in erster Linie ein Name und eine Persönlichkeit. Ja, für gewöhnlich ist unser Hund für uns zuerst ein Name und eine Persönlichkeit, dann eine Rasse, dann... Menschen! Nehmen wir zum Beispiel einen berühmten Hund: Paris Hiltons Chihuahua Tinkerbell. Dieser ist für uns automatisch zuerst einmal ein Name – eben Tinkerbell. Gleichzeitig denken wir vielleicht an bestimmte Persönlichkeitszüge Tinkerbells – zum Beispiel, dass sie verwöhnt ist. Oder niedlich herausgeputzt. Dann betrachten wir sie als Mitglied einer bestimmten Rasse – Chihuahua. Zu guter Letzt erinnern wir uns noch daran, dass sie ein Hund ist, obwohl sie in Designerhandtaschen und Limousinen von einem Ort zum anderen gebracht wird, weshalb man sie leicht mit einem Püppchen oder einem kleinen Kind verwechseln könnte. Weil Tinkerbell so sehr mit der menschlichen Welt verflochten ist, kommt es uns nur selten in den Sinn, das Tier in ihr zu sehen – oder sie wie ein Tier zu behandeln. Aber das ist sie. Auch in diesem Punkt liegen wir in der Kommunikation mit unseren Hunden völlig falsch.

Im Umgang mit Ihrem Hund – und das ist in erster Linie dann wichtig, wenn Sie Probleme beheben oder Fehlverhalten korrigieren möchten – müssen Sie folgende Punkte und Reihenfolgen beachten:

1. Er ist in erster Linie ein Tier,
2. Spezies: Hund (Canis lupus familiaris), dann
3. eine Rasse (Chihuahua, Deutsche Dogge, Collie usw.) und zuletzt
4. ein Name (Persönlichkeit).

Das heißt keineswegs, Paris könne Tinkerbell nicht dafür lieben, dass sie Tinkerbell ist. Vielmehr muss Ms. Hilton zuallererst dem Tier und der Spezies Beachtung schenken, damit der Hund ein ausgeglichenes Leben führen kann. Denn alle Designerhandtaschen und Limousinen der Welt werden allein keinen glücklichen, ausgeglichenen Chihuahua aus Tinkerbell machen.

Erkennen Sie das Tier in Ihrem Hund

Woran denken Sie, wenn Sie das Wort »Tier« hören? Ich denke an die Natur, an Felder, Wälder, den Dschungel, an Wölfe, deren Revier sich in der Wildnis über viele Meilen erstrecken kann. Vor allem aber fallen mir zwei Wörter ein: Natürlichkeit und Freiheit. Jedes Tier, auch der Mensch, wird mit einem tief verwurzelten Freiheitsbedürfnis geboren. Doch wenn wir Tiere zu einem Teil unseres Lebens machen, sind sie per definitionem nicht mehr »frei« – zumindest nicht mehr so, wie das von der Natur vorgesehen war. Wir schränken sie ein, wenn wir sie zu uns nehmen. Meist ist das gut gemeint. Aber ganz gleich, ob es sich um ein Kätzchen, einen Schimpansen, ein Pferd oder einen Hund handelt, ob wir ein Ein-Zimmer-Apartment oder eine Villa so groß wie die von Paris Hilton bewohnen – die Tiere haben immer noch dieselben Bedürfnisse, mit denen sie Mutter Natur ursprünglich ausgestattet hat. Wenn wir den Entschluss fassen, dass sie unser Leben teilen sollen, dann liegt es in unserer Verantwortung, dass ihre natürlichen tierischen Bedürfnisse befriedigt werden, wenn wir möchten, dass sie glücklich und ausgeglichen sind.

Tiere sind herrlich einfach. Für sie ist auch das Leben

herrlich einfach. Erst wir machen es kompliziert, wenn wir sie nicht sein lassen können, wie sie sind, wenn wir ihre Sprache nicht verstehen, uns nicht einmal darum bemühen, und ihnen das vorenthalten, was ihnen von Natur aus zusteht.

Am wichtigsten aber ist, dass alle Tiere im Hier und Jetzt leben. Immerzu. Nicht, dass sie keine Erinnerungen hätten – die haben sie sehr wohl. Sie denken nur nicht zwanghaft über die Vergangenheit nach. Wenn jemand einen Hund zu mir bringt, der am Tag zuvor einen Menschen angegriffen hat, sehe ich ein Tier, das wahrscheinlich unausgeglichen ist und Hilfe braucht. Ich denke nicht: »Oh, das ist der Hund, der gestern einen Mann angefallen hat.« Denn auch er denkt nicht mehr an das, was er gestern getan hat. Er legt sich keine Strategie für den nächsten Angriff zurecht. Er hat auch über den ersten Biss nicht reflektiert – sondern einfach reagiert. Er lebt im Augenblick, und in diesem Moment braucht er Hilfe.

Das ist eine der schönsten Erkenntnisse, die mir meine lebenslange Arbeit mit Hunden beschert hat. Jeden Tag, wenn ich zur Arbeit gehe, erinnern sie mich daran, im Hier und Jetzt zu leben. Vielleicht hatte ich gestern einen Unfall mit Blechschaden, oder ich mache mir Sorgen wegen einer Rechnung, die ich morgen bezahlen muss, aber die Tiere gemahnen mich stets daran, dass der einzig wahre Augenblick im Leben *jetzt* ist.

Obwohl auch der Mensch zu den Tieren gehört, sind wir die einzige Spezies, die auf der Vergangenheit herumreitet und sich Sorgen um die Zukunft macht. Vermutlich sind nicht nur wir uns unseres eigenen Todes bewusst, aber wir sind gewiss die einzigen, die ihn aktiv fürchten.

Im Augenblick zu leben – das, was Tiere ganz automatisch tun –, ist für viele Menschen so etwas wie der Heilige Gral. So mancher verbringt Jahre damit, das Meditieren oder Chanten zu lernen, und gibt viel Geld dafür aus, sich in Klöster hoch auf dem Berg zurückzuziehen und dort zu lernen, auch nur einen kurzen Augenblick im Hier und Jetzt zu sein.

Aber fast allen Menschen rauben die Gedanken an die Vergangenheit oder die Zukunft manchmal den Schlaf, bis etwas Dramatisches in ihrem Leben geschieht. Nehmen wir zum Beispiel einen Mann, der beinahe gestorben wäre. Von jenem Tag an ist der Himmel plötzlich phänomenal, die Bäume sind phantastisch, seine Frau ist ein Traum! Alles ist wunderschön. Endlich versteht er, was es heißt, im Augenblick zu leben. Tiere müssen eine solche Lektion nicht erst lernen. Sie werden mit diesem Wissen geboren.

Der Mensch ist natürlich auch das einzige Tier, das sich mithilfe der Sprache verständigt. Zwar haben Wissenschaftler vor kurzem herausgefunden, dass viele Kreaturen – unter anderem die Primaten, die Cetacea (Wale und Delfine), die Vögel und sogar die Bienen, um nur einige zu nennen – über sehr viel diffizilere Kommunikationssysteme verfügen, als wir bisher dachten. Trotzdem bleibt der Mensch das einzige Tier, das komplexe Wörter, Gedanken und Vorstellungen zu einer Sprache verknüpfen kann. Die Sprache ist unser primäres Kommunikationsmittel, und weil wir uns so sehr darauf verlassen, vernachlässigen wir die anderen vier Sinne sowie den »sechsten Sinn«, wie ich ihn in Kapitel 2 beschrieben habe: das universelle Gespür für die Energie. Ich wiederhole: Alle Tiere kommunizieren unaufhörlich energetisch miteinander. Energie ist Sein. Energie ist das, was Sie in jedem beliebigen Augenblick sind und tun. Tiere nehmen Sie als Energie wahr. Ihr Hund nimmt Sie als Energie wahr. Ihre augenblickliche Energie entscheidet darüber, wer Sie sind.

Spezies: Hund

Wie alle anderen Tiere hat auch der Hund angeborene Bedürfnisse wie das nach Nahrung und Wasser, Schlaf, Paarung und Schutz vor den Elementen. Er stammt vom Wolf ab. Die genetische Information (DNS) von Hunden und Wölfen lässt sich kaum voneinander unterscheiden.[7] Sie können sogar fruchtbare Nachkommen miteinander zeugen. Es bestehen zwar viele Unterschiede zwischen einem Haushund und seinem frei lebenden Verwandten, trotzdem können wir bei der Beobachtung wilder Wolfsrudel viel über das Wesen der Hunde lernen.

Viele nordamerikanische Wölfe erbeuten im Frühjahr und Sommer Niederwild und Fische und tun sich im Winter zu organisierten Jagdgemeinschaften zusammen, um Säugetiere zu jagen – manchmal sogar so große Tiere wie Elche. Der Biologe David L. Mech[8] beobachtete Wölfe in der Wildnis und stellte fest, dass nur fünf Prozent ihrer Jagdunternehmungen von Erfolg gekrönt waren. Trotzdem machten sie sich jeden Tag wieder auf den Weg. Sie versammelten sich nicht und sagten: »Sieht aus, als hätten wir eine Pechsträhne. Lassen wir's für heute gut sein.« Sie machten sich auf und gingen zur Jagd, ob sie ihre Beute fingen oder nicht. Das Bedürfnis zu jagen – zu arbeiten –, ist den Wölfen angeboren.

Biologen und andere Experten glauben, die ersten »Protohunde« lernten vor etwa zehn- bis zwölftausend Jahren, dass das Überleben im Umfeld des Menschen leichter war als die vielfach vergebliche Jagd. Allmählich ergänzten sie ihre Beutezüge dadurch, dass sie die Lager der Menschen nach Nahrung durchstöberten. Doch diese überließen den Vierbeinern das Futter nicht umsonst. Sie nutzten die natürliche Fähigkeit der Hunde, Beute aufzustöbern und zu stellen, und später ihre Begabung, Tiere zu hüten; oder sie setzten sie als Schlittenhunde ein. Der Hund arbeitet also seit Tausenden von Jahren – ob für den Menschen oder für sich selbst. Auch wenn er nicht jeden Tag auf die Jagd geht, setzt er automatisch voraus, dass er für seine Nahrung etwas leisten muss. Das ist ihm angeboren.

Hunde brauchen wie alle anderen Tiere eine Aufgabe. Die Natur hat sie dazu geschaffen, bestimmte »Jobs« zu erledigen; und das angeborene Bedürfnis zu arbeiten, verschwindet nicht einfach, wenn wir sie zu uns holen. Ebenso wenig wie die speziellen Anlagen, die bei der Zucht gezielt gefördert wurden, damit die Hunde Aufgaben wie das Jagen, Apportieren, Hüten und Laufen erfüllen konnten. Doch wenn wir sie domestizieren, berauben wir sie oft dieser Tätigkeiten. Wir verwöhnen sie mit bequemen Bettchen, Bergen von Quietschspielzeug, Näpfen voll üppigem Gratisfressen und ausgiebigen Streicheleinheiten. Wir denken: »Was hat dieser Hund nur für ein Leben!« Aber die Gene drängen einen Hund dazu, draußen in der Natur mit dem Rudel umherzuziehen, neue Landstriche zu erforschen, umherzustreifen und nach Nahrung und Wasser zu suchen.

Wie würden Sie sich fühlen, wenn diese uralten Bedürfnisse tief in Ihnen verankert wären und Sie Ihr Leben lang den ganzen Tag allein in einer Zweizimmerwohnung eingesperrt wären? Millionen von Stadthunden führen ein solches Leben. Ihre Besitzer meinen, ein fünfminütiger Spaziergang zur nächsten Straßenecke, damit der Hund sich lösen kann, sei genug. Stellen Sie sich vor, wie es wohl in der Seele dieser Tiere aussieht. Ihre Frustration braucht ein Ventil. Sie entwickeln Verhaltensstörungen, und das ist einer der Gründe, weshalb ich so viele Klienten habe.

Solange der Hund mit dem Menschen zusammenlebt, werden wir seine Welt auf diese und zahllose andere Arten und Weisen auf den Kopf stellen. Wenn wir wollen, dass unsere tierischen Freunde glücklich sind, dürfen wir niemals vergessen, wer sie tief in ihrem Inneren sind – wie Mutter Natur sie geschaffen hat. Entwickelt der Hund ein Problem, lässt sich das nicht dadurch lösen, dass Sie mit seinem »Namen« Kontakt aufnehmen. Sie müssen ihn in erster Linie als Tier und dann als Hund begreifen, ehe Sie eines der Probleme angehen können, die er vielleicht hat.

Der Mythos von der »Problemrasse«

Wenn ich zum ersten Mal zu einem neuen Klienten fahre, weiß ich manchmal noch nicht, welche Art von Schwierigkeit mich erwartet. Meist kenne ich noch nicht einmal die Rasse des Hundes. Ich gehe gern unvoreingenommen an ein Tier heran und verlasse mich auf meinen Instinkt und meine Beobachtungen – denn das, was mir der Halter erzählt, hat oft nur wenig mit der eigentlichen Ursache des Problems zu tun.

Zuerst setze ich mich mit dem Besitzer hin und höre mir seine Seite der Geschichte an. Ich weiß nicht, wie oft es schon vorkam, dass jemand zu viele Bücher über Hunderassen gelesen hatte und sagte: »Nun ja, sie ist ein Dalmatiner, die sind von Natur aus nervös.« Oder: »Er ist eine Mischung aus einem Border-Collie und einem Pitbull, und der Pitbull ist das Problem.« Oder: »Dackel sind immer schwierig.«

Diesen Klienten muss ich erklären, dass sie einen grundlegenden Fehler machen, wenn sie die Rasse für die Verhaltensprobleme eines einzelnen Hundes verantwortlich machen. Das ist genauso, als schere man alle Menschen, die einer bestimmten Rasse oder einer bestimmten ethnischen Gruppe angehören, über einen Kamm und meinte, alle Latinos seien faul, alle Iren Trunkenbolde oder alle Italiener Mafiosi. Wenn man das Verhalten eines Hundes verstehen und korrigieren will, kommt die Rasse nach dem Tier und dem Hund immer erst an dritter Stelle. Meiner Meinung nach gibt es keine »Problemrassen«. Stattdessen herrscht allerdings kein Mangel an »Problem-Hundehaltern«.

Die Rasse wurde vom Menschen geschaffen. Genetiker und Biologen glauben, die ersten Hundehalter hätten streunende Wölfe mit einem besonders kleinen Körper und sehr kleinen Zähnen ausgewählt – vielleicht weil diese Tiere uns weniger Schaden zufügen konnten und leichter zu kontrollieren waren.[9] Vor einigen hundert, vielleicht auch einigen tausend Jahren kreuzten wir dann spezielle Hunde, die bestimmte Aufgaben besonders gut erledigen konnten, um gezielt für uns nützliche Nachkommen zu erhalten. Bloodhounds wurden ihrer hervorragenden Nase wegen gezüchtet, Pitbulls für den Kampf gegen Stiere. Schäferhunde sollten nicht nur Schafe hüten, sondern auch noch aussehen wie sie. Deshalb gibt es heute den Deutschen Schäferhund, den Boxer, den Chihuahua, den Lhasa Apso und den Dobermann. Wir können unter vielen hundert Rassen wählen.[10]

Wenn Sie sich für einen Hund entscheiden, sollten Sie die Rasse durchaus im Hinterkopf behalten. Sie dürfen aber niemals vergessen, dass es sich trotzdem in erster Linie um Hunde handelt, die alle dieselbe Psychologie haben. Die Rasse ist lediglich das »Gewand«, und manchmal schließt das auch eine Reihe besonderer Bedürfnisse ein. Sie werden das Verhalten Ihres Hundes aber weder verstehen noch kontrollieren können, wenn Sie ihn in erster Linie als »Opfer« seiner Rassenzugehörigkeit betrachten.

Alle Hunde haben dieselben angeborenen Fähigkeiten, aber bei manchen Rassen wurden bestimmte Eigenschaften durch Zucht hervorgehoben. Wir neigen dazu, diese anerzogenen Fähigkeiten mit der Persönlichkeit des Tiers zu verwechseln. Eine dieser Stärken ist das Verfolgen von Fährten. Weil sie zu diesem Zweck gezüchtet wurden, werden Bloodhounds jene Aufgabe automatisch besser erledigen. Sie können mit der Nase sehr viel länger am Boden bleiben. Ihnen ist es egal, ob sie irgendwann Pause machen und fressen dürfen oder nicht, solange sie nur diese Fährte finden! Können nun alle Hunde eine Spur verfolgen und Gegenstände mithilfe der Nase finden? Natürlich. Alle nehmen sie die Welt mithilfe des Geruchssinns wahr, aber einige von ihnen können Objekte besser aufspüren als andere.

Das alles soll nicht heißen, dass die Rasse keinen Einfluss darauf hätte, wie empfindlich ein Hund auf bestimmte Bedingungen und ein bestimmtes Umfeld reagiert. Seine besonderen Bedürfnisse können durchaus auf die Rasse zurückzuführen sein. Sie gehören zu den wichtigsten Faktoren, die ein künftiger Halter beachten sollte, wenn er einen bestimmten Hund zu seinem Begleiter erwählt. So streifen beispielsweise alle Hunde in der Natur umher, aber Sibirische Huskys wurden dazu gezüchtet, über längere Zeiträume hinweg zu laufen und größere Entfernungen zurückzulegen. Ein Sibirischer Husky kann tagelang laufen – das ist seine natürliche »Aufgabe«. Aufgrund dieser angeborenen Eigenschaft fällt es einem Sibirischen Husky aber auch schwerer, in der Stadt zu leben, weil ihn seine Gene dazu drängen, lange Strecken zurückzulegen, um überschüssige Energie abzubauen. Wenn er nicht ausreichend Bewegung bekommt, ist er schneller frustriert als etwa ein Dackel. Aber ein enttäuschter Sibirischer Husky wird dieselben Symptome und Verhaltensweisen zeigen wie ein falsch erzogener beziehungsweise gehaltener Dackel, Pitbull oder Greyhound. Nervosität, Angst, Aggression, Anspannung, Territorialverhalten – all diese Probleme und Krankheiten entstehen, wenn das Tier frustriert ist. Da spielt es keine Rolle, welcher Rasse es angehört. Deshalb ist es ein Fehler, sich bei Verhaltensauffälligkeiten lediglich auf die Rasse zu konzentrieren.

Einmal mehr kehren wir zur Energie als Ursprung des Verhaltens zurück. Jedes Tier hat ein individuelles, angeborenes energetisches Niveau. Unabhängig von der Rasse gibt es hier vier Level: niedrig, mittel, hoch und sehr hoch. Das gilt für alle Arten, natürlich auch für den Menschen. Denken Sie einmal an Ihre Bekannten. Kennen Sie – unabhängig von der Herkunft, dem Alter oder dem Einkommen – nicht auch Leute, die von Natur aus ein sehr niedriges Energieniveau haben? Die echte »Stubenhocker« und »Couchpotatoes« sind? Und was ist mit denjenigen, die sich scheinbar rund um die Uhr in Bewegung befinden? Oder solchen, die jeden Tag zwei Stunden im Fitnessstudio trainieren? Ich habe zwei wunderbare Söhne. Der große, Andre, weist wie meine Frau ein mittleres Energieniveau auf. Er handelt immer sehr überlegt, doch wenn er an einer Aufgabe arbeitet, gleicht seine Konzentration einem Laserstrahl. Mein jüngerer Sohn Calvin ist dagegen mehr wie ich – er hat sehr viel Energie. Er hat von Natur aus viel Power und ist manchmal nicht zu bremsen.

Keines dieser Niveaus ist »besser« oder »schlechter« als das jeweils andere, aber wenn Sie sich einen Hund aussuchen, sollten Sie versuchen, ein Tier mit einem Ihnen ähnlichen Naturell zu finden. Ich rate meinen Klienten stets, sich niemals wissentlich für einen Hund zu entscheiden, der ein höheres Energieniveau hat als sie selbst. Wenn Sie ein eher »gemütlicher Typ« sind, würde ich Ihnen nicht empfehlen, einen Hund aus dem Tierheim mitzunehmen, der wie wild im Käfig herumspringt. Meines Erachtens ist es sehr viel wichtiger, dass Hund und Herrchen energetisch zusammenpassen, als sich für eine bestimmte Rasse zu entscheiden.

Was uns Hund heißt ...

Bleibt nur noch unser aller Lieblingsthema: der Name. Das ist Billy, das ist Max, das ist Rex, und das ist Lisa. Namen werden von uns – vom Menschen – geschaffen. Wir sind die einzige Spezies, die ihren Mitgliedern Namen gibt. Hunde sehen sich keine Zeitschriften an und erkennen nicht Will Smith, Halle Berry, Robert De Niro und all diese wunderbaren Schauspieler(innen). Sie sehen die

Menschen nicht auf diese Weise. Aber wir neigen dazu, Hunde so zu sehen.

Namen gehen Hand in Hand mit der Persönlichkeit. Wir sind auch die einzige Spezies, die ihre Mitglieder über ihren Charakter definiert. Sie können die charmante Nachrichtensprecherin oder der verschlagene Politiker sein, der nette, geduldige oder aber der strenge Lehrer. Das sind Persönlichkeitszüge. Hunde nehmen einander nicht auf diese Weise wahr, und trotzdem projizieren wir unsere höchst menschliche Vorstellung auf sie.

»Wie bitte?«, sagen Sie jetzt möglicherweise. »Natürlich hat mein Skipper eine Persönlichkeit!« In diesem Punkt ernte ich von den Herrchen und Frauchen, die ihren Hund für das einzigartigste, originellste Tier aller Zeiten halten, jedenfalls oft Widerspruch. Manchmal stoße ich sogar auf Groll. Ich stimme Ihnen zu, dass jedes Tier genau wie jede Schneeflocke einzigartig ist. Aber ich fordere Sie auf, eine neue Möglichkeit in Betracht zu ziehen: dass die Persönlichkeit Ihres Hundes Ihre Projektion sein könnte. Vielleicht sehen Sie in einer natürlichen Eigenschaft, einer Fähigkeit oder einem Verhalten fälschlicherweise etwas, was auf uns Menschen wie ein Persönlichkeitsmerkmal wirkt. Möglicherweise bezeichnen Sie eine Neurose oder ein Problem gar als »typische Marotte« – und auch das ist nicht unbedingt gut für Ihren Hund.

Ich gebe Ihnen ein Beispiel. Nehmen wir einmal an, ein Mann hat zwei Terrier. Der eine heißt »Lady«, der andere »Columbus«. Ihr Besitzer hat den einen nach dem »Entdecker« Amerikas benannt, weil er so gern auf Erkundungsreisen geht. Lady hingegen ist ruhig und schüchtern und bleibt am liebsten daheim. Sie benimmt sich wie eine »Dame«. Plausibel, nicht? Ein kleiner Terrier, der vor lauter Neugier an der Leine zerrt, und ein anderer, der in der Ecke sitzen bleibt und sich wie eine kleine Madame benimmt?

Ihr Besitzer behauptet nun, die Hunde seien nach ihrer »Persönlichkeit« benannt. In Wahrheit gehen aber alle Hunde gern auf Entdeckungsreise. Neugier ist Teil ihres Wesens, und wenn ich einen Hund sehe, der nicht gern Neues erforscht, der unsicher und ängstlich ist, dann weiß ich sofort, dass er ein Problem hat.

Hier hebt das Herrchen bestimmte Verhaltensweisen seiner Hunde hervor und bezeichnet sie als »Persönlichkeit«. In Wirklichkeit ist es so, dass es im Tierreich dominante und unterwürfige Tiere gibt. Lady ist ganz klar die Unterwürfigere von beiden, sie dürfte auch ein von Natur aus niedrigeres Energieniveau haben. Aber wenn wir ihr Selbstwertgefühl stärken, können wir darauf hoffen, dass sie sich zu einem ebenso neugierigen Terrier entwickeln wird wie Columbus.

Natürlich nehmen Hunde einander in der Natur als Individuen wahr. Sie tun das nur auf eine andere Art und Weise als wir. Ihre Mütter geben ihnen keine Namen. Sie sehen ihre Welpen als den mit dem hohen, den mit dem mittleren oder den mit dem niedrigen Energieniveau – das sind ihre Kinder. Sie sind Energie. Jedes hat seinen eigenen, klar erkennbaren Geruch. Später, wenn sie heranwachsen, werden auch die Rudelmitglieder die jungen Tiere anhand ihres Geruchs und ihrer energetischen Ausstrahlung identifizieren, und ihre »Persönlichkeit« und ihr »Name« werden ihrem Rang in der Gruppenhierarchie entsprechen.

Es fällt uns schwer, das zu verstehen, aber erinnern Sie sich an die Kernaussage dieses Kapitels: Hunde sehen die

Welt ganz anders als wir – allerdings weder besser noch schlechter –, und Hundebesitzer müssen die einzigartige Psychologie schätzen lernen, die sich aus dieser unterschiedlichen Weltsicht ergibt.

In aller Regel hat unser Tier also nur deshalb eine »Persönlichkeit« und einen Namen, weil *wir* daran glauben. Unser Wunsch beeinflusst die Wirklichkeit, und es gibt uns ein besseres Gefühl, wenn wir auf diese Weise mit unserem Hund umgehen können. Das ist wunderschön und hat eine ausgesprochen therapeutische Wirkung auf uns Menschen – das heißt, solange der Hund auch Hund sein darf. Aber wenn er Probleme hat, können Sie die nicht lösen, indem Sie bei »Columbus« anfangen. Sie müssen beim Tier ansetzen, danach beim Hund, dann bei der Rasse – und sich auf diese Weise bis zum Namen auf seinem Fressnapf vorarbeiten.

Nicht analysieren

Zum Leidwesen von uns Menschen können Hunde sich nicht auf die Couch legen und sich analysieren lassen. Sie machen nicht den Mund auf und sagen uns, was sie in einem bestimmten Augenblick wünschen oder brauchen. In Wirklichkeit teilen sie uns das natürlich ständig mittels ihrer Energie und ihrer Körpersprache mit. Wenn wir die Psychologie der Hunde verstehen, indem wir ihre Instinkte berücksichtigen, können wir ihre tiefsten Bedürfnisse stillen.

Ich habe oft Klienten, die einen Problemhund aus dem Tierheim geholt haben und nun schon seit Monaten überlegen, was ihm wohl im Welpenalter Schreckliches zugestoßen sein und seine aktuellen Probleme verursacht haben mag. Sie sagen über ihn: »Sicher ist er von einer Frau mit hohen Absätzen getreten worden, weil er jetzt Angst vor Frauen mit hohen Absätzen hat.« Oder: »Der Müllmann hat ihr Angst gemacht, deshalb spielt sie jetzt jedes Mal verrückt, wenn ein Lkw vorbeifährt.« Das mag durchaus stimmen. Aber diese Hundebesitzer sprechen von den Ängsten und Phobien ihrer Hunde, als handle es sich um menschliche Ängste oder Phobien. Als säßen die Tiere den ganzen Tag da und dächten zwanghaft über eine traumatische Welpenzeit nach oder verbrächten ihre freie Zeit damit, sich Sorgen um Müllmänner und hohe Absätze zu machen. Doch ist dies keineswegs so. Hunde denken nicht wie wir. Um es ganz einfach zu formulieren: Sie reagieren. Bei diesen Ängsten und Phobien handelt es sich um konditionierte Reaktionen, also bedingte Reflexe. Und wenn man die Grundlagen der Hundepsychologie kennt, kann man jede Konditionierung auch wieder aufheben.

Das möchte ich Ihnen anhand eines Falls aus der ersten Staffel von »Dog Whisperer« zeigen: Kane ist eine wunderschöne und sanftmütige drei Jahre alte Deutsche Dogge. Der Hund war beim Laufen und Spielen auf einem Linoleumboden ausgerutscht und mit großer Wucht gegen eine Glaswand geprallt. Seine Besitzerin Marina hörte den Knall, kam angelaufen und rief: »O mein Gott, Kane, bist du in Ordnung? O mein armer Kleiner ...« Und so weiter. Sie strahlte sehr viel aufgeregte emotionale Energie aus. Marina meinte es gut und machte sich ernsthafte Sorgen um Kanes Gesundheit, aber ihr Verhalten verstärkte dessen natürlichen Schmerz in diesem Augenblick noch. Hätte sich ein vergleichbarer Unfall draußen

141

in der Natur ereignet und wäre Kane mit einem ausgeglichenen Hund aus einem Rudel unterwegs gewesen, dann hätte dieser ihn beschnuppert und nachgeprüft, ob alles in Ordnung ist. Anschließend wäre Kane aufgestanden, hätte sich abgeschüttelt und wäre zur Tagesordnung übergegangen. Die Sache wäre damit abgehakt, und Kane wäre in Zukunft auf glattem Untergrund vielleicht etwas vorsichtiger gewesen. Aber die Reaktion seiner Besitzerin sorgte dafür, dass er den kleinen Unfall als großes Trauma einstufte. Eine Phobie war geboren.

Von Stund an hatte Kane eine Riesenangst vor glänzenden Böden. Über ein Jahr lang machte er einen Bogen um die Küche. Marina konnte ihn nicht mehr mit in die Schule nehmen, an der sie unterrichtete und wohin er sie jeden Tag begleitet hatte. Er ging nicht einmal mehr zum Tierarzt. Marina musste immer ein Teppichstück mitnehmen und ausrollen, damit Kane das Wartezimmer des Veterinärs überhaupt durchquerte. Sein Frauchen versuchte, Kane mit Engelszungen dazu zu überreden, doch auch wieder Linoleumböden zu betreten – vergebens. Sie probierte es mit Leckerlis und Streicheleinheiten. Je mehr sie bat und bettelte, je mehr sie streichelte und lockte und tröstete, desto sturer – und ängstlicher – wurde Kane. Außerdem wog er sechzig Kilo: Wenn er etwas nicht wollte, half kein Ziehen und kein Schieben.

Bei einem kleinen Kind wäre Marinas Art, auf Kanes Phobie einzugehen, unter Umständen richtig gewesen. Ein Psychologe, dessen Patient einen Flugzeugabsturz überlebt hat, besteht ebenfalls nicht darauf, dass er gleich nach der ersten Sitzung wieder in einen Flieger steigt. Auch wenn Kinder einen Unfall haben, brauchen sie unseren Trost und unser Mitgefühl. Aber den meisten Eltern ist klar, dass sogar die Reaktion des Kindes proportional zur Reaktion der Eltern auf ihr »Aua« ausfällt. Deshalb versuchen wir, unsere Kinder zu trösten, ohne allzu viel Aufhebens um ihre Missgeschicke zu machen.

Im Gegensatz zu Menschenkindern träumen Hunde nicht von vergangenen Ereignissen und denken auch nicht ständig darüber nach. Sie leben im Augenblick. Kane machte sich nicht den ganzen Tag Sorgen um glänzende Böden; und als der Unfall passiert war, hatte er ganz normal reagiert und sich schützen wollen. Doch da sein Frauchen das traumatische Erlebnis mit ihrer aufgedrehten emotionalen Energie noch verstärkt und die Angst anschließend dadurch genährt hatte, dass er jedes Mal Streicheleinheiten bekam, wenn sie sich einem glänzenden Boden näherten, waren glänzende Böden inzwischen eine Riesensache für Kane. Wenn ein Tier seine Angst nicht überwinden kann, wird diese zur Phobie. Kane brauchte einen ruhigen, bestimmten Rudelführer, der ihn neu konditionierte und ihm zeigte, dass glänzende Böden nichts Besonderes waren.

An dieser Stelle kam ich ins Spiel. Zuerst machte ich einen langen Spaziergang mit Kane, um eine Verbindung zu ihm aufzubauen und dafür zu sorgen, dass er mich als dominant anerkannte. Als ich mir sicher war, dass er mich als seinen Anführer akzeptiert hatte, konnte ich mich seiner Phobie widmen. Weil er so groß ist – er wiegt mehr als ich! –, mussten wir mit Anlauf in den Flur rennen, in dem sich der Unfall ereignet hatte. Ich brauchte zwei Versuche, aber beim zweiten Mal lief er neben mir her und war auf dem Boden, ehe er sich's versah oder wusste, wie er dorthin gekommen war. Sobald er auf dem Boden war, reagierte er so, wie er konditioniert war: Er geriet in Panik. Er

143

wand sich, er sabberte – man konnte die Angst in seinen Augen sehen.

Aber dieses Mal war ich bei ihm. Ich tat nichts weiter, als ihn ruhig zu halten. Ich blieb still und stark und ließ mich von seiner Reaktion nicht beeindrucken. Ich tröstete ihn nicht und redete auch nicht beruhigend auf ihn ein, wie Marina das immer tat – dieses Verhalten hatte seine negative Reaktion nur noch verstärkt. Stattdessen stand ich ihm bei, während er all die alten Emotionen noch einmal durchmachte. Und ich konnte zusehen, wie seine Angst allmählich verschwand.

Knappe zehn Minuten später war er entspannt genug, um mit mir über den glänzenden Boden zu laufen. Zuerst wankte er zittrig und unsicher neben mir her, aber nachdem wir ein paar Mal auf und ab gegangen waren, kehrte sein Selbstvertrauen zurück. Auch jetzt blieb ich ruhig und bestimmt. Ich behandelte ihn nicht wie ein kleines Kind. Ich gab ihm die Führung eines starken Rudelführers und teilte ihm mit meiner Energie mit, dass dies eine normale Aktivität und kein Grund zur Besorgnis war. Knapp zwanzig Minuten später lief Kane selbstbewusst über die Böden, die er über ein Jahr lang gefürchtet hatte.

Die eigentliche Hürde kam, als Marina und ihr Sohn Emmet übernehmen mussten. Marina gestand mir, dass es ihr schwerfiel, eine ruhige, bestimmte Energie auszustrahlen, wenn sie sich so große Sorgen um Kanes Befinden machte. Es ist ganz natürlich, dass man als Mensch Mitleid mit einem leidenden Tier hat, aber Hunde brauchen nicht unser Mitgefühl. Sie brauchen starke Führung. Wir sind ihr Bezugspunkt und ihre Energiequelle. Sie spiegeln die psychische Energie, die wir ihnen senden. Es war nicht leicht für Marina, zu lernen, Kanes Rudelführer zu sein, wenn ihr Herz blutete und sie glaubte, ihm eine »Mutter« sein zu müssen. Es ist ihr hoch anzurechnen, dass sie hart an sich gearbeitet und sowohl ihrem Mann als auch ihrem Sohn beigebracht hat, bessere Rudelführer zu sein.

Tierverhaltenstherapeuten und Humanpsychologen nennen die Technik, die ich bei Kane angewandt habe, manchmal »Reizüberflutung«: Der Patient wird über einen längeren Zeitraum hinweg relativ starken angstauslösenden Reizen ausgesetzt. Bei einigen Tierschützern ist diese Technik umstritten. Ich aber glaube, dass der Mensch bei der Arbeit mit Tieren auf sein Gewissen hören sollte. Meiner Ansicht nach war die Methode, die ich bei Kane angewandt hatte, nicht nur »human«, sondern sie brachte auch umgehend Erfolg. Von jenem Tag an waren glänzende Böden für ihn kein Problem mehr – er zeigt übrigens auch keine anderen Phobien. Er ist ein wunderbar ausgeglichenes, ruhiges und friedliches Tier.

Das Schöne an Hunden ist, dass sie im Gegensatz zu einem Menschen mit psychischen Problemen die Angelegenheit sofort »abhaken« und nicht zurückblicken. Der Homo sapiens verfügt über die Vorstellungskraft – und die ist Segen und Fluch zugleich. Sie erlaubt es uns, die Höhen von Wissenschaft, Kunst, Literatur und Philosophie zu erklimmen, kann uns aber auch an allerlei dunkle und furchterregende Orte in unserem Geist entführen. Hunde leben im Hier und Jetzt und klammern sich deshalb nicht wie wir an die Vergangenheit. Im Gegensatz zu den Woody Allens dieser Welt brauchen Hunde keine jahrelangen Therapien und kämpfen nicht in langen Sitzungen auf der Couch darum, zu verstehen, was ihnen als Welpen zugestoßen ist. Im Grunde leben sie nach dem Prinzip von

Ursache und Wirkung. Sobald sie auf eine neue Reaktion konditioniert wurden, sind sie zu Veränderungen nicht nur bereit, sondern auch fähig. Solange wir ihnen eine starke, konsequente Führung geben, können sie sich weiterentwickeln und beinahe alle alten Phobien überwinden.

»Du führst schon wieder.«

4

Die Macht des Rudels

Im letzten Kapitel habe ich einen bestimmten Aspekt der Hundepsychologie nur gestreift, doch wenn Sie Ihre Beziehung zu den Hunden in Ihrem Leben verstehen wollen, gibt es nichts Wichtigeres: Es handelt sich um den Begriff des Rudels. Die Rudelmentalität des Hundes ist eine der angeborenen Kräfte, die sein Verhalten am stärksten prägen.

Der Rudelinstinkt ist sein ursprünglichster Instinkt. Daraus bezieht er seine Lebenskraft. Sein Rang definiert sein Selbst, seine Identität. Das Rudel hat für einen Hund höchste Bedeutung, denn wenn die Harmonie in der Gemeinschaft in Gefahr ist, ist auch das Gleichgewicht jedes einzelnen Hundes gefährdet; und wird das Überleben des »Sozialverbands« bedroht, ist auch das Überleben jedes einzelnen Tiers bedroht. Das Bedürfnis, zu einem stabilen und reibungslos funktionierenden Rudel beizutragen, ist eine sehr starke Motivation für jeden Hund – sogar für einen verwöhnten Pudel, der noch nie einen anderen Artgenossen gesehen hat oder über die Grenzen Ihres Gartens hinausgekommen ist. Weshalb? Weil es tief in seinem Gehirn verankert ist. Dafür haben Mutter Natur und die Evolution gesorgt.

Sie müssen unbedingt verstehen, dass Ihr Hund alle Begegnungen mit anderen Hunden, mit Ihnen und sogar mit den übrigen Tieren in Ihrem Haushalt in einem »Rudelzusammenhang« sieht. Ich habe im letzten Kapitel gezeigt, wie unterschiedlich Hund und Mensch die Welt wahrnehmen. Aber auch der Homo sapiens ist – wie alle Primaten – ein Rudeltier. Eigentlich unterscheiden sich Hundegemeinschaften gar nicht so sehr von ihren humanen Gegenstücken. Unsere Rudel heißen »Familie«, »Verein«, »Fußballmannschaft«, »Kirche«, »Unternehmen« oder »Regierung«. Gewiss, wir halten unsere sozialen Gruppen für unendlich viel komplizierter als die Gesellschaften der Hunde, aber sind die Unterschiede wirklich so groß? Wenn man genauer hinsieht, basieren sie auf denselben Grundsätzen: Alle genannten Gemeinschaften haben eine Hierarchie, sonst funktionieren sie nicht. Es gibt einen Vater oder eine Mutter, einen Vorsitzenden, einen Kapitän, einen Pfarrer, einen Geschäftsführer, einen Präsidenten. Dann folgen die einzelnen Ebenen mit den Menschen, die ihm oder ihr unterstellt sind. Auch bei den Hunden funktioniert das so.

Die Begriffe »Rudel« und »Rudelführer« stehen in direktem Zusammenhang damit, wie Hunde sich uns gegenüber verhalten, wenn wir sie in unser Leben holen.

Das natürliche Rudel

Wenn man Wölfe in freier Wildbahn beobachtet, kann man sehen, dass ihre Tage und Nächte einem natürlichen Rhythmus folgen. Zuerst laufen die Tiere, manchmal bis zu zehn Stunden am Tag, um Nahrung und Wasser zu finden.[1] Dann fressen sie. Wenn sie ein Reh erlegen, bekommt der Rudelführer das größte Stück, aber bei der Verteilung der übrigen Beute arbeiten alle Tiere zusammen. Sie fressen so lange, bis alles weg ist – nicht nur, weil es in freier Wildbahn keine Klarsichtfolie gibt, sondern weil sie nicht wissen, wann sie wieder etwas bekommen. Das, was sie heute erbeutet haben, muss unter Umständen lange Zeit vorhalten und wird »gierig« verschlungen. Oft können Sie ein solches Verhalten wahrscheinlich auch bei Ihrem Hund feststellen. Wölfe fressen nicht zwangsläufig nur dann, wenn sie Hunger haben, sondern wenn's etwas gibt. Ihr Körper ist auf »Horten« und Energiesparen programmiert. Daher kommt der zeitweise scheinbar unersättliche Appetit Ihres Hundes.

Wölfe oder wilde Hunde spielen erst, nachdem ihr Tageswerk verrichtet ist. Dann »feiern« sie. Und in der Natur legen sie sich für gewöhnlich erschöpft schlafen. Als ich die Hunde auf der Farm meines Großvaters beobachtete, ist mir nicht ein einziges Mal aufgefallen, dass einer von ihnen im Schlaf Albträume gehabt hätte, wie das bei den domestizierten Hunden beispielsweise in Amerika vorkommt. Ihre Ohren zuckten, ihre Augen bewegten sich, aber sie wimmerten oder winselten oder stöhnten nicht. Sie waren so erschöpft von Arbeit und Spiel, dass sie Nacht für Nacht friedlich durchschliefen.

Jedes Rudel hat seine Rituale. Dazu gehören das Laufen, das Arbeiten für Wasser und Futter, das Fressen, das Spielen, das Ruhen und das Paaren. Am wichtigsten aber ist, dass jedes Rudel einen Anführer hat. Die anderen Tiere folgen ihm. Innerhalb der Gemeinschaft ergibt sich eine bestimmte Rangfolge, die für gewöhnlich den angeborenen Energieniveaus der Tiere entspricht. Der Führer legt die Regeln und Grenzen fest, an die sich die Mitglieder zu halten haben – und sorgt für deren Einhaltung.

Ich habe bereits erwähnt, dass der erste Rudelführer eines Welpen die Mutter ist. Die Jungen lernen von Geburt an, kooperative Mitglieder einer Gemeinschaft zu sein. Mit etwa drei oder vier Monaten sind sie entwöhnt, dann treten sie in die normale Rudelhierarchie ein und nehmen ihre Anweisungen vom Rudelführer, nicht mehr von der Mutter entgegen.

Wolfs- und Hunderudel werden oft von männlichen Tieren geführt, da offenbar ein Zusammenhang zwischen dem Hormon Testosteron – das männliche Welpen schon sehr früh produzieren – und der Dominanz besteht.[2] Männliche Jungtiere reiten sowohl Weibchen als auch Rüden auf, und das lange vor der Geschlechtsreife. Das heißt nun keineswegs, sie seien »bisexuell«. Es bedeutet lediglich, dass sie spielerisch jenes Dominanz- und Unterwerfungsverhalten üben, das in ihrem künftigen Leben als erwachsene Hunde eine so große Rolle spielen wird.

Was einen Rudelführer ausmacht, das sind zum Teil die Hormone. Eine sehr viel größere Rolle spielt jedoch die Energie. In einem Haushalt mit mehr als einem Hund kann der dominante sowohl männlich als auch weiblich sein. Das Geschlecht spielt keine Rolle, entscheidend ist nur das angeborene energetische Niveau und welches Tier sich als dominant erweist. In vielen Rudeln gibt es ein »Alpha-Pärchen«, ein männliches und ein weibliches Tier, die offenbar die gemeinsame Führung übernommen haben.

In freier Wildbahn werden Rudelführer geboren, nicht gemacht. Sie besuchen keine Seminare für Führungskräfte. Sie schreiben keine Bewerbungen und gehen nicht zu Vorstellungsgesprächen. Führungsqualitäten entwickeln sich früh, und diese Tiere zeigen ihre Dominanz bereits, wenn sie noch recht jung sind. Der Rudelführer unterscheidet sich vom -mitglied durch die alles entscheidende Energie. Er muss mit einer hohen oder sehr hohen energetischen Ausstrahlung geboren sein. Diese muss sowohl dominant als auch ruhig und bestimmt sein. Hunde mit mittlerem und niedrigem Energieniveau sind keine Rudelführer. Die meisten Tiere sind genau wie die meisten Menschen nicht zum Anführer bestimmt. Bei dieser Rolle geht es nämlich nicht nur um Dominanz, sondern auch um Verantwortung. Denken Sie nur an unsere eigene Spezies und daran, wie viele Menschen gern die Macht und die Privilegien des US-Präsidenten oder das Geld und den Besitz eines Bill Gates hätten. Erzählen Sie diesen Leuten dann, dass sie dafür Tag für Tag rund um die Uhr arbeiten müssen, ihre Familie fast nie zu sehen bekommen und nur selten einmal ein Wochenende frei haben. Erzählen Sie ihnen, dass sie finanziell für viele tausend andere oder für die nationale Sicherheit von Millionen Menschen verantwortlich sind. Wie viele der Aspiranten würden sich wohl trotz dieser abschreckenden Tatsachen dann noch für eine so herausragende Position entscheiden? Ich glaube, die meisten entschieden sich anstelle von großer Macht und großem Reichtum lieber für ein angenehmeres, aber einfacheres

Leben – wenn sie wirklich begreifen, wie viel Engagement und welche Opfer eine Führungsposition verlangt.

Auch in der Hundewelt ist der »Chef« für das Überleben der Rudelmitglieder verantwortlich. Er sucht nach Nahrung und Wasser für alle. Er entscheidet, wann man gemeinsam auf die Jagd geht. Er bestimmt, wer wann wie viel frisst. Er beschließt, wann das Rudel schläft und wann es spielt. Der Anführer legt die Regeln und Strukturen fest, an die sich die anderen halten müssen. Er braucht absolutes Selbstvertrauen und muss wissen, was er tut. Genau wie in der menschlichen Welt sind die meisten Hunde eher zum Rudelmitglied geboren als für die harte Arbeit, die nötig ist, um die Stellung des Führers zu wahren. Wenn sie sich innerhalb der vom Alpha-Männchen oder -Weibchen aufgestellten Regeln und Grenzen bewegen, ist ihr Leben leichter und weniger anstrengend.

Hat ein Hund eine dominante Veranlagung und Energie, ist es natürlich schwerer und kann eine Weile dauern, bis er einen Menschen als seinen Anführer akzeptiert. Diese Tiere wurden nicht zur Unterordnung geboren. Aber ihr Instinkt, einem reibungslos funktionierenden Rudel anzugehören, ist stärker als der, alleinige Anführer zu sein. Ein ausgesprochen dominanter Hund mit einem hohen Energieniveau sollte immer einen Besitzer haben, der über die Energie, das Wissen und die Eignung verfügt, ein dominantes Tier einer körperlich starken Rasse zu führen. Wer sich für einen solchen Hund entscheidet, muss sich auch dafür entscheiden, ein starker Anführer zu sein – und diese Verpflichtung ernst nehmen.

Es wurde bereits gesagt, dass Rudelführer eine ruhige und bestimmte Energie ausstrahlen. Schon wenn Sie zum ersten Mal ein Hunde- oder Wolfsrudel sehen, werden Sie schnell wissen, wer der Anführer ist. Seine Haltung verrät Dominanz: Kopf aufmerksam, Brust herausgestreckt, Ohren aufgestellt, Rute steif. Manchmal sieht es fast so aus, als würde er stolzieren. Rudelführer sind sichtlich selbstsichere Hunde, und diese Selbstsicherheit fällt ihnen leicht. Sie tun nicht nur so, als ob. Das könnten sie gar nicht, selbst wenn sie es wollten. Die Rudelmitglieder strahlen ihrerseits die Energie »ruhiger Unterordnung« aus. Ihr Kopf bildet eine Linie mit dem Körper oder ist gesenkt, und wenn das Rudel unterwegs ist, bleiben sie stets hinter dem Anführer. Ihre Ohren sind entspannt oder angelegt, sie wedeln mit dem Schwanz, dieser aber bleibt gesenkt. Wenn sie vom Rudelführer herausgefordert werden, weichen sie möglicherweise zurück, ducken sich, oder sie werfen sich gar auf den Boden, rollen sich auf den Rücken und bieten ihm den Bauch dar. Im Grunde meinen sie damit: »Du bist der Boss, und das stelle ich auch gar nicht infrage. Was du sagst, gilt.«

Kein Raum für Schwäche

Wenn ein Rudelführer in freier Wildbahn schwach ist, kommt es zum Kampf, und er wird durch ein stärkeres Mitglied ersetzt. Das ist bei allen Tierarten so, die in hierarchischen Sozialverbänden leben. Nur die Starken können führen. Extreme Schwäche wird bei keinem Mitglied geduldet. Wenn ein Hund ungewöhnlich schwach oder ängstlich ist, greifen die anderen ihn an. Ein kraftloses Tier wird bei keiner Spezies überleben – nur bei uns Menschen. Dies ist wie gesagt einer der interessantesten Unterschiede zwischen dem Homo sapiens und allen anderen Kreaturen. Wir akzeptieren nicht nur, dass einige unserer »Rudelmitglieder« schwach sind, sondern retten unsere benachteiligten Brüder und Schwestern auch. Wir rehabilitieren Menschen, die im Rollstuhl sitzen. Wir pflegen Kranke. Wir setzen unter Umständen unser eigenes Leben aufs Spiel, um jemanden zu retten, der möglicherweise ohnehin sterben wird. Ein ähnliches Verhalten, das einige Forscher als »selbstlos« bezeichnen, ist auch bei vielen anderen Tierarten dokumentiert (besonders bei höher entwickelten Primaten).[3] Aber verglichen mit den anderen Spezies, erreicht diese Form der »Güte« beim Menschen ein außerordentlich hohes Niveau. Wir setzen uns nicht nur für die eigenen Artgenossen ein, sondern helfen auch anderen Kreaturen.

Obwohl oder gerade weil durch die »Kollateralschäden« der Zivilisation zahlreiche Lebensformen ausgestorben beziehungsweise von ihrem endgültigen Untergang bedroht sind und wir versucht haben, Wölfe, Bären, Haie und andere natürliche Ordnungshüter zu vernichten, obschon wir die grausame Massentierhaltung erfunden haben und Gänse ob des Geschmacks ihrer gestopften Leber quälen, sind wir die einzige Art, die auch Tauben, Frösche, Hyänen und Wale zu retten versucht. Sie werden nie sehen, dass ein Löwe mehr Beute macht, als er braucht, oder dass ein Zebra einem verletzten Elefanten hilft.

Und nun denken Sie einmal an die Tierliebhaber, die Sie kennen – Hunde-, Katzen-, Pferdefreunde. Wie es scheint, hat jedes Tier seinen eigenen menschlichen »Fanclub«: eine Gruppe von Leuten, die so viel Mitgefühl mit einer bestimmten Spezies haben, dass sie auch die bedauernswertesten Exemplare um jeden Preis zu retten versuchen.

Als sie zu mir kamen, waren viele der Hunde im Dog Psychology Center in einem solch schlechten Zustand, dass ihre Besitzer mich als ihre letzte Hoffnung bezeichneten – und ich konnte sie vor dem Abgrund retten. Ich habe einen Hund mit drei Beinen, einen ohne Ohren, einen einäugigen und einen, der das Resultat so starker Inzucht ist, dass er immer geistig behindert bleiben wird. Weil ich ein Mensch bin und diese Hunde mir leidtun, unternehme ich alles Nötige, um ihnen trotzdem die Chance auf ein erfülltes, glückliches Dasein zu geben. Doch in ihrem natürlichen Lebensraum haben Hunde untereinander kein »Mitleid« mit den Kranken und Schwachen. Sie greifen sie an und töten sie.

Sie sind aber nicht in unserem Sinne »absichtlich grausam«. Ein schwaches Mitglied gefährdet das ganze Rudel, und die Natur hat die Tiere so ausgestattet, dass sich nur die Stärksten fortpflanzen, damit die nächste Generation eine größere Chance hat, zu überleben und ebenfalls gesunde Nachkommen zu zeugen. Die Natur schützt so ihre Kinder.

Wir retten andere Lebewesen aufgrund unserer emotionalen Energie. Unser mitfühlendes und liebevolles Wesen ist eine wunderschöne Sache und Teil des Phänomens, ein Mensch zu sein. Aber unsere Mitgeschöpfe empfinden emotionale Energie oft als Schwäche. Liebe ist eine sanfte Energie, und zumindest dann, wenn es ums Überleben der Gemeinschaft geht, ist Liebe allein tatsächlich eine Art Schwäche. Tiere folgen keiner sanften oder schwachen, mitfühlenden Energie. Vom heiligen Franz von Assisi und seinen Vögeln einmal abgesehen, schließen sich Tiere auch keinem spirituellen oder liebenswerten Führer an.

Sie lassen sich hinwiederum auch von keiner übermäßig aufgeregten Energie anziehen. Der Mensch ist ein soziales Wesen, aber er ist, wie gesagt, auch die einzige Art, die einem unausgeglichenen Führer folgt. Tiere – ganz gleich, ob Pferde, Hunde, Katzen oder Schafe – finden nur einen ausgeglichenen Anführer attraktiv. Dessen Contenance kommt in seiner gleich bleibend ruhigen und bestimmten energetischen Ausstrahlung zum Ausdruck. Falls wir den Tieren in unserem Umfeld gegenüber also echauffiert oder übermäßig liebevoll respektive emotional sind oder gar unverhältnismäßig aggressive Botschaften senden – besonders wenn das die einzige Energie ist, die sie von uns wahrnehmen –, werden sie uns eher als Mitglieder denn als »Chefs« des Rudels betrachten.

Führen oder folgen?

Für einen Hund gibt es in einer Beziehung nur zwei Rollen: die des Anführers oder die des Mitglieds. Dominant und unterordnungsbereit. Für ihn gibt es nur Schwarz oder Weiß. In seiner Welt existieren keine Grautöne. Wenn ein Hund mit einem Menschen zusammenlebt, muss sich dieser Mensch dafür entscheiden, die Rolle des Rudelführers zu hundert Prozent zu übernehmen, um das Verhalten seines Hundes kontrollieren zu können. So einfach ist das.

Aber für viele meiner Klienten ist das gar nicht so leicht. Sie rufen zu Hunderten bei mir an, weil sie verzweifelt sind, da die Verhaltensprobleme ihrer Hunde ihr ganzes Leben beeinträchtigen. Dem einen oder anderen von Ihnen fällt es vielleicht schwer, das Paradigma von »dominant« und »unterordnungsbereit« zu verstehen, weil diese Wörter auf Menschen bezogen einen unschönen Beiklang haben. Wenn wir das Wort »Dominanz« hören, kommt uns vielleicht ein Mann in den Sinn, der seine Frau schlägt, ein Betrunkener in einer Kneipenschlägerei, der Schultyrann, der dem Schwächsten in der Klasse das Geld fürs Mittagessen abpresst, oder gar ein maskierter Mann oder eine maskierte Frau in einem SM-Club mit Leder und Peitschen. Das Wort lässt möglicherweise noch grausamere Bilder in unseren Köpfen entstehen. Wir dürfen aber nicht vergessen, dass es den Begriff der Grausamkeit im Tierreich nicht gibt. Dominanz ist auch weder ein moralisches Urteil noch eine emotionale Erfahrung. Es ist einfach ein Zustand, ein Verhalten, das in der Natur so selbstverständlich ist wie Fressen, Spielen oder die Paarung.

Ebenso wenig ist das Wort »unterordnungsbereit« in diesem Zusammenhang als ethische Beurteilung zu verstehen. Es bezeichnet weder ein Tier noch einen Menschen, der feige oder übermäßig fügsam ist. Unterordnungsbereit heißt weder verletzlich noch nutzlos. Es bezeichnet lediglich die Energie und die Geisteshaltung eines Rudelmitglieds. Bei allen rudelbildenden Arten ist ein gewisses Maß an Dominanz und Unterordnungsbereitschaft nötig, damit die Hierarchie funktioniert. Stellen Sie sich ein Büro voller Mitarbeiter vor. Was wäre, wenn jeder käme und ginge, wie es ihm passt? Wenn jeder vierstündige Mittagspausen einlegte und sich den ganzen Tag mit den Kollegen und dem Chef stritte? Das wäre das reinste Chaos. Eine Angestellte, die pünktlich zur Arbeit erscheint, gut mit den Kollegen auskommt und ihre Aufgaben mit einem Minimum an Konflikten erledigt, würden Sie gewiss nicht als »schwach« bezeichnen. Sie fänden sie kooperativ, hielten sie für einen guten Teamplayer. Aber damit es überhaupt ein »Team« geben kann, muss diese Mitarbeiterin ein gewisses Maß an Unterordnungsbereitschaft mitbringen. Ihr muss klar sein, dass der Chef die Entscheidungen trifft und es ihre Aufgabe ist, seine Anweisungen zu befolgen.

Ich werde die Begriffe »dominant« und »unterordnungsbereit« beibehalten – auch auf die Gefahr hin, als »politisch inkorrekt« zu gelten. Meiner Ansicht nach beschreiben sie die natürliche »Gesellschaftsstruktur« der Hunde perfekt. Sie verbinden kein Werturteil mit der Frage, wer dominant und wer untergeordnet ist – ob das Rudel nun aus Hunden oder aus einem Hund und einem Menschen besteht. Ein Hund »nimmt es nicht persönlich«, wenn Sie ihm die Führung abnehmen. Ich habe die Erfahrung gemacht, dass die meisten erleichtert reagieren, wenn sie wissen, dass ihre Besitzer die »Zügel« in der Hand haben. Wir haben sie in unsere menschliche Welt integriert, und nun sind viele komplizierte Alltagsentscheidungen zu treffen, auf welche die Natur die Hunde nicht vorbereitet hat. Sie können kein Taxi rufen, keinen Einkaufswagen schieben und keinen Geldautomaten bedienen – zumindest nicht ohne besondere Ausbildung…! Hunde wissen das, und ich konnte zahllose Tiere beobachten, die sich zum ersten Mal sichtlich entspannten, als ihre Besitzer endlich die Rolle des Rudelführers übernommen hatten.

Man sollte Folgendes immer beachten: Wenn ein Hund spürt, dass sein Besitzer der Herausforderung der Führung nicht gewachsen ist, wird er versuchen, das Vakuum zu füllen. Das liegt in seiner Natur. Er wird versuchen, das Rudel funktionsfähig zu halten. Ihr Hund sieht die Sache so: Irgendjemand muss den Laden ja schmeißen… Wenn der Hund diese Rolle übernimmt, hat das oft verheerende Folgen – sowohl für den Menschen als auch für ihn selbst.

Das »Machtparadox«

Wie ich bereits sagte, sind viele meiner Klienten ausgesprochen mächtig und gewöhnt, in allen anderen Lebensbereichen den Ton anzugeben. Sie senden den Menschen in ihrer Umgebung eine so starke Energie, dass sie ihnen beinahe Angst machen! Apropos unterordnungsbereite Energie: Ich habe mehr als einmal gesehen, wie einige von ihnen ihren Angestellten Anweisungen gaben oder Befehle bellten und diese beim Klang der Stimme ihres Chefs tatsächlich zusammenzuckten. Anschließend überschlugen sie sich geradezu, um seine Befehle auszuführen. Es besteht kein Zweifel daran, wer hier der Boss ist.

Aber einer der ironischen Widersprüche bei meiner Arbeit ist das so genannte »Machtparadox«. Sobald diese einflussreichen Menschen nach Hause kommen und die Tür öffnen, senden sie ihrem Hund nur noch emotionale Energie. »Ooooo! Da bist du ja, mein kleines Putzelchen! Gib Mami ein Küsschen! Nun sieh dir das an, böser Hund, das ist schon das zweite Sofa, das du diesen Monat ruiniert hast …«

Ich möchte mich damit nicht über diese Klienten lustig machen. Ich fühle mit ihnen. Es ist unglaublich anstrengend und belastend, den ganzen Tag der Boss zu sein. Ich weiß, wie gut es sich anfühlt, zu einem entzückenden Tierchen nach Hause zu kommen, die Zügel aus der Hand zu legen und sich mit einem Geschöpf zu entspannen, von dem man anscheinend nicht beurteilt wird und dem man nicht ständig beweisen muss, dass man der Größte ist. Für diese Klienten ist es eine wunderbare Therapie, mit ihren weichen, wuscheligen Hunden zu kuscheln. Es kommt einem langen, warmen, beruhigenden Bad gleich.

In mancherlei Hinsicht entspricht diese Einstellung sogar den Tatsachen – ihre Hunde beurteilen sie nicht, zumindest nicht nach den Maßstäben, an denen diese Menschen für gewöhnlich gemessen werden. Hunden ist es schnuppe, ob ihr Herrchen zehn Millionen Euro, ein Strandhaus oder einen Ferrari besitzt. Ihnen ist es egal, ob ihr Frauchen für ihr letztes Album Platin bekam oder ob es ein Flop war, ob sie in diesem Jahr mit einem Oscar ausgezeichnet oder ihre Fernsehserie abgesetzt wurde. Es ist ihnen sogar gleich, ob sie zehn Kilo zugenommen oder gerade eine Schönheitsoperation hinter sich hat. Aber Hunde beurteilen sehr wohl, wer in einer Beziehung der Anführer ist – und wer folgt. Und wenn diese mächtigen Menschen nach Hause kommen und sich von ihren Hunden alles gefallen lassen, wenn sie sie den ganzen Abend lang mit Leckerlis füttern, sie im ganzen Haus herumjagen und ihnen jeden Wunsch erfüllen, dann ist das Urteil dieser Hunde gefallen: Jener Mensch, bei seinen Artgenossen so unglaublich gefragt, ist in den Augen seines Hundes zum Rudel-*mitglied* geworden.

Oprah und Sophie

Oprah Winfrey – mein persönliches Vorbild für professionelles Verhalten – ist das perfekte Beispiel für besagtes Phänomen. Sie hat stets die Zügel in der Hand, darüber hinaus ist sie erstaunlich ruhig und ausgeglichen. In meinen Seminaren dient sie immer als das klassische Exempel für ruhige und bestimmte Energie in Aktion. Es gibt meines Wissens wirklich niemanden, der das besser beherrscht. Oprah muss nicht beweisen, dass sie wichtig ist. Sie strahlt es einfach aus. Sie ist auch ein Vorbild, wenn es darum geht, den Tieren in ihrer Fähigkeit nachzueifern, im Augenblick zu leben. Oprah hat sich an die Öffentlichkeit gewandt und die Geschichte ihrer Vergangenheit erzählt, die gewiss nicht leicht war. Darüber hinaus musste sie die Hürde überwinden, eine »afroamerikanische« Frau zu sein, was in den Anfangsjahren ihrer Karriere ein erhebliches Hindernis darstellte. Doch im Gegensatz zu den meisten anderen Menschen ließ sie sich nicht bremsen. Sie lässt sich von ihrer Vergangenheit nicht zurückhalten. Meiner Meinung nach ist sie ein strahlendes Beispiel für das dem Menschen innewohnende Potenzial. Obendrein ist sie ein wirklich netter und großzügiger Mensch geblieben.

Seit ich in Amerika bin, habe ich davon geträumt, in Oprahs Sendung eingeladen zu werden. Für mich war das der Inbegriff dessen, es in diesem Land »geschafft« zu haben. Als die Einladung endlich kam, übertraf die Begegnung sogar meine kühnsten Träume. Oprah war liebenswürdig, aufmerksam, neugierig und geistreich. Sie bezog sogar meine Frau Ilusion, die im Publikum saß, in die Sendung ein. Der ganze Tag war wie ein Traum. Doch der Grund, weshalb ich in die Show kam, war Oprahs ganz persönlicher Albtraum, ihre heimliche Schwäche. Oprah – mein Vorbild für ruhiges und bestimmtes Verhalten – ließ sich von ihrer Hündin Sophie einfach alles gefallen.

Als ich Oprah im Jahr 2005 auf ihrem siebzehn Hektar

großen Anwesen mit Meerblick außerhalb von Santa Barbara kennenlernte, hatte sie zwei Hunde – Sophie und Solomon, zwei Cockerspaniel. Der sehr alte und schwache Solomon war der unterwürfige von beiden. Aber Sophie, damals zehn Jahre alt, hatte ein Problem, das allmählich gefährliche Ausmaße annahm. Wenn Oprah mit ihr spazieren ging und ein anderer Hund sich näherte, fletschte Sophie die Zähne, begab sich in die Defensive und griff den anderen Hund sogar manchmal an. Zudem hatte sie starke Trennungsängste und heulte stundenlang, wenn Oprah und ihr Partner Steadman sie allein ließen.

Im Gegensatz zu manch anderen meiner Klienten war Oprah geistig zu sehr am Ball, um sich einzureden, das Problem liege allein bei ihrem Hund. Sie wusste, dass sie einiges anders machen konnte, um eine Veränderung in Sophies Verhalten zu begünstigen. Trotzdem bin ich mir nicht ganz sicher, ob sie wirklich auf das gefasst war, was ich ihr zu sagen hatte.

Während des Beratungsgesprächs – als wir uns hinsetzten und ich mir die menschliche Seite der Geschichte anhörte – verrieten mir schon die Worte, mit denen Oprah ihren Liebling beschrieb, dass Sophie nicht nur ihr Hund, sondern »ihr kleines Baby« war: »Sie ist meine Tochter! Ich liebe sie, als hätte ich sie selbst zur Welt gebracht.« Wenn man sagte, Oprah habe Sophie »vermenschlicht«, dann wäre das also eine erhebliche Untertreibung.

Im Gespräch erfuhr ich, dass Sophie vom ersten Tag an ein sehr unsicherer Hund war. Sowohl Oprah als auch Steadman erzählten, dass Sophie sich unter dem Tisch versteckte, nachdem sie sie nach Hause geholt hatten. Zudem habe sie ein sehr geringes Selbstwertgefühl gezeigt.

Und was tat Oprah? Das, was die meisten Hundebesitzer tun. Sie bediente sich der menschlichen Psychologie, lockte Sophie liebevoll aus ihrem Versteck, streichelte und tröstete sie. Jedes Mal, wenn der Cockerspaniel nervös oder ängstlich war, tröstete Oprah ihn mit Streicheleinheiten und emotionaler Energie. Sie tat unwissentlich dasselbe, was Marina mit Kane gemacht hatte, nachdem er auf dem Linoleumboden ausgerutscht war. Beide Frauen hatten versucht, einem Hund in Not mit menschlicher Psychologie zu helfen, aber die Unsicherheit des Tiers damit unabsichtlich noch verstärkt.

Ich kann nicht oft genug betonen, dass Hunde jedes unserer Energiesignale aufschnappen. Rund um die Uhr sind ihnen unsere Gefühle bewusst. Oprah, die eine schmerzliche Vergangenheit dadurch überwunden hatte, dass sie im »Jetzt« lebte, befand sich, wenn es um ihren Hund ging, alles andere als im Augenblick! Sobald sie auch nur über einen Spaziergang mit ihm nachdachte, zog sie sofort die Möglichkeit in Betracht, dass Sophie einen anderen Hund anfallen könnte. Sie spielte die bisherigen Vorfälle noch einmal im Kopf durch und malte sich neue Szenarien aus. Dieses »Katastrophendenken« machte sie angespannt und emotional – Energien, die Sophie natürlich automatisch als Schwäche wertete. Das bestimmte die Dynamik zwischen den beiden von dem Augenblick an, in dem Oprah zur Leine griff – und zwar noch vor dem Spaziergang.

Dieser begann damit, dass Oprah Sophie zuerst zur Tür hinauslaufen ließ – ein klassischer Fehler, den fast alle Hundebesitzer machen. Es ist wichtig, die Position des Anführers bereits auf der Schwelle festzulegen. Derjenige, der zuerst hinausgeht, ist der Boss! Anschließend machte

Oprah alles noch schlimmer, indem sie Sophie auf dem Spaziergang vorangehen ließ. In der Natur läuft der Rudelführer immer an der Spitze, es sei denn, er gibt einem anderen Hund die ausdrückliche »Erlaubnis«, vorneweg zu laufen. Da Sophie an der Leine zog, gingen beide im Grunde dorthin, wo sie wollte. Weil Oprah ständig Angst hatte, Sophie könne in eine weitere Auseinandersetzung verwickelt werden, war sie ängstlich und unsicher. Unterdessen trottete Sophie weiter. Sogar ein Drittklässler hätte sehen können, wer in diesem Gespann der Dominante war!

Ich musste Oprah ins Gedächtnis rufen, dass nur sie – die Hundebesitzerin – aufgrund der vergangenen Ereignisse mit möglichen Problemen auf dem Spaziergang rechnete. Sophie dachte nicht daran. Sophie lebte im Augenblick. Sie erfreute sich am Gras, an den Bäumen, der klaren Seeluft. Sie dachte nicht: »Mal sehen, ob ich heute einen dieser frechen Köter aus der Nachbarschaft anfallen muss.« Sie hatte auch ihre früheren Auseinandersetzungen nicht geplant. Sophie lag nachts nicht wach und stellte sich vor: »Ich hasse diesen Cockapoo Shana, und bei nächster Gelegenheit werde ich ihn beißen.« Wie alle Hunde hatte sie bei ihren Attacken lediglich auf augenblickliche Reize reagiert.

Wenn Sophie tatsächlich einem anderen Hund begegnete und Zeichen von Aggression zeigte, nahm Oprah sie entweder auf den Arm und entzog sie so der Situation, oder sie wurde sehr emotional, flehte Sophie an aufzuhören und entschuldigte sich bei den anderen Hundebesitzern. Sie benahm sich nicht wie ein Rudelführer, der Sophies Verhalten einfach korrigiert hätte. So würde jedes Alpha-Tier auf unerwünschtes Verhalten reagieren. Ruhige, unterordnungsbereite Hunde schenken seinen Anweisungen stets Beachtung.

Was trieb Sophie zu diesem aggressiven Verhalten? Sie war das, was ich einen »unsicher-dominanten Hund« nenne – sie war nicht von Natur aus aggressiv, aber wenn sie einen Artgenossen sah, der ihr Angst machte, reagierte sie mit Zähnefletschen und Drohgebärden. Ein Tier hat bekanntermaßen nur vier Möglichkeiten, auf eine Bedrohung zu regieren:

1. Kampf,
2. Flucht,
3. Vermeidung oder
4. Unterordnung.

Oprahs Reaktion auf Sophies aggressives Verhalten verstärkte die Situation noch. Sie war angespannt und von schrecklichen Vorahnungen erfüllt, und das war für die Hündin wie eine blinkende, rote Warnleuchte, dass ihrem Frauchen die Zügel entglitten waren. Nach jedem solchen Vorfall flüsterte Oprah Sophie beschwichtigende Worte ins Ohr, streichelte sie und versuchte, sie zu trösten und sie wissen zu lassen, dass »alles in Ordnung« war.

Ein solches Verhalten leuchtet durchaus ein, wenn man es mit einem ängstlichen Menschenkind zu tun hat – aber mit Hundepsychologie hat das nichts zu tun! Es ist normal, dass Menschen auch andere Lebewesen in Not auf die einzige Art und Weise trösten, die sie kennen – mit Zärtlichkeit und beruhigenden Worten. Doch wenn Sophie in einem solchen Augenblick Zuwendung erhielt, war das, als sagte man zu ihr: »Spitze! Zeig's diesem gemeinen Tier, das uns bedroht.«

Wird das unausgeglichene Verhalten eines Hundes mit Streicheleinheiten belohnt, kann er dieses Verhalten nicht ablegen. In Sophies Fall hat das die Angst so weit verstärkt, dass sie tatsächlich zum Angriff überging, wenn sie sich in die Ecke gedrängt fühlte.

Ich musste Oprah klarmachen, dass sie sich Sophie gegenüber ganz anders zu verhalten hätte, wenn ihre Hündin das ausgeglichene und geistig stabile Haustier werden sollte, das zu sein sie geboren war. Oprah ist hochintelligent, und sie verstand die Grundzüge dieses Konzepts sofort. Trotzdem war es für sie nicht einfach, ihre ganz persönliche Barriere zu überwinden, nämlich dass sie Sophie als »ihr kleines Mädchen« sah.

Ich weiß noch, dass ich irgendwann sagte: »Sie zeigen keine Führungsstärke.«

Eine Sekunde lang war Oprah sprachlos. Sie wandte sich um, sah ihren Mann Steadman an und fragte mich dann ganz langsam: »Wollen Sie damit sagen, ich sei keine Führungspersönlichkeit?«

Ja, genau. Ich erzählte dieser Frau, laut *Forbes* über eine Milliarde Dollar schwer und zu diesem Zeitpunkt die mächtigste Prominente und die neuntmächtigste Frau der Welt,[4] dass sie ihrem zehn Kilo schweren Cockerspaniel kein Rudelführer war.

Wie alle Menschen, die ihre Haustiere lieben, wollte Oprah nur das Beste für ihre Hunde. Aber was das Beste war, beurteilte sie aus der menschlichen Perspektive. Sie wollte ihre Hunde einfach nur lieben, sie sollten das schönstmögliche Leben haben. Aber Oprahs Hunde kannten weder die *Forbes*-Liste noch den Kontostand ihres Frauchens. Es war ihnen egal, ob ihr Heim von den besten

Innenarchitekten der Welt oder der Heilsarmee eingerichtet worden war. Die Hunde würden sie ebenso sehr lieben, wenn sie morgen bankrott ginge (obwohl diese, wie Oprah trocken einfließen ließ, durchaus merken würden, wenn sie plötzlich im Frachtraum einer Fluglinie säßen, statt bequem in ihrem Privatflugzeug zu fliegen). Ihre Hunde wünschten sich nichts sehnlicher, als sich an ihrem Platz im »Rudel« von Oprahs Familie sicher zu fühlen. Aber Sophie fühlte sich alles andere als sicher.

Oprah musste lernen, eine »Rudelführerin« zu werden. Sie hat diese Position bereits seit langem in der menschlichen Welt inne. Nun musste sie jene Art von Führungskraft zeigen, die ein Hund verstehen konnte.

Regeln und Grenzen

In der Natur macht der Rudelführer die Regeln und sorgt für ihre Einhaltung. Ohne Richtlinien könnte eine Gemeinschaft, gleich welcher Spezies, nicht überleben. In vielen unserer Haushalte sind die Regeln und Grenzen für Hunde aber unklar, wenn es sie denn überhaupt gibt.

Damit die Sozialisation gelingt, brauchen Hunde genau wie Kinder Maßgaben und Grenzen. In Oprahs Haushalt gab es für Sophie zum Beispiel nur wenige Regeln, und selbst die wurden nicht immer eingehalten. Wenn Sophie zum Beispiel heulte, nachdem Oprah das Haus verlassen hatte, ließ Frauchen sich manchmal erweichen, kam zurück und nahm Sophie mit. Ein anderes Mal kehrte sie zurück, um Sophie zu sagen, sie solle mit dem Geheule aufhören – aber für gewöhnlich war das Verhalten da bereits eskaliert und nicht mehr korrigierbar. Sowohl die Human- als auch die Tierpsychologen bezeichnen das als »intermittierende Verstärkung«; und wenn Sie Kinder haben, wissen Sie vermutlich, dass diese Art von Erziehung nicht funktioniert. Falls Sie einem Kind an einem Tag erlauben, einen Keks aus dem Glas zu nehmen, und es am nächsten Tag dafür bestrafen, wird es dies immer wieder versuchen – denn es könnte ja sein, dass es dieses Mal ungestraft davonkommt. Das gilt auch für Hunde. Die intermittierende Verstärkung von Regeln ist eine absolut sichere Formel für einen unausgeglichenen, verunsicherten Hund.

Obwohl sich Sophie schon seit zehn Jahren in diesem unausgeglichenen Zustand ohne feste Regeln und Grenzen befand, betonte ich Oprah gegenüber, dass es fast nie zu spät sei, einen Hund zu rehabilitieren. Auch der Mensch kann sein Leben mit fünfzig, sechzig oder siebzig Jahren noch umkrempeln; und wir haben wohl sehr viel komplexere Probleme als Tiere!

Oprah freute sich darauf, an der Sache zu arbeiten, aber als ich mit fünf anderen Hunden vor ihrer Tür stand, war sie entsetzt – mit Coco, unserem Chihuahua, Lida und Rex, den beiden Italienischen Windspielen, einem Lhasa Apso namens Luigi, der Will Smith und Jada Pinkett Smith gehört, sowie mit Daddy, dem Hund, der Oprah am meisten beunruhigte.

Daddy ist ein stämmiger Pitbull mit einem furchterregenden Äußeren. Er gehört dem Hip-Hop-Künstler Redman, der ihn bei mir unterbringt, wenn er auf Tour geht. Eigentlich hat Daddy die »beste« Energie von allen Hunden im Rudel. Ich lernte ihn kennen, als er vier Monate alt war und Redman mit ihm in mein neu eröffnetes Center kam. Unter Rappern ist es wohl angesagt und eine Frage des Prestiges, einen großen, bedrohlichen Hund zu haben.

Mit dem allzeit ausgeglichenen Pitbull Daddy

Redman war anders – er zeigte sich als ein verantwortungsbewusster Hundehalter. Er sagte: »Ich will einen Hund, den ich überall mit hinnehmen kann. Auf eine Klage kann ich gut und gern verzichten.«

Zu jenem Zeitpunkt begann ich, mit Daddy zu arbeiten, und seitdem ist kein Tag vergangen, an dem er nicht ein erfüllter Hund gewesen wäre. Jeder, der ihn kennenlernt, verliebt sich in ihn, obwohl er wirklich angsteinflößend aussieht.

Daddy hat Hunderten von Hunden einfach dadurch zur Contenance verholfen, dass er seine ruhige, unterordnungsbereite Energie ausstrahlte. Und er ist ein Pitbull – was beweist, dass bezüglich des Verhaltens Energie und Ausgeglichenheit den Einfluss der Rasse kompensieren können. Die Hunde, die ich zu Oprah mitnahm, waren allesamt ausgesprochen balanciert. Sie sollten mit Sophie eine »Gruppentherapie« machen.

Sophies Reaktion auf die anderen Hunde war vorhersehbar. Als sie diese erblickte, erstarrte sie auf der Schwelle. Sie hatte die Wahl zwischen Kampf, Flucht, Vermeidung und Unterordnung, und sie entschied sich für die Vermeidung! Ich holte sie ins Rudel und korrigierte sie jedes Mal leicht mit der Leine, wenn ich sah, dass sie die Lefzen aus Angst oder Furcht zurückziehen wollte. Ich strahlte eine gleichmäßig ruhige und bestimmte Energie aus. Anfangs musste ich Oprah bitten, uns allein zu lassen. Sie hatte solche Angst, dass ihre Energie sich auf Sophie übertrug. Nach ungefähr zehn Minuten entspannte sich Sophie allmählich. Etwa eine halbe Stunde später übernahm sie die ruhige, unterordnungsbereite Energie der Gruppe, und es sah aus, als fühlte sie sich wohl. Sie war immer noch schüchtern, aber ihre Körpersprache signalisierte Ruhe und Entspannung.

Das ist die *Macht des Rudels*: Eine Gruppe »relaxter« Hunde half ein weiteres Mal dabei, einen unausgeglichenen Artgenossen in wenigen Minuten vollkommen umzukrempeln! Aber auch die Energie, die ich Sophie durch die Leine sandte, war von großer Bedeutung. Ich gab mich als ihr Rudelführer zu erkennen und verlangte von ihr, mit den anderen Mitgliedern auszukommen. Ohne Wenn und Aber. Und diese Botschaft kam bei Sophie an.

Oprah und Steadman waren verblüfft, wie ruhig Sophie den anderen Hunden begegnete. Bereits der Umstand, dass das überhaupt möglich war, schien die beiden zu entzücken.

Ich gab ihnen folgende »Hausaufgabe«: Sie sollten dafür sorgen, dass Sophie regelmäßig mit anderen Hunden zusammenkam, während sie sich gleichzeitig in ruhigem und bestimmtem Führungsverhalten übten. Ein ruhiges, bestimmtes Führungsverhalten funktioniert nur dann, wenn man es jeden Tag übt. Nur diese regelmäßige »Therapie« konnte dauerhafte Veränderungen bei Sophie herbeiführen.

Ein Hund akzeptiert einen menschlichen Rudelführer für gewöhnlich dann, wenn er die korrekte ruhige und bestimmte Energie ausstrahlt, feste Regeln und Grenzen aufstellt und verantwortungsvoll im Interesse des Überlebens des Rudels handelt. Das heißt nicht, dass wir keine typisch menschlichen Rudelführer sein können. Im Zusammenleben von Mensch und Hund sollte weder von den Tieren verlangt werden, ihre Einzigartigkeit aufzugeben, noch müssen wir auf unsere typischen Wesenszüge verzichten. Aber nur ein menschlicher Rudelführer wird einen Hund beispielsweise so lieben, wie wir Liebe definieren. Hunderudelführer kaufen ihren Mitgliedern kein Quietschspielzeug und organisieren keine Geburtstagspartys für sie. Wirkliche Rudelführer belohnen korrektes Verhalten nicht direkt. Sie drehen sich nicht um und sagen: »Vielen Dank, Leute, dass ihr fünfzehn Kilometer hinter mir hergelaufen seid.« Das wird einfach erwartet! Eine Hundemutter sagt nicht: »Weil ihr Welpen heute so brav wart, gehen wir zur Belohnung an den Strand!« In der Natur liegt die Belohnung vielmehr *in der Sache selbst*. (Wir Menschen täten gut daran, uns manchmal daran zu erinnern…)

Für einen Hund ist es Belohnung genug, dass er seinen Platz in der Gemeinschaft hat und mithelfen darf, das Überleben des Rudels zu sichern.

Kooperation hat automatisch die Urbelohnungen Futter, Wasser, Spiel und Schlaf zur Folge. Indem wir unsere

Hunde mit Leckerlis und Schmankerln belohnen, die sie gern haben, können wir die Bindung und gutes Benehmen verstärken. Doch wenn wir keine kraftvolle Führungsenergie ausstrahlen, ehe die Belohnung erfolgt, wird unser »Rudel« nie wirklich funktionieren.

Obdachlose Rudelführer

Die Bindung zwischen Mensch und Hund ist aus der Sicht beider Seiten einzigartig. Trotzdem können wir nicht einfach nur die Rolle des »besten Freundes« oder Hundeliebhabers spielen. Wenn wir das tun, befriedigen wir in erster Linie *unsere eigenen* Bedürfnisse – ob wir uns dessen nun bewusst sind oder nicht. *Wir* sind dann diejenigen, die pausenlos Zuneigung und bedingungslose Akzeptanz brauchen …!

Um dies einmal von einer anderen Seite anzugehen: Was glauben Sie, welche Hunde zu den glücklichsten und emotional stabilsten gehören? Ich habe eine Entdeckung gemacht, die Sie vielleicht nur schwer nachvollziehen können, nämlich dass die Hunde obdachloser Menschen oft das erfüllteste, ausgeglichenste Leben führen. Wenn ich ins Zentrum von Los Angeles oder in den Park fahre, von dem aus man den Santa Monica Pier sehen kann, finde ich zwar keine Aspiranten für Körungen, aber die Tiere sind fast immer »wohlerzogen« und nicht aggressiv. Falls Sie die Gelegenheit haben, einen Mann oder eine Frau »ohne Bleibe« mit einem Hund zu beobachten, werden Sie sehr wahrscheinlich ein gutes Beispiel für die Körpersprache von Rudelführer und -mitglied sehen. Normalerweise benutzen wohnungslose »Herrchen« oder »Frauchen« keine Leine, trotzdem läuft der Hund entweder neben oder direkt hinter ihnen her – so wie das von Natur aus in ihm verankert ist.

»Penner?«, mag der eine oder andere vielleicht fragen. »Wie sollen die ›glücklichere‹ Hunde haben?« Ja, sie können es sich nicht leisten, ihren Tieren teures Biofutter zu geben. Sie können nicht zweimal im Monat mit ihnen zum Hundefriseur gehen, von Tierarztbesuchen ganz zu schweigen! Stimmt. Aber bedenken Sie, Hunde unterscheiden nicht zwischen Bio- und konventionellem Futter. Sie machen sich keine Gedanken über ihr nicht getrimmtes Fell. Und in freier Wildbahn gibt es keine Veterinäre.

Oft haben Obdachlose kein Ziel im Leben – jedenfalls nicht so, wie die »Machertypen« unserer Gesellschaft es sich vorstellen. Einige von ihnen scheinen zufrieden damit zu sein, von einem Ort zum anderen zu wandern, Dosen zu sammeln und sich eine Mahlzeit und einen warmen Platz zum Schlafen zu suchen. Man mag diese Art zu leben vielleicht inakzeptabel finden. Aber für einen *Hund* ist das die ideale Daseinsform, genau wie Mutter Natur es für ihn vorgesehen hat: Er bekommt immer gleich viel Auslauf, noch dazu jene Art von Bewegung, die er braucht. Und er darf umherziehen.

In der freien Natur haben alle Tiere ein »Revier«, das mal größer und mal kleiner ausfällt und das sie immer wieder durchqueren. Der Wunsch, die Umgebung zu erkunden, ist ein natürlicher tierischer Charakterzug und genetisch mit der Überlebensfähigkeit verknüpft,[5] denn je besser ein Tier sein Umfeld erkundet, desto größer ist die Wahrscheinlichkeit, dass es Nahrung und Wasser findet, und umso mehr erfährt es über die Welt.[6] In Los Angeles konnte ich feststellen, dass die Tiere der Obdachlosen ihre

Stadt sehr viel besser kennen als beispielsweise ein gepflegter vierbeiniger Hausgenosse, der in Bel Air lebt. Der Hund aus dieser »bevorzugten Wohngegend« hat zwar einen parkähnlichen Garten. Doch für ihn ist das nur ein großer *Zwinger*. Sein obdachloser Artgenosse darf kilometerweit herumstreifen und sich dann müde schlafen legen. Der Hund aus Bel Air bekommt das Haus, das Innere der Limousine und den Salon zu sehen – und legt sich dann mit der aufgestauten Energie und Frustration eines weiteren Tages hin.

Einen ausgeglichenen Hund bekommt man nicht, indem man ihn mit materiellen Gaben überhäuft, sondern dann, wenn man ihm erlaubt, seine körperlichen und psychischen Wesenszüge zum Ausdruck zu bringen. Eine »Töle« hingegen, die mit einem Obdachlosen zusammenlebt, zieht auf Nahrungssuche umher. In der Regel muss das Tier für sein Fressen »arbeiten«. Das ist der natürliche Zustand. Und auch ohne Leine herrscht zwischen Mensch und Hund eine klare Führer-Mitglied-Beziehung im »Rudel«.

Viele Menschen, die mich um Hilfe bitten, haben Schwierigkeiten beim Spazierengehen mit ihrem Hund, weil er wegen der zahlreichen Ablenkungen – Kinder, Autos, andere Tiere – an der Leine zerrt, davonläuft oder bellt. Sie meinen, das läge am Hund. Aber sehen Sie sich an, wie sich der Hund eines Obdachlosen benimmt. Er ist wohl noch nie in seinem Leben dressiert worden. Sie laufen zusammen belebte Straßen entlang, kommen an Katzen, Kinderwagen, Motorrollern und Menschen mit Kläffern an Flexileinen vorbei, und der Hund läuft einfach weiter.

So ist das auch in der Natur: Der Zusammenhalt in einem Rudel würde nie funktionieren, wenn einzelne Mitglieder immer wieder davonliefen und sich von Fröschen oder Schmetterlingen irritieren ließen! Wenn der Hund abgelenkt wird, reagiert der Obdachlose normalerweise wie ein Alpha-Tier – ein Blick oder ein Laut genügt, um ihn an die Regeln zu erinnern und wieder auf den rechten Weg zu bringen. Abends belohnt er ihn mit Futter und Streicheleinheiten, bevor sich beide schlafen legen. Sie führen wohl ein sehr ursprüngliches Leben, das große Ähnlichkeit mit den frühen Beziehungen zwischen unseren Vorfahren und ihren Hunden haben dürfte.

Wer ist bei Ihnen zu Hause der Boss?

Wenn meine Klienten das Konzept vom Rudelführer allmählich akzeptieren, wollen sie meist wissen: »Und woher weiß ich, wer bei uns der Überlegene ist?« Die Antwort liefert die ganz einfache Frage: Wer von Ihnen hat das Sagen?

Es gibt Dutzende Möglichkeiten, wie Ihr Hund Ihnen laut und deutlich mitteilen kann, wer der Dominante von Ihnen ist. Wenn Sie abends von der Arbeit nach Hause kommen und er an Ihnen hochspringt, freut er sich nicht nur, Sie zu sehen. Er gebärdet sich als Rudelführer. Öffnen Sie die Tür, um mit ihm Gassi zu gehen, und er läuft zuerst hinaus, liegt das nicht nur daran, dass er so unglaublich gern an der frischen Luft ist – er zeigt sich als Rudelführer. Bellt er Sie an, und Sie füttern ihn daraufhin, ist das nicht »niedlich« – er ist der Rudelführer. Indem er Sie um fünf Uhr morgens aufweckt und mit der Pfote anstupst, um Ihnen zu sagen: »Lass mich raus, ich muss Pipi«, zeigt er Ihnen noch vor Sonnenaufgang, wer zu Hause den Ton angibt. Immer wenn *er* Sie dazu veranlasst, irgendetwas zu tun, wird er zum »Chef«. So einfach ist das.

Meist sind die Hunde die Rudelführer in der menschlichen Welt, weil wir meinen: »Ist das nicht entzückend? Er will mir etwas sagen.« Das altbekannte Lassie-Syndrom… Ja, Mensch, in diesem Fall will dir dein Hund tatsächlich etwas sagen – er will dich daran erinnern, dass *er* der Anführer ist und du ihm folgen sollst!

Umgekehrt verhält es sich ergo so: Stehen Sie dann auf, wenn Sie eben wach werden, sind Sie der Rudelführer. Wenn Sie die Tür öffnen, wann Sie es möchten, sind Sie der Boss. Verlassen Sie vor Ihrem Hund das Haus, sind Sie das »Alpha-Tier«. Wenn Sie die Entscheidungen in Ihrem Haushalt treffen, sind Sie der Anführer. Und damit meine ich nicht in achtzig, ich spreche von hundert Prozent der Fälle. Wenn Sie nur zu achtzig Prozent dominieren, wird Ihr Hund Ihnen auch nur zu achtzig Prozent folgen. In den übrigen zwanzig Prozent hat er das Sagen. Falls Sie ihm auch nur die kleinste Chance bieten, Sie zu führen, wird er sie ergreifen.

Pepper und die Gefahren inkonsequenter Führung

Was geschieht, wenn wir unsere Hunde nur zum Teil richtig führen? Ich erlebe oft, dass jemand die korrekte Führungsenergie und das korrekte Verhalten zeigt – die »Zügel« aber in Ausnahmesituationen schleifen lässt. Das ist eine sichere Formel für einen unausgeglichenen Hund, denn noch verwirrender, als der Boss eines Menschen sein zu müssen, ist es für ihn, wenn er nicht weiß, wann er die Führung übernehmen und wann er folgen muss.

Betrachten wir einen weiteren Fall aus der ersten Staffel des »Dog Whisperer«. Der Fotograf Christopher hatte eine entzückende, acht Jahre alte Wheaton-Terrier-Mischlingshündin namens »Pepper« aus dem Tierheim, die beiden verband ein inniges Verhältnis. Chris marschierte jeden Tag zu Fuß ins Studio, das er zusammen mit einem weiteren Fotografen unterhielt; und er hatte Pepper beigebracht, ihn dorthin zu begleiten. Unterwegs war der Hund so brav, dass Chris ihn nicht einmal mehr an die Leine nehmen musste, während sie zur Arbeit »pendelten«. Wenn man die beiden zusammen sah, war dieselbe Körpersprache von Führen und Folgen erkennbar wie bei den Obdachlosen und ihren Hunden. Autos konnten vorbeifahren, Kinder auf Skateboards vorbeiflitzen, Hupen konnten tuten; aber Pepper trottete mit gesenktem Kopf und wedelndem Schwanz weiter neben Chris her. Wenn sie sich ablenken ließ, genügte ein kurzes Wort von ihm. Es war klar, dass Pepper ihre gemeinsamen Märsche liebte. Sie kamen stets erfrischt und entspannt an.

Doch sobald sie im Studio war, in dem Chris mit seinem Geschäftspartner Scott arbeitete, zeigte sie sich von einer völlig anderen Seite. Hier wurden auch Aufnahmen von Laufkundschaft gemacht. Das hieß, mehrmals am Tag kamen und gingen immer neue Menschen. Aber offenbar hatte Pepper etwas dagegen, dass jemand Fremdes das Studio betrat. Sie lief zur Tür, bellte, knurrte, schnappte nach den Fersen der Neuankömmlinge und trieb sie in die Mitte des Raums.

Meist sollten die Kunden im Wartebereich Platz nehmen, solange Chris und Scott die Beleuchtung und die Requisiten aufbauten. Doch leider hatte Pepper »beschlossen«, dass die große Couch im Wartebereich *ihr* »gehörte«.

Wer darauf Platz nahm, bekam ein bedrohliches Knurren und Bellen zu hören und lief sogar Gefahr, gebissen zu werden.

Ein derartiges Verhalten ist natürlich völlig inakzeptabel. Es war nämlich auch hier keineswegs harmlos – Pepper hatte schon einmal das Hosenbein eines Kunden zerfetzt; und wenn sie weiterhin eine solche Bedrohung darstellte, konnte das unangenehme Folgen nicht nur für das Geschäft haben. Chris hatte Angst, sie hergeben zu müssen, denn wenn man keinen neuen Besitzer findet (und wer nimmt schon wissentlich einen Hund mit Problemen?), bedeutet das: zurück ins Tierheim. Leider werden in Amerika über fünfzig Prozent der dort abgegebenen Hunde eingeschläfert – vor allem diejenigen, die immer wieder zurückgebracht werden, weil sich niemand findet, der mit ihnen zurechtkommt.[7]

Als Chris anrief, war ich seine letzte Hoffnung. Er dachte ernsthaft darüber nach, Pepper wieder abzugeben. Im Gespräch mit ihm und Scott wurde mir klar, dass die beiden ihr im Studio keinerlei Führung gaben. In dem Moment, da sie über die Schwelle trat, »gehörte« die ganze Location ihr – es gab für sie weder Regeln noch Grenzen. Denn sobald Chris hier war, galt seine gesamte Aufmerksamkeit der Arbeit, und Pepper war auf sich allein gestellt. Da sich weder Chris noch Scott im Studio wie »Anführer« benahmen – zumindest nicht im Sinne eines Hunderudelführers –, ging Pepper davon aus, dass das ihre Aufgabe sei. Sie war die Königin und verteidigte neurotisch ihr Revier auf die einzige Art und Weise, die sie kannte.

Bei unserem Gespräch hatte ich erfahren, dass Chris problemlos mit Pepper in der Öffentlichkeit spazieren ge-

Pepper stellt das Fotostudio auf den Kopf

Pepper auf »ihrer« Couch

hen konnte – sogar ohne Leine. Dabei ist es im Freien, wo es so viele Ablenkungen gibt, sehr viel schwerer, einen Hund zum Gehorsam zu bewegen als innerhalb der vier Wände eines Hauses. Es kommt weitaus häufiger vor, dass Hunde daheim gehorsam sind und sich auf Spaziergängen danebenbenehmen, als umgekehrt. Deshalb war ich an diesem Fall so interessiert.

Ich bat Chris, mir zu zeigen, wie er mit Pepper zur Arbeit ging – und der Hund war wie ausgewechselt. Ich sah auch einen völlig anderen Chris! Er war konzentriert, hatte alles im Griff und kümmerte sich um Pepper. Sie sahen aus, als seien sie emotional hervorragend aufeinander eingestimmt. Weshalb war das im Studio so völlig anders?

Wenn Chris zur Arbeit kam, verlagerte sich seine Aufmerksamkeit. Sobald er mit Pepper das Studio betrat, war es vorbei mit der großartigen Disziplin, die er ihr beigebracht hatte. Chris vernachlässigte seine Führungspflichten zum Teil deshalb, weil er nicht genug über Hundepsychologie wusste, teilweise aber auch, weil es sehr viel Aufwand erfordert, permanent Rudelführer zu sein. Dazu braucht man eine gewisse Energie und Konzentration; und Chris war in seinem Job oft so beschäftigt und gefordert, dass er sich nicht die Mühe machte, feste Regeln für Pepper aufzustellen und sie auch zu kontrollieren. Sobald sie das Studio verließen, konzentrierte er sich wieder darauf, ihr Anführer zu sein, und alles war in Ordnung. Doch nun war die Situation so weit eskaliert, dass er nochmal ganz von vorn anfangen musste, wenn sie ihn innerhalb der Studiomauern je respektieren sollte.

Wir probten mehrere Szenarien mit Besuchern an der Tür, und ich beobachtete, wie Chris bei jedem Klingeln zuließ, dass Pepper völlig ausrastete. Ich zeigte ihm, wie er sie dazu bringen konnte, ruhig und unterordnungsbereit sitzen zu bleiben, noch bevor die Tür sich öffnete. Eine »devote« Haltung erkennt man an den Ohren und am Ausdruck in den Augen des Hundes, man muss aber auch in der Lage sein, diese Energie wahrzunehmen. Chris hatte Pepper beigebracht, Kommandos zu befolgen, und ich sah, wie er ihr immer wieder (aber nicht besonders überzeugend) befahl, »Platz zu machen«. Sie legte sich hin, aber es war klar, dass ihr Geist unruhig und aktiv war. Ihre Ohren zuckten, und ihre Augen waren starr auf die Tür gerichtet. Sobald die Tür sich öffnete und der Kunde eintrat, drehte sie wieder durch.

Ich sagte Chris, es sei nicht so wichtig, dass Pepper sich hinlegte, wenn die Tür aufging. Wichtiger war, dass sie sich in einem unterordnungsbereiten und entspannten Zustand befand. Ich zeigte ihm auch, wie man einen ernst gemeinten Befehl aussprach. Denn im Grunde gab er viel zu schnell nach, da konnte er Pepper nichts vormachen. Bedenken Sie stets, dass die energetische Ausstrahlung nicht lügt.

Chris hatte sich noch nicht zu der harten Arbeit durchgerungen, die nötig war, wenn er sich im Studio darauf konzentrieren wollte, sowohl Peppers Rudelführer als auch als viel beschäftigter Berufsfotograf tätig zu sein. Es kam ihm überwältigend vor, sich beiden Aufgaben gleichzeitig stellen zu müssen. Aber Chris wollte Pepper wirklich behalten; und ich half ihm dabei, sich darüber klar zu werden, dass es ganz allein an ihm lag, die verfahrene Situation zu retten.

Als es ihm mit den Kommandos, die er Pepper gab, endlich ernst war, benutzte er keine Worte mehr. Er tat, was ich tue. Er machte nur ein Geräusch: »Schhhh.« Auch auf das Geräusch an sich kommt es hierbei im Grunde nicht an – ich habe mich dafür entschieden, weil meine Mutter es immer machte, wenn meine Brüder und Schwestern oder ich aus der Reihe zu tanzen drohten. Entscheidend ist die Energie, die der Äußerung zugrunde liegt. Der Schlüssel, so erklärte ich Chris, lag darin, Pepper zu korrigieren, bevor sich der aufgeregte, aggressive Geisteszustand verfestigen konnte. Er musste sie also immer wieder mit einem »Schhhh« beruhigen, bis sie darauf konditioniert war, auch im Studio stets ruhig und unterordnungsbereit zu sein.

Der Fall der »bildschönen Pepper« ist ein extremes Beispiel dafür, welche Folgen es haben kann, wenn man einem Hund nur teilweise Führung zukommen lässt. Bei Tieren mit einem niedrigeren Energieniveau, die von Natur aus eher entspannt sind, dürften die Konsequenzen nicht ganz so dramatisch sein. Aber bei Chris und Pepper stand in der Tat viel auf dem Spiel. Chris lief Gefahr, dass ihn irgendwann mal jemand verklagte, dass er Kunden und letzten Endes vielleicht sogar sein Geschäft verlor, wenn er Pepper nicht unter Kontrolle bekäme. Und Pepper lief Gefahr, ihre Unterkunft, ihr Herrchen und möglicherweise sogar ihr Leben zu verlieren, wenn es Chris nicht gelänge, ihr ein dauerhaftes Zuhause zu bieten. Als dieser die Lage erkannt hatte, nahm er seine Verantwortung zum Glück sehr ernst und stellte sich der Herausforderung.

Ein Hund wie Pepper muss kein derart unausgeglichenes Leben führen. Alles, was sie für ein glückliches und ausbalanciertes Dasein benötigte, trug sie bereits in sich. Aber sie brauchte ihren Rudelführer Chris, um es zum Vorschein zu bringen.

Führung ist ein Vollzeitjob

Hunde brauchen Führung – von dem Tag, an dem sie geboren werden, bis zu dem Tag, an dem sie sterben. Sie müssen instinktiv wissen, welchen Rang sie im Vergleich zu uns einnehmen. Für gewöhnlich reservieren ihre Besitzer ihnen einen Platz in ihrem Herzen, nicht aber in ihrem »Rudel«. Dann übernehmen die Tiere die Kontrolle. Einen Menschen, der sie liebt, aber nicht führt, nutzen sie aus. Hunde überlegen nicht. Sie denken nicht: »Wie schön, dass dieser Mensch mich liebt. Das ist so ein tolles Gefühl, dass ich nie wieder einen anderen Hund anfallen werde.« Zu einem Hund können Sie nicht wie zu einem Kind sagen: »Wenn du dich nicht ordentlich benimmst, gehen wir morgen nicht in den Hundepark.« Er kann diese Verbindung nicht herstellen. Wenn Sie einem Hund zeigen wollen, dass Sie der Anführer sind, müssen Sie das in dem Augenblick tun, in dem das zu korrigierende Verhalten auftritt.

Es ist ausgesprochen wichtig, dass alle Menschen in Ihrem Umfeld die Rolle des Rudelführers übernehmen – vom jüngsten Kind bis hin zum ältesten Erwachsenen. Mann oder Frau. Alle müssen mitmachen. Ich komme oft in Haushalte, in denen der Hund den einen Menschen respektiert und mit den anderen Familienmitgliedern Schlitten fährt. Auch in solchen Fällen ist die Katastrophe oft programmiert. In unserer Familie bin ich der Rudelführer der Hunde, genau wie meine Frau und meine beiden Söhne. Andre und Calvin können durch das Rudel des Dog Psychology Center laufen, ohne dass die Hunde auch nur mit der Wimper zucken. Die Jungen haben sich von mir abgeschaut, wie sich ein Rudelführer verhält, aber man kann allen Kindern beibringen, richtig mit Tieren umzugehen.

Die Position des Rudelführers ist keine Frage der Größe, des Gewichts, des Geschlechts oder des Alters. Jada Pinkett Smith wiegt höchstens fünfzig Kilo, aber sie hatte vier Rottweiler auf einmal besser im Griff als ihr Mann. Will Smith konnte gut mit den Hunden umgehen, und sie respektierten ihn, doch Jada nahm sich wirklich die nötige Zeit und machte sich die erforderliche Mühe, um eine starke Rudelführerin zu werden. Sie begleitete mich an den Strand und in die Berge, wo ich die Hunde ohne Leine spazieren führe.

So mit ihnen unterwegs zu sein, ist – wie das Beispiel mit den Obdachlosen zeigt – die beste Möglichkeit, sich als Rudelführer zu etablieren. Diese ursprüngliche Form der Bewegung schafft und stärkt das Band zwischen Anführer und Mitgliedern. Ich werde später noch ausführlicher erklären, wie man den Spaziergang mit Hund meistert; denn so banal das Ganze auch klingen mag: Der Spaziergang ist einer der Schlüsselfaktoren, wenn Sie Ihrem Hund zu geistiger Stabilität verhelfen wollen.

Bei Hunden, die darauf trainiert sind, bestimmte Aufgaben zu erledigen, muss der Anführer nicht unbedingt vorauslaufen. Bei Schlittenhundegespannen aus Sibirischen Huskys zum Beispiel befindet sich der menschliche Rudelführer zwar hinten auf dem Schlitten, hat aber trotzdem das Sagen. Auch Hunde, die mit behinderten Menschen – mit Rollstuhlfahrern oder Blinden – zusammenleben, müssen in bestimmten Situationen oft körperlich die Führung übernehmen. Aber die Kontrolle hat immer derjenige, den sie unterstützen. Es ist sehr schön, einen Hund zu beobachten, der mit einem behinderten Menschen zusammenlebt. Häufig hat es den Anschein, als gäbe es eine Art übernatürliche Verbindung zwischen den beiden – einen sechsten Sinn. Sie sind so aufeinander eingestimmt, dass der Hund oft spürt, was der Mensch braucht, noch bevor dieser ihm den Befehl gibt. Das entspricht der Bindung zwischen Hunden oder Wölfen in der freien Natur. Sie kommunizieren wortlos, was aus der Sicherheit entsteht, welche die Rudelstruktur ihnen gibt.

Mit der richtigen ruhigen und bestimmten Energie, mit Führungsstärke und Disziplin können auch Sie eine solch tiefe Verbindung zu Ihrem Hund herstellen. Doch damit Ihnen das gelingt, müssen Sie sich der Verhaltensweisen bewusst werden, mit denen Sie unwissentlich zu seinen Problemen beitragen.

»Er hat Dominanzprobleme.«

5

Verhaltensauffälligkeiten

Wie wir unsere Hunde verziehen

Fast alle Hunde kommen mit einem ausgeglichenen Wesen zur Welt. Wenn sie wie in freier Wildbahn in einem stabilen Rudel leben, sind ihre Tage friedlich und erfüllt. Sobald ein Mitglied aus dem Gleichgewicht gerät, wird es von den anderen aufgefordert beziehungsweise gezwungen, die Gemeinschaft zu verlassen. Das klingt hart, aber die Natur sichert so das Überleben und den Fortbestand des Rudels für künftige Generationen.

Wenn wir Menschen Hunde »adoptieren«, unser Leben und unser Heim mit ihnen teilen, wollen wir meist nur das Beste für sie. Wir möchten ihnen das geben, was sie unserer Meinung nach brauchen. Das Problem ist nur, dass sich unsere diesbezüglichen Vermutungen meist nicht auf die Bedürfnisse der Tiere, sondern auf die des Menschen stützen. Indem wir Hunde vermenschlichen, fügen wir ihnen psychische Schäden zu.

Dies führt zu Verhaltensauffälligkeiten, die ich als »Probleme« bezeichne. Sie entsprechen in etwa dem, was auch ein Psychiater bei seinen Patienten als Probleme werten würde. Damit meine ich negative Anpassungsleistungen an das eigene Umfeld. Die möglichen Schwierigkeiten des Menschen sind breit gefächert und können so einfach wie die Angst vor Spinnen oder so komplex wie eine Zwangsneurose sein. Bei Hunden liegen die Dinge sehr viel einfacher. Aber wie bei uns werden Probleme auch bei Tieren durch ein Ungleichgewicht verursacht.

In diesem Kapitel möchte ich die Schwierigkeiten behandeln, um deren Beseitigung ich am häufigsten gebeten werde. Ich hoffe, Sie werden nicht nur erfahren, wie Sie mit ihnen umgehen müssen, wenn sie einmal aufgetreten sind, sondern vor allem lernen, ihr Entstehen von vornherein zu verhindern.

Aggression

Am häufigsten werde ich in Fällen von Aggression zu Hilfe gerufen. Manchmal gelte ich als die »letzte Hoffnung«, bevor ein Hund weggegeben oder gar eingeschläfert wird. Im Grunde ist die Aggression aber nicht der »Casus knacksus«; sie ist vielmehr die *Folge* eines Problems.

Aggressives Verhalten ist bei Hunden nicht normal. Selbst Wölfe in der Wildnis verhalten sich Artgenossen oder auch dem Menschen gegenüber nur selten angriffslustig[1] – es sei denn, sie haben einen bestimmten Grund dafür, etwa weil sie bedroht werden oder Gefahr laufen zu verhungern. Aggression entsteht, wenn den Problemen eines Hundes keine Beachtung geschenkt wird und seine frustrierte Energie kein Ventil findet. Falls nichts dagegen unternommen

190

wird, kann die Situation eskalieren. Bei Tieren, die sich schon in diesem Stadium befinden, wären die Probleme meist leicht zu verhindern gewesen. Sie hätten behoben werden können, ehe die Hunde vollkommen »verkorkst« waren. Manchmal sehen sich ihre Besitzer erst dann dazu veranlasst, Hilfe in Anspruch zu nehmen, wenn sie eine Klage am Hals haben, weil ihr Hund jemanden gebissen hat. Dann sagen sie zum Beispiel: »Zu Hause bei den Kindern ist er so brav.« Oder: »So benimmt er sich nur, wenn es an der Tür klingelt.« Ich wünschte, Hundebesitzer würden die ersten Anzeichen von aggressivem Verhalten ernster nehmen und sich an einen Fachmann wenden, bevor jemand zu Schaden kommt und sie vor den Kadi müssen.

Dominanzaggression

Während Aggression kein natürlicher Zustand für einen Hund ist, gilt dominantes Verhalten beim einen oder anderen als durchaus normal. Vielleicht ist Ihr Hund von Natur dominant und hat ein hohes Energieniveau. Das heißt nun nicht, dass er zwangsläufig auch aggressiv oder gefährlich ist. Aber es heißt, dass Sie die Rolle des ruhigen, bestimmten und verlässlichen »Alpha-Tiers« noch besser spielen, dass Sie diese Rolle ohne Pause einnehmen müssen. Denn das versteht ein Hund unter Führung. Ein Rudelführer erfüllt seine Aufgabe rund um die Uhr. Ganz gleich, wie müde Sie sind, ob Sie sich auf die Sportschau oder Ihre Zeitschrift konzentrieren wollen, Sie senden Ihrem Hund immer dieselbe ruhige und bestimmte Führungsenergie.

Wie gesagt sind natürlich dominante Hunde, Rudelfüh-

Dominanzaggression: Ohren und Rute aufgestellt,
Brust herausgedrückt, Zähne gefletscht

rer, äußerst selten. So wie es in der menschlichen Welt nur
wenige Oprah Winfreys und Bill Gates gibt, existieren
auch in der Hundewelt entsprechend wenig geborene Rudelführer. Wenn man diese dominanten Tiere körperlich
und geistig nicht ausreichend fordert, können sie in der
Tat sehr gefährlich werden. Holen wir solche Hunde zu
uns, sind wir es ihnen schuldig, ihnen auch die Anreize
und Herausforderungen zu bieten, die sie brauchen.

Im Gegensatz zur Überzeugung vieler Menschen gibt es
keine »dominanten Rassen«. In einem Wurf erweist sich
einer der Welpen als der dominanteste, und wenn er groß
ist, wird er das Rudel führen. Die anderen werden ihm
folgen. Derselbe Wurf. Dieselbe Rasse. Es gibt Rassen, die
körperlich besonders stark sind – etwa Pitbulls, Rottweiler,
Deutsche Schäferhunde oder Cane Corsos –, und es ist
die Aufgabe des Rudelführers, gesunde Ventile für diese

Energie zu schaffen. Wenn Sie einen Hund haben, der einer solchen Rasse angehört, sollten Sie sicherstellen, dass *Sie* der Rudelführer sind.

Leader werden geboren, nicht gemacht. Aber was passiert, wenn dem Anführer etwas zustößt? Dann rückt die Nummer zwei auf – oft die Gefährtin des männlichen Alpha-Tiers. Später meldet dann vielleicht ein Männchen von außerhalb des Rudels Ansprüche auf diese Position an. Sollte die »Chefin« das Gefühl haben, dass er körperlich nicht stark genug ist, verjagt oder tötet sie ihn. Ist der Neue aber tatsächlich der Stärkste, unterwirft sich das ganze Rudel sofort – und zwar kampflos. Mutter Natur entscheidet die »Wahlen«. Der Anführer wird aufgrund seiner Energie automatisch erkoren.

Wenn die neue Rangordnung feststeht, nehmen das die Hunde auf den Rängen zwei und drei nicht »persönlich«. Sie sind nicht »ehrgeizig«, wie ein Mensch das vielleicht wäre – so wie ein Vizepräsident darauf wartet, selbst an die erste Stelle zu kommen, oder der Führungsnachwuchs die Firma übernehmen will. Hunde sind instinktiv darauf programmiert, zu akzeptieren, dass das dominanteste Tier das Rudel führt. Wenn ein anderer Hund stärker ist als sie selbst, ordnen sie sich bereitwillig unter. Auch *Ihr* Hund »nimmt es nicht persönlich«, dass Sie sich ihm gegenüber als überlegen erweisen. Wenn er es könnte, würde er Ihnen dafür vermutlich sogar danken.

Falls Ihr Hund von Natur aus dominant ist, müssen Sie Ihre Autorität früh, oft und überzeugend demonstrieren. Stellen Sie sich vor, Ihr Hund sei aus einem ganz bestimmten Grund in Ihr Leben getreten – um einen stärkeren, selbstbewussteren, ruhigeren und bestimmteren Menschen aus Ihnen zu machen. Und wer von uns könnte nicht etwas mehr ruhige, bestimmte Energie in seinem Leben brauchen – ganz gleich, ob im Berufsalltag, im Kreis der Familie oder sogar im Stau?

Am besten erziehen Sie bereits den Welpen dazu, Sie als »Chef« anzuerkennen. Allerdings können Sie zu jedem beliebigen Zeitpunkt im Leben eines dominanten Hundes sein Rudelführer werden. Das ist alles eine Frage der Energie, die Sie ausstrahlen. Sie können vollständig blind sein, nur ein Bein oder einen Arm haben oder im Rollstuhl sitzen – aber wenn Ihre Energie stärker ist als die einer 75 Kilo schweren Rottweilerdame, dann gehört sie Ihnen. Ganz automatisch.

Ich bin nicht besonders groß, aber im Dog Psychology Center kümmere ich mich um dreißig bis vierzig Hunde gleichzeitig. Oft genügt ein Blick, um das unerwünschte Verhalten eines der Tiere zu unterbinden. Das ist keine Frage meiner Körpergröße, sondern meiner Intensität.

Wenn das Energieniveau eines Menschen niedriger ist als das seines Hundes und er es zudem mit einer körperlich starken Rasse oder einem dominanten Tier zu tun hat, wird er psychisch an sich arbeiten müssen. Vergessen Sie nie, dass dies ganz natürlich ist. Ihr Hund will Ihnen nicht ebenbürtig sein. Seine Welt besteht aus Anführern und Rudelmitgliedern, und Sie als sein Besitzer müssen entscheiden, welche Rolle Sie spielen möchten. Wenn Sie das nicht wollen oder können, ist Ihr Hund unter Umständen nicht der richtige für Sie.

Ich werde eines der folgenden Kapitel der Aggression widmen, die im roten Bereich angesiedelt ist. Das ist eine ernste Angelegenheit. Körperlich starke Hunde in dieser Verfassung verursachen ernste Bisswunden und können sogar töten. Meist handelt es sich um dominante Tiere, deren Besitzer sie einfach nicht im Griff haben. Denken Sie also lange und gründlich über den Hund nach, mit dem Sie zusammenleben (möchten). Sind Sie ihm nicht zu jeder Zeit und in jeder Situation gewachsen, sind das schlechte Voraussetzungen für Sie, den Hund und Ihre Mitmenschen.

Hier ist das Beispiel einer Kundin, die einen dominanten Hund so weit außer Kontrolle geraten ließ, dass er in die Gefahrenzone abzurutschen drohte. Nennen wir sie »Sue«.

Ich arbeitete sechs Monate lang mit ihr und versuchte, ihr den Umgang mit ihrem Hund Tommy, einer Mischung aus einem Irish Setter und einem Deutschen Schäferhund, beizubringen. Sue hatte mit Tommy, der von Natur aus dominant war, von Anfang an alles falsch gemacht. Es begann damit, dass er ungehindert an ihr hochspringen durfte, und ging so weit, dass sie ihn aufreiten ließ und so lange wartete, bis er fertig war. Tommy war außer Kontrolle, zeigte massives Territorialverhalten, bewachte Sue eifersüchtig und spielte im Haushalt eindeutig die dominante Rolle. Es war eine sehr kranke Beziehung. Tommy hatte schon ein paar Nachbarskinder gebissen, den Poolmann angefallen und war dem Tierschutzbund gemeldet worden.

Ich versuchte, Sue beizubringen, wie man mit einem Hund spazieren geht, wie man eine ruhige und bestimmte Energie ausstrahlt, aber sie war dazu einfach nicht in der Lage. Sie schlug sich gerade mit eigenen psychischen Problemen herum, und aus irgendeinem Grund war es ihr unmöglich, auf die konsequente Einhaltung von Regeln und Disziplin zu pochen.

Schließlich machte ich ihr das klar. Ich sagte: »Ich habe getan, was ich konnte, um Ihnen zu helfen. Aber wenn Tommy am Leben bleiben soll, haben wir nur eine Chance: Wir müssen ihm ein neues Zuhause suchen.«

Natürlich brach Sue dies das Herz. Aber Tommy rettete es das Leben. Heute ist er nicht nur quicklebendig, sondern arbeitet sogar als Leichensuchhund bei der Polizei von Los Angeles und spielt in einem Film der Firma DreamWorks mit. Endlich wird all seine intensive, dominante Energie in gesündere Bahnen gelenkt. Und er hat keinerlei Probleme, die Kommandos der Hundeführer zu befolgen. In diesem Fall war es einfach der falsche Hund für den falschen Halter gewesen – aber wenn Hund und Herr nicht zusammenpassen, kann das gefährliche Probleme verursachen.

Menschen können Dominanzaggression auf vielfältige Weise verstärken. Das beginnt schon damit, dass man diese Gesten überhaupt erst gestattet. Es kann nicht oft genug wiederholt werden: Wenn Sie nicht bestimmen, was Sie mit und für Ihren Hund tun, ist *er* der Rudelführer.

Eine zweite Möglichkeit, solch eine unerwünschte Situation heraufzubeschwören, ist, »Dominanzspielchen« zu machen und ihn gewinnen zu lassen. Selbst wenn Sie mit ihm nur Tauziehen spielen und ihn sich daran gewöhnen lassen, immer zu obsiegen, wertet er das unter Umständen als Zeichen seiner Überlegenheit.

Falls Sie sich mit Hunden balgen, und seien es nur Welpen, kann damit das Fundament für spätere Aggressionsprobleme gelegt werden. Fängt Ihr Hund an, Ressourcen zu verteidigen, oder beginnt er bei einer spielerischen Rauferei zu knurren, könnte es sein, dass Sie ein Monster heranziehen.

Angstaggression

Oft ist Angst die Ursache von Aggression, besonders bei kleinen Hunden mit einem »Napoleonkomplex«. Als ich in San Diego im Salon arbeitete, fiel mir sofort auf, dass die winzigsten Tiere oft die gemeinsten waren. Häufig beginnt Angstaggression mit einem leisen Knurren oder einem Zähnefletschen. Falls Ihr Hund ein solches Verhalten an den Tag legt, wenn Sie mit ihm zum Trimmen gehen oder ihn unter dem Tisch hervorlocken wollen, dann sollten Sie *jetzt* Hilfe in Anspruch nehmen! Die Eskalation ist nämlich wie bei der Dominanz- auch bei der Angstaggression unvermeidlich. Das Tier lernt, dass ein Zähnefletschen ihm die Menschen vom Hals hält, und schon bald wird aus dem Fletschen ein Schnappen. Die gute Nachricht ist, dass Angstbeißer in diesem Stadium noch nicht fest zupacken. Meist schnappen sie schnell zu und ziehen sich gleich darauf zurück. Sie wollen erreichen, dass Sie oder derjenige, an dem sie Anstoß nehmen, weggeht und sie in Ruhe lässt. Aber bei jeder Form von Aggression besteht die Gefahr der Verschlimmerung. Ihr Hund ist nicht niedlich, wenn er knurrt oder schnappt. Damit zeigt er keineswegs »nur seine Persönlichkeit«. Er ist vielmehr unausgeglichen und braucht – unter Umständen professionelle – Hilfe.

Angstaggression kann die Folge von Misshandlungen sein. Wenn ein Hund heftig malträtiert worden ist und festgestellt hat, dass er dem Schmerz dadurch ein Ende machen kann, dass er angreift, wird er das natürlich tun. In den meisten Fällen ist dieses Verhalten aber nicht die Folge von Grausamkeit, sondern von zu viel Liebe, und

Pinky zeigt extreme Angst

zwar zur falschen Zeit. Oprahs Hund Sophie ist ein Para-
debeispiel. Wenn Sophie einen anderen Hund anfiel, nahm
Oprah sie auf den Arm, tröstete sie und verstärkte so ihr
Verhalten.

Während ich diese Zeilen schreibe, habe ich einen Hund
im Center, eine Pitbull-Mischlingshündin namens Pinky,
die ein extremer Fall von Angstaggression ist. Sobald sich
ein Mensch ihr nähert, fletscht sie die Zähne, knurrt, zieht
den Schwanz ein, duckt sich und fängt an zu zittern. Und
wenn ich sage »zittern«, dann meine ich das wörtlich. Ihre
Beine schlottern so sehr, dass sie kaum stehen kann. Sie ist
gelähmt vor Angst. Pinkys Besitzer hatte Mitleid mit ihr,
und zwar so viel Mitleid, dass er sie immerzu tröstete, dass
sie ständig Streicheleinheiten von ihm bekam und er damit ihr Verhalten und ihren Geisteszustand bestätigte,
wenn sie besonders unausgeglichen war. Ein solch extre-

mer Fall wie Pinky macht deutlich, wie schädlich Angstaggression und falsches Verhalten des Halters für einen Hund sein kann.

Zuneigung zeigen, aber zur rechten Zeit!

Dies ist eine passende Gelegenheit, um kurz innezuhalten und uns – erneut – ins Gedächtnis zu rufen, auf welche Weise wir unsere Hunde verziehen und ihre Probleme verursachen. Wir schenken ihnen Zuneigung, aber zur falschen Zeit. Wir signalisieren ihnen Liebe, wenn sie unausgeglichen sind. Mit diesem Rat tun sich meine Klienten meist am schwersten. »Ich soll ihm meine Zuneigung vorenthalten? Das ist doch nicht normal!«

Missverstehen Sie mich bitte nicht. Liebe ist etwas Wunderbares und eines der größten Geschenke, die wir unseren Hunden machen können. Aber sie ist nicht das, was sie am dringendsten brauchen – erst recht nicht, wenn *sie selbst* Probleme haben. Wenn ihnen der Halt fehlt, können sie die Liebe nicht spüren. Sie können sie nicht fühlen. Liebe ist einem unausgeglichenen Hund keine Hilfe. Aggressive Tiere lassen sich ebenso wenig durch die Liebe ihres Besitzers heilen, wie ein gewalttätiger Mann dadurch geheilt wird, dass seine Frau – sein Opfer – ihn einfach noch mehr liebt. Sicherlich lieben die Eltern in der Sendung »Super Nanny« ihre Kinder! Aber das ist wohl auch schon das Einzige, was sie ihnen geben. Sie sorgen nicht dafür, dass ihre Kinder ausreichend Bewegung bekommen. Sie bieten ihnen keine geistigen Anreize. Es gibt keine Regeln. Haben diese Kinder Spaß? Nein. Deshalb rufen ihre Eltern ja die »Nanny«. Auch unausgeglichene

Hunde haben keinen Spaß, obwohl ihre Besitzer sie oft sehr lieben. Deshalb bitten sie Leute wie mich um Hilfe.

Liebe sollte Unausgeglichenheit nicht verstärken, sondern Stabilität belohnen; sie sollte uns eine höhere Kommunikationsebene erschließen. Wie in der menschlichen, so gilt die Liebe auch in der Welt der Hunde nur dann etwas, wenn man sie sich – wie auch immer – verdienen musste. Ich würde niemandem raten, seinen Hund nicht mehr beziehungsweise »weniger« zu lieben oder die Zuneigung, die er ihm schenkt, irgendwie zu rationieren. Schenken Sie Ihrem Hund so viel Liebe, wie Sie haben – so viel, wie Ihr Herz geben kann … und gern noch ein bisschen mehr! Aber tun Sie es bitte *zur rechten Zeit*. Zeigen Sie ihm Zuwendung, um ihm zu helfen, und nicht nur, um Ihre eigenen Bedürfnisse zu befriedigen. Indem Sie Ihrem Hund nur zur rechten Zeit Liebe geben, können Sie beweisen, wie sehr Sie ihn *wirklich* lieben. Taten sagen mehr als Worte.

Angstaggression wird von wohlmeinenden, aber unwissenden Hundebesitzern wie ein Garten gehegt und gepflegt. Sie kommt nicht aus heiterem Himmel. Ein weiteres Beispiel für solch einen angstaggressiven Hund ist Josh, dem die Autoren meiner Sendung wegen seines langen Fells, das ihm bis in die Augen hing, den Spitznamen »Salon-Gremlin« gaben.

Josh war ein Tierheimhund, den niemand haben wollte. Sobald jemand an seinem Käfig vorbeiging, fletschte er die Zähne. Jeder, der in seine Nähe kam, hatte Mitleid mit ihm – jeder! Das geht den meisten so. Das ist nur menschlich. Aber wenn fünfzig Leute hintereinander ins Heim kommen und einem Tier allesamt jene sanfte, mitfühlende

Energie schicken, die sagt: »Ach, der arme Hund!«, dann definiert sich dieses Tier irgendwann genau darüber.

Die Krankenschwester Ronette hatte sogar so viel Mitleid mit Josh, dass sie ihn auf der Stelle adoptierte. Anschließend pflegte sie auch weiterhin jeden Tag ihr Mitleid mit ihm. Wenn er ihre Tochter anknurrte, weil sie seinem Fressnapf zu nahe kam, nahm Ronette ihn auf den Arm und tröstete ihn, als habe ihre Tochter etwas falsch gemacht. Als er so oft auf die Hundefriseure losgegangen war, dass er im Salon Hausverbot bekam, stutzte sie dem quengeligen kleinen Kerl in stundenlanger Arbeit selbst das Fell, weil er keine Schere in die Nähe seiner Augen ließ.

Ob Sie es glauben oder nicht, ich bin all die Jahre nicht von vielen Hunden gebissen worden. Aber Josh war einer davon! Er schnappte zu, als ich ihm das Fell stutzte – aber ich machte einfach weiter, als sei nichts geschehen. Er musste lernen, dass Menschen nicht zurückwichen, ganz gleich, wie aggressiv er wurde. Da er klein ist, war sein Knurren schlimmer als sein Beißen und sein Biss mehr ein Zwicken. Er gab auf, und heute kann Josh ohne Probleme zum Hundefriseur gehen.

Ich habe die Beispiele von Pinky und Josh gewählt, um noch einmal deutlich zu machen, dass man einem Hund keinen Gefallen tut, wenn man »Mitleid« mit ihm hat. Man schmälert damit sogar seine Chancen, später einmal ein ausgeglichenes Tier zu werden. Stellen Sie sich vor, man hätte ständig »Mitleid« mit Ihnen. Wie würden Sie sich da fühlen? Hunde brauchen in erster Linie Führung und dann erst die liebevolle Zuwendung. Lassen Sie die Liebe eine Belohnung für angemessenes Verhalten sein, dann bleibt Ihr Hund auch ausgeglichen.

Wie geht man nun mit Angstaggression um? Man gibt keinesfalls nach. Sie haben die Wahl – Sie können es aussitzen und warten, bis Ihr Hund zu Ihnen kommt, oder gehen und ihn holen. Aber wenn Sie gehen und ihn holen, müssen Sie konsequent bleiben. Sie dürfen ihn auf keinen Fall gewinnen lassen. Sie müssen ruhig und bestimmt bleiben und dürfen nicht wütend werden. Vergessen Sie nie, dass Sie es zum Wohl des Tiers tun.

Geduld ist der Schlüssel. Warten Sie ab. Der Mensch ist offenbar das einzige Lebewesen, das keine Geduld kennt. Wölfe warten auf Beute. Krokodile harren ihrer. Gleichsam tun es die Tiger. Aber gerade in unseren westlichen Gesellschaften sind wir an Drive-in-Restaurants, Expressdienste und Hochgeschwindigkeits-Internetanschlüsse gewohnt. Bei einem angstaggressiven Hund sollte man bei der Rehabilitation nichts überstürzen. Vielleicht müssen Sie Ihren Hund fünfzig- oder hundertmal holen, bis er es lernt. Ich habe ein paar ängstliche Tiere im Center, von denen ich weiß, dass ich sie immer und immer wieder aus ihren Ecken hervorholen muss, bis sie irgendwann verstehen werden, dass nur ruhige Unterordnung belohnt wird.

In dem Moment, in dem ich der angstaggressiven Pitbulldame Pinky meine einfache Leine anlege, entspannt sie sich. Das entspricht dem Wesen eines Rudelmitglieds – sie will gesagt bekommen, was sie tun soll. Sobald ich ein paar Schritte mit ihr gegangen bin, zeigt sie allmählich alle körperlichen Anzeichen für ruhige Unterordnung. Sie entspannt und beruhigt sich. Wenn ich zu lange warte, ehe ich ihr sage, was sie als Nächstes tun soll, verändert sich ihre Körpersprache erneut – sie klemmt den Schwanz zwischen die Beine und fängt wieder an zu zittern.

Sobald Pinky angeleint ist, entspannt sie sich allmählich

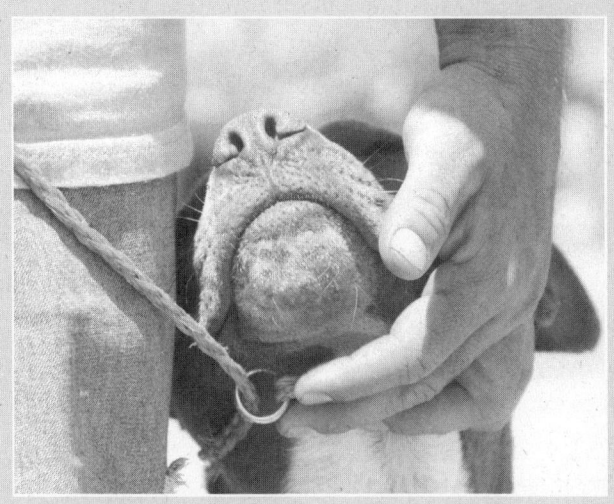

Streicheleinheiten für Pinky – nachdem sie ruhig und
unterordnungsbereit ist

Alle Liebe der Welt wird diesem Hund nicht helfen – in ihrem Fall hat Zuneigung umgekehrt ganz erheblich zu dem Problem beigetragen. Und wann bekommt Pinky ihre Streicheleinheiten? Sobald ich sehe, dass sie sich an der Leine entspannt. Das werde ich bis zu ihrer Rehabilitation so halten.

Hunde können infolge von Angst, Dominanz, der Verteidigung von Ressourcen oder des Reviers und aus vielen anderen Gründen aggressiv werden. Zudem kann das Ausmaß der Aggression stark variieren. Im nächsten Kapitel werden wir uns mit Hunden im – wie ich sage – roten Bereich beschäftigen. Bei solchen Tieren, Fällen von extremer, chronischer Aggression, sollte sofort ein Spezialist hinzugezogen werden. Versuchen Sie nie, einen derartigen Hund allein zu erziehen. Sie müssen selbst wissen, wo Ihre Grenzen sind. Wenn Ihr Hund nicht aggressiver ist als Josh, Sie sich aber nicht zutrauen, die Sache selbst zu regeln, dann gehen Sie bitte auf Nummer sicher. Engagieren Sie einen Hundetrainer oder einen Tierverhaltenstherapeuten zu Ihrem Wohl und zum Wohl Ihres Hundes.

Hyperaktivität

Springt Ihr Hund wie wild an Ihnen hoch, wenn Sie nach Hause kommen? Und meinen Sie, das läge nur daran, dass er sich freut, Sie zu sehen; er sei halt ein so »lebhaftes Kerlchen«? Schreiben Sie dieses Gebaren seiner »Persönlichkeit« zu? Nun, es handelt sich weder um Lebhaftigkeit noch um einen Persönlichkeitszug. Überaktivität ist bei einem Hund nicht normal. Es ist nicht gesund.

Normal ist, dass Hunde freudige Erregung zeigen und miteinander spielen, aber alles zu seiner Zeit. Nach der Jagd oder nach dem Fressen gibt es zuweilen eine Art Fest, in dem wir Zuneigungsbezeugungen erkennen können. Wenn Hunde miteinander spielen, kann es durchaus manchmal etwas rauer zugehen, dann zeigen sie aufgeregte Unterordnungsbereitschaft oder aufgeregte Dominanz. Aber diese Erregung hält nicht lange an und hat nichts mit jenem hyperaktiven »Japsen« zu tun, das überreizte Haushunde von sich geben. Dies ist eine andere, eine verrückte Aufregung. Wie es scheint, sind manche Hunde in den so genannten zivilisierten Ländern ständig überreizt. Und das ist nicht gut für sie.

Mir ist aufgefallen, dass für meine Klienten die Wörter »Glück« und »Aufregung« oft gleichbedeutend zu sein scheinen: »Er ist nur glücklich, mich zu sehen!« Doch das eine hat mit dem anderen nichts zu tun. Ein glücklicher Hund ist aufmerksam, der Kopf erhoben, er wedelt mit dem Schwanz. Ein überreizter Hund hingegen springt japsend hoch und kann nicht eine Sekunde lang stillhalten. Das ist aufgestaute Energie. Hyperaktive Hunde sind oft am schwersten zu rehabilitieren. Diese Energie begünstigt auch die Entstehung von anderen Problemen wie Fixierungen oder zwanghaftes Verhalten.

Wenn meine Klienten nach Hause kommen und ihre Hunde an der Tür an ihnen hochspringen, begrüßen viele von ihnen die Tiere mit ausgedehnten Streicheleinheiten. Doch Sie wissen es besser: Wenn Ihr Hund an Ihnen hochspringt, ist das erstens eine Dominanzgeste. Lassen Sie sie nicht durchgehen. Hunde sind von Natur aus neugierig, und natürlich interessiert es sie, wenn jemand vor Ihrer Tür steht. Aber sie müssen Besucher anständig begrüßen.

Hunde, die sich treffen, springen nicht aneinander hoch. Sie beschnuppern sich. Wenn diese »Benimmregeln« gut genug für die Hundewelt sind, müssen sie auch für Ihr Zuhause reichen.

Leinen Sie Ihren Hund an, wenn Besucher kommen, solange Sie ihm beibringen, wie man Gäste höflich begrüßt. Wenn Sie glauben, sichtliche Fortschritte gemacht zu haben, bitten Sie Ihre Gäste, Ihnen zu helfen. Bitten Sie sie, den Hund zu ignorieren, wenn er aufgedreht an ihnen hochspringen will – nicht mit ihm zu reden, ihn nicht zu berühren, keinen Blickkontakt herzustellen –, bis er sich beruhigt hat. Wenn man einen Hund nicht beachtet, regt er sich manchmal in Sekundenschnelle wieder ab.

Hyperaktive Hunde brauchen Bewegung, und zwar jede Menge davon. Sie müssen reichlich Auslauf gehabt haben, bevor sie ihre Streicheleinheiten erhalten. Sobald Sie nach Hause kommen, machen Sie also am besten einen langen Spaziergang mit Ihrem Hund. Anschließend füttern Sie ihn. Nachdem Sie für körperliche und geistige Herausforderungen gesorgt haben, belohnen Sie ihn mit Futter. Später, wenn er ruhig ist, bekommt er seine Streicheleinheiten.

Ermutigen Sie das verrückte Hochspringen nicht, auch wenn Sie es lustig finden und es Ihnen das Gefühl gibt, geliebt zu werden. Es tut mir leid, aber Ihr Hund macht das nicht, weil er »glücklich ist, Sie zu sehen«. Sondern weil sich zu viel Energie in ihm aufgestaut hat, die er irgendwie loswerden muss.

Furchtsamkeit und Trennungsangst

Furchtsamkeit kann zur Entstehung von hyperaktiver Energie beitragen. In der Natur begegnet man ihr nicht oft. Angst ja, aber nicht Furchtsamkeit. Letztere entsteht erst, wenn wir die Tiere zu uns ins Haus holen oder sie in einen Käfig sperren. Sie kann zu jener Form von Trennungsangst mit Winseln, Jaulen und Heulen führen, die Sophie immer dann zeigte, wenn Oprah fortging. Es ist normal, dass es Ihren Hund beunruhigt, von Ihnen getrennt zu sein. Er macht sich instinktiv Sorgen oder wird traurig, sobald sich das Rudel auflöst, selbst wenn dieses nur aus Ihnen beiden besteht.

Außerdem ist es nicht natürlich, dass ein Hund den ganzen Tag lang ohne Beschäftigung in einem Haus oder einer Wohnung eingesperrt ist. Er kann weder ein Buch lesen noch ein Kreuzworträtsel lösen – oder sich meine Sendung ansehen … Solange Sie weg sind, hat seine Energie kein Ventil. Wen wundert's also, dass so viele Hunde unter Trennungsängsten leiden und ihre Besitzer dann, wenn sie nach Hause kommen, mit der ganzen aufgestauten hyperaktiven Energie begrüßen?

Übrigens: Wenn Sie heimkommen und feststellen, dass der Hund Ihre Lieblings(haus)schuhe zerfleddert hat, dann hat er das nicht aus »Wut« getan, weil er den ganzen Tag allein war und er »wusste«, wie gern Sie diese Schuhe haben. (Da haben Sie's: Schon wieder wird das Tier vermenschlicht!) Er hat sie zerrissen, weil er nicht ausgelastet war. Zuerst hat er daran geschnuppert. Der Geruch war vertraut, die Treter rochen nach Ihnen. Bei dem Geruch Ihrer Schuhe wurde Ihr Hund ganz aufgeregt, und diese unruhige, nervöse Energie musste er anschließend wieder abbauen, deshalb ließ er sie an Ihren Schuhen aus.

Ich stelle immer wieder fest, dass Hundebesitzer die Furchtsamkeit ihrer Tiere nicht erkennen. Sie meinen, die Trennungsangst beginne erst, wenn sie das Haus verlassen – doch in Wirklichkeit fängt sie an mit der Energie, die sich vom Moment des Erwachens an in Ihrem Hund aufgestaut hat. Herrchen steht auf, putzt sich die Zähne, trinkt eine Tasse Kaffee und macht Frühstück – und die ganze Zeit über befindet sich sein Hund im Hintergrund, folgt ihm von einem Zimmer ins andere, läuft nervös auf und ab. Sein Besitzer denkt: »Ach, er ist so gern mit mir zusammen. Er muss einfach immer wissen, dass es mir gutgeht.« Doch ist das natürlich ein Märchen. Der Mensch denkt es sich aus, um sich gut zu fühlen. Der Hund zeigt Ihnen nicht, wie sehr er Sie liebt, sondern wie *ängstlich* er ist. Wenn Sie aus dem Haus gehen, ohne ihm die Möglichkeit gegeben zu haben, seine Energie abzubauen, wird er natürlich Trennungsängste entwickeln.

Ich rate meinen Klienten, gleich morgens mit ihren Hunden einen langen Spaziergang zu unternehmen, mit ihnen zum Laufen oder sogar zum Inlineskaten zu gehen. Das tut auch der Gesundheit des Menschen gut. Wenn das völlig unmöglich ist, stellen Sie Ihren Hund auf ein Laufband, während Sie frühstücken oder sich schminken. Ermüden Sie ihn. Anschließend gibt es Fressen. Bis Sie das Haus verlassen, wird er müde und satt sein und sich in einer natürlichen Ruhephase befinden. Sein Geist wird ruhig und unterordnungsbereit sein, und es kommt ihm sehr viel natürlicher vor, den Tag über zu ruhen. Zudem verringert es die Wahrscheinlichkeit, dass Sie an der Tür von einem hyperaktiven Hund begrüßt werden.

Noch ein Tipp: Machen Sie keine große Sache daraus, wenn Sie kommen und gehen. Strahlen Sie beim Heimkommen und beim Verlassen des Hauses aufgeregte Energie aus, gibt das einem ängstlichen Geist nur weitere Nahrung.

Zwänge und Fixierungen

Ein Überschuss an Energie mag auch dazu führen, dass sich der Hund auf einen Gegenstand fixiert oder zwanghaft damit beschäftigt. Das kann alles sein – vom Tennisball bis zur Katze –, doch das ist für einen Hund weder normal noch dienlich.

Fixierungen sind Energieverschwendung. Der Hund muss seine Energie in vernünftige Kanäle lenken können, wenn er ausgeglichen, ruhig und unterordnungsbereit sein soll. Ein Hund, der mit einem Obdachlosen zusammenlebt, ist den ganzen Tag unterwegs und baut so seine Energie ab. Ein Hund, der mit einem Behinderten zusammenlebt, steht vor der psychischen Herausforderung, für die körperliche Unversehrtheit seines Besitzers sorgen zu müssen, und kann auch dabei Energie abbauen. Wer regelmäßig mit seinem Hund zum Laufen geht und Spaziergänge mit ihm unternimmt, hilft ihm, überschüssige Energie loszuwerden.

Viele Hundebesitzer meinen, sie bräuchten nur die Terrassentür zu öffnen, und schon bekäme ihr Hund ausreichend Bewegung, wenn er beispielsweise ein Eichhörnchen durch den Garten hetzt – das er in 99 Prozent der Fälle nicht erwischen wird. Also starrt er womöglich den lieben langen Tag den kleinen Nager auf dem Baum an und fixiert sich auf ein Tier, das sich nicht im Mindesten um ihn schert. Oder haben Sie schon einmal ein nervöses Eichhörnchen gesehen? Verrückt wird dabei nur der Hund. Er richtet seine ganze Energie auf die unerreichbare Beute. – Das ist eine der Möglichkeiten, wie Fixierungen entstehen können.

Eine andere besteht darin, dass man den Hund einfach dasitzen und eine Katze, einen Vogel oder ein anderes Haustier anstarren lässt. Weil er weder beißt noch bellt oder knurrt, findet sein Besitzer das in Ordnung. Aber derartige Fixierungen sind nicht normal. Der Blick des Hundes ist starr, seine Pupillen sind geweitet, und manchmal geifert er sogar. Seine Körpersprache verrät Anspannung. In diesem Zustand wird er nicht auf die Befehle seines Besitzers reagieren. Nicht einmal das Zucken seiner Ohren verrät, dass er die Stimme seines Herrchens überhaupt erkannt hat.

Falls man mit ihm in den Hundepark geht und er ständig hin und her jagt und zwanghaft kleinere Hunde hetzt, dann spielt er nicht mit ihnen. Das ist eine Fixierung. Auch wenn er dieses Mal nicht zugebissen hat, ist so eine Fixierung eine ernste Angelegenheit, weil das Tier jederzeit in den roten Bereich abgleiten kann.

Falls sich ein Hund zwanghaft mit einem Spielzeug beschäftigt oder unablässig einer bestimmten Aktivität nachgeht, haben wir es mit einer anderen Art von Fixierung zu tun. Kennen Sie einen Hund, der beim Anblick eines Tennisballs völlig ausrastet und Sie anbettelt, diesen immer und immer wieder zu werfen, bis Sie sich die Haare raufen? Viele Halter meinen, regelmäßige Spaziergänge durch Ballspiele ersetzen zu können. Das funktioniert nicht. Ja, der Hund bekommt Bewegung, aber diese hat nichts mit der ursprünglichen Form des Umherziehens mit dem Rudelführer zu tun. Ich vergleiche es gern damit, wenn man mit den Kindern zum Vergnügungspark fährt, statt sie zum Klavierunterricht zu bringen. Im Disneyland geraten sie völlig aus dem Häuschen. Das ist Aufregung. Der Klavierunterricht hingegen bedeutet eine psychologische Herausforderung. Das ist ruhige Unterordnungsbereitschaft. Wenn man den Spaziergang ausfallen lässt und lediglich mit seinem Hund spielt, bleibt diesem nur das Spiel, um sich auszutoben. Er darf spielen, wenn er furchtsam und unruhig ist. Er spielt bis zum Umfallen – aber dieser Punkt kommt normalerweise erst lange nachdem sein Besitzer aufgegeben hat. Er läuft auf Hochtouren, gerät in einen Zustand, den er auf natürlichem Wege niemals erreichen würde. Wenn Wölfe oder wilde Hunde jagen, sind sie sehr organisiert. Sie sind ruhig. Sie sind konzentriert, aber nicht fixiert. Das eine ist ein natürlicher Zustand, das andere nicht.

Problematisch ist, dass Hundebesitzer Fixierungen oft »niedlich« oder »lustig« finden. Oder gar als »Liebe« etikettieren: »Sie liebt diese Frisbeescheibe!« – »Er spielt einfach so gern mit seinem Ball!« Eine solche »Liebe« ist nicht gesund. Fixierungen ähneln menschlichem Suchtverhalten und können ebenso gefährlich sein. Denken Sie nur an einen Spielsüchtigen in Las Vegas, der die ganze Nacht dasitzt, Münzen in einen Schlitz steckt und stundenlang am einarmigen Banditen zieht. Das ist eine Fixierung. Ebenso Rauchen oder Trinken: Wenn Sie den Konsum nicht kontrollieren können und es keine Grenzen gibt, sind Sie darauf fixiert. Sie haben keine Gewalt mehr über Ihr Verhalten. In einem solchen Fall kontrolliert der Ball den Hund. Oder die Katze. Oder das Eichhörnchen tut es.

Manche Hunde sind sogar so auf einen Gegenstand fixiert, dass sie zubeißen, sobald ein Artgenosse oder ein Mensch ihnen dieses Teil wegnehmen will. Falls Sie nicht aufpassen, rutschen sie in den roten Bereich.

Wenn wir im Dog Psychology Center Ball spielen, achte ich darauf, dass alle Hunde zuerst ruhig sind. Bevor sie ihr Abendessen bekommen, müssen sie sich zunächst abgeregt haben. Und auch ihre Streicheleinheiten erhalten sie erst in diesem Zustand. Sie bekommen nur etwas, wenn sie ruhig und unterordnungsbereit sind. Auf diese Weise bringe ich einem Hund mit einer Fixierung wieder ein normales Verhalten bei. Weil er im fixierten Zustand niemals zu etwas kommt. Deshalb können bei uns vierzig Hunde mit ein und demselben Ball spielen, ohne dass dabei irgendjemand zu Schaden kommt. Sie spielen oder fressen auch nie, ohne sich vorher ausgiebig bewegt zu haben – ohne beim Spazierengehen, Laufen oder Inlineskaten gewesen zu sein. Entscheidend ist, dass Energie abgebaut wird.

Hunde mit Fixierungen strapazieren unsere Geduld. Die meisten Menschen versuchen zuerst, ihrem Hund gut zuzureden, wenn er sich mit einem Gegenstand wie seinem Lieblingsspielzeug oder einem Tennisball zwanghaft beschäftigt. Das eskaliert dann zu Befehlen: »Nein, gib ihn her. Gib ihn her ...!« Dadurch sendet man dem Tier nur noch mehr nervöse, instabile Energie. Zu diesem Zeitpunkt ist der Mensch bereits frustriert und wütend auf den Hund, weil der in den letzten zehn Minuten nicht ein Wort von dem gehört hat, was gesagt wurde. Daraufhin beschließt Herrchen, den Hund einfach zu packen und ihm den Gegenstand wegzunehmen. Inzwischen strahlt er eine so instabile, frustrierte Energie aus, dass die Fixierung des Hundes nur noch schlimmer wird.

Hilfe für Jordan

Der körperlich anstrengendste Fall in unserer ersten Fernsehstaffel war die Bulldogge Jordan mit ihren zahlreichen Obsessionen. Jordans Besitzer Bill hatte sich extra eine ruhige, »faule« Bulldogge mit wenig Energie gewünscht. Als er Jordan aus dem Wurf Welpen auswählte, machte dieser tatsächlich einen ruhigen Eindruck, doch dann wuchs er zu einem hyperaktiven, dominanten und sich zwanghaft verhaltenden Hund heran. Er fixierte sich auf Skateboards, Basketbälle, Gartenschläuche, kurz: auf so ziemlich alles, was in der Nähe war. Er nahm den Gegenstand ins Maul und ließ ihn nicht mehr los.

Bill und seine Familie taten nun das Verkehrteste, was man tun kann, wenn ein Tier einen Gegenstand im Maul hat, auf den es fixiert ist: Sie spielten Tauziehen mit Jordan. Indem sie versuchten, dem Hund den Ball oder das Skateboard wegzunehmen, aktivierten sie seinen Beuteinstinkt, und er wurde nur noch wilder. Auch Bills Energie war keine große Hilfe. Im Falle einer Fixierung ist Geduld die Tugend der Wahl. Ebenso wie eine ruhige, bestimmte Energie. Oberflächlich betrachtet, machte Bill einen entspannten, gelassenen Eindruck, doch innerlich war er stark angespannt und leicht frustriert. Sie wissen ja, dass ich sagte, die Energie lügt nicht. Bill konnte seinem Hund nichts vormachen. Jordans zwanghaftes Verhalten spiegelte die passiv-aggressive Energie seines Herrchens.

Bei der Rehabilitation von Hunden fällt es mir für ge-

»Hilfe für Jordan«

wöhnlich leichter, dominante, aggressive Zustände zu beseitigen als Hyperaktivität und Fixierungen. Da war auch Jordan keine Ausnahme. Ich fing mit dem Skateboard an. Normalerweise wird Bulldoggen bald warm, und sie kommen schnell aus der Puste. Deshalb glaubte ich, Jordans Energieüberschuss schnell abbauen zu können. Aber da hatte ich mich geirrt. Jordan war ein hartnäckiger kleiner Kerl. Statt ihm den Gegenstand wegzunehmen, forderte ich ihn heraus. Ich zwang ihn zurückzuweichen und beanspruchte den Gegenstand so für mich. Jedes Mal, wenn Jordan vorrückte, korrigierte ich ihn mit einem Ruck. Irgendwann kommt im Gehirn das Signal an, dass er sich unterordnen soll. Ich bewegte mich auf ihn zu, statt mich zu entfernen. Und ich strahlte immer dieselbe ruhige, bestimmte Energie aus, bis Jordan es endlich verstand. Da er so lange mit seinen Fixierungen gelebt hatte, war das freilich nicht leicht. Am Ende war ich vollkommen durchgeschwitzt.

Danach war Bill an der Reihe. Ich musste ihm verständlich machen, wie er zu der Situation beigetragen hatte. Er musste geduldiger werden und sich darum bemühen, ruhiger und bestimmter aufzutreten. Ich glaube wirklich, und die Erfahrung gibt mir recht, dass Tiere aus einem bestimmten Grund in unser Leben treten: um uns etwas zu lehren und uns zu helfen, bessere Menschen zu werden. Jordan jedenfalls wusste genau, wie er sein Herrchen auf die Palme bringen konnte. Hätte Bill sich einen gutmütigeren Hund mit einem niedrigeren Energieniveau ausgesucht, hätte er sich vermutlich nicht ändern müssen. Bill liebte seinen Hund und war bereit, ein ausgeglichener Mensch zu werden, damit Jordan eine ausgeglichene Bulldogge werden konnte.

Ein fixierter oder zwanghafter Hund muss seine aufgestaute Energie wieder loswerden, und das beginnt mit dem gemeinsamen Spaziergang. Darüber hinaus braucht er ein Herrchen, das ihn in dem Augenblick, in dem er anfängt, sich auf etwas zu fixieren, aus dieser Stimmung herausreißt. Man darf keinesfalls abwarten, bis sich die Situation verfestigt hat.

Sie werden den Zustand gewiss erkennen, wenn es so weit ist. Die Körpersprache Ihres Hundes verändert sich. Er erstarrt. Seine Pupillen weiten sich. Wenn das passiert, muss er sofort mit einer angemessenen Korrektur in einen ruhigen, entspannten Zustand zurückversetzt werden.

Ich riet Bill, einen langen Spaziergang zu machen, um Jordan zu ermüden. Anschließend sollte er den entsprechenden Gegenstand vor sich hinlegen und dafür sorgen, dass Jordan ihn sich nicht holte. Wenn ein Problem schon lange besteht, müssen Sie diese Übung sehr oft wiederholen – bei einer sehr starken Fixierung kann das sogar Monate dauern. Denken Sie an ein Motto der Anonymen Alkoholiker: »Einen Tag nach dem anderen.« Wenn Sie etwas seit langer Zeit falsch machen – etwa rauchen oder zu viel trinken und essen –, müssen Sie diese Gewohnheiten konsequent durch positive Aktivitäten ersetzen. Die Rehabilitation eines zwanghaft reagierenden Tiers mag nach sehr viel Arbeit aussehen, und der Eindruck kann sich durchaus bewahrheiten. Aber wir sind unseren Hunden diese Anstrengung schuldig, damit sie ein ausgeglichenes Leben führen können.

Phobien

Erinnern Sie sich an Kane, die Deutsche Dogge, die Angst vor glänzenden Böden hatte (Kapitel 3)? Dieser Fall ist ein Paradebeispiel für eine Phobie. Ein Hund kann alle möglichen Phobien entwickeln – Angst vor einem bestimmten Paar Stiefel, vor anderen Tieren oder vor einem ganzen Geschlecht! Phobien sind, sehr einfach ausgedrückt, Ängste, die der Hund nicht überwinden konnte. Wenn er einen beängstigenden Vorfall geistig nicht »abhaken« durfte, kann die Angst zur Phobie werden. In freier Wildbahn lernt ein Tier aus der Angst. Ein Wolf lernt, Fallen zu umgehen. Eine Katze lernt, nicht mit Schlangen zu spielen. Aber Tiere machen nicht viel Gedöns um das, was sie beunruhigt. Diese Probleme rauben ihnen nicht den Schlaf. Sie durchleben das Gefühl, lernen die Lektion und gehen anschließend zur Tagesordnung über. Wir Menschen verursachen ihre Phobien durch die Art und Weise, wie wir auf ihre Ängste reagieren. Wir hindern sie daran, sie hinter sich zu lassen.

Kanes Besitzerin Marina hatte viel Aufhebens um jenen ersten Ausrutscher auf dem glänzenden Boden gemacht. Anschließend beging sie den Fehler, ihn jedes Mal zu trösten, wenn er sich dem Auslöser seiner Phobie näherte.

Sie wissen sicher, was alle erdenklichen Phobien bei Hunden verursacht oder verstärkt – selbst wenn wir ihren Ursprung nicht kennen: dass wir ihnen zur falschen Zeit Zuneigung schenken. Wenn ein Kind Angst hat, wir es trösten und ihm Zuwendung und Liebe bekunden, bedienen wir uns der menschlichen Psychologie. Wenn ein Hund Angst hat und wir ihn trösten und ihm Zuwendung und Liebe schenken, bedienen wir uns ebenfalls der menschlichen – nicht der Hundepsychologie. Ein Hund würde einem ängstlichen Hund niemals Zuwendung schenken! Die richtige Reaktion auf die Phobie eines Hundes ist Führungsstärke. Geben Sie ihm zuerst die Möglichkeit, Energie abzubauen. Da es sich bei einer Phobie um eine Art umgekehrte Fixierung handelt, gelten dieselben Prinzipien. Ein müder, entspannter Hund reagiert viel seltener phobisch und ist sehr viel empfänglicher für einen starken Rudelführer, der ihm hilft, seine Ängste zu überwinden.

Geringes Selbstwertgefühl

Das Selbstwertgefühl ist kein Problem an sich, spielt aber bei den Hundeproblemen, die ich kennengelernt habe, oft eine gewisse Rolle. Wenn ich vom Selbstwertgefühl eines

Hundes spreche, meine ich damit nicht das, was er über sein Aussehen oder seine Beliebtheit denkt. Ich sehe einen Bezug zwischen seinem Selbstwertgefühl und seiner Energie, seiner Dominanz und Unterordnungsbereitschaft. Hunde mit einem schwachen Selbstwertgefühl sind unterordnungsbereit, haben ein niedriges Energieniveau, sind fügsam und leiden manchmal unter Ängsten, Panik oder Phobien. Oft sind sie auch furchtsam. Sie sind angstaggressiv (wie Josh oder Pinky) oder einfach nur hoffnungslos schüchtern.

Auch selbstwertschwache Hunde können zwanghafte Verhaltensweisen entwickeln, aber diese äußern sich auf eine andere Weise als bei dominanten, energiegeladenen wie Jordan. Nehmen wir als Beispiel Brooks, einen Entlebucher Sennenhund. Als Welpe war er sehr schüchtern. Nachdem ihn der Hund eines Nachbarn gebissen hatte, wurde er noch ängstlicher. Sobald ihn jemand streicheln wollte, duckte er sich und schlich davon. Er hatte so wenig Selbstwertgefühl, dass er glaubte, alle hätten es auf ihn abgesehen – und er hatte Angst.

Dann spielte eines Tages jemand Fangen mit einem Laserpointer mit ihm – einem dieser Geräte, die wie ein Kugelschreiber aussehen und einen Lichtstrahl durch den Raum schicken. Brooks liebte dieses Spiel, denn endlich konnte auch er einmal etwas jagen. Zur Abwechslung lief etwas vor ihm davon! Er fühlte sich ein wenig dominanter, konnte sich besser leiden und die ganze Energie, die in seinen Unsicherheiten gespeichert war, bei der Jagd nach dem Licht loswerden. Von nun an war Brooks besessen von Licht. Ständig ließ er sich von Sonnenstrahlen, Spiegelungen und den Mustern aus Licht und Schatten auf dem Boden ablenken. Seine Besitzer Lorain und Chuck

Brooks spielt verrückt und jagt Licht und Schatten

konnten nicht mehr mit ihm spazieren gehen, ohne dass er davonlief und jedem verirrten Lichtstrahl nachjagte, der seinen Weg kreuzte.

Für Brooks war Licht die einzige Möglichkeit, seine aufgestaute Energie loszuwerden. Das Licht war etwas, was der unsichere Hund zu kontrollieren versuchen konnte. Es war nie hinter ihm her. Es bewegte sich stets von ihm weg. Brooks' zwanghaftes Verhalten war die direkte Folge seines geringen Selbstwertgefühls und eines Mangels an körperlicher Bewegung.

Im Gegensatz zum dominanten Jordan, der ein hohes Energieniveau hatte, war Brooks fügsam und unterordnungsbereit. In nicht ganz fünf Minuten hatte ich ihn von seinem zwanghaften Verhalten befreit. Ich brauchte nur ein paar Mal kurz an der Leine zu ziehen, und schon hatte er verstanden. Natürlich mussten seine Besitzer ihn auch weiterhin konsequent korrigieren, sobald er in den Zustand der Fixierung zurückzufallen drohte, aber nach kurzer Zeit war sein zwanghaftes Verhalten nur noch eine vage Erinnerung.

Bei manchen Hunden ist das Selbstwertgefühl am Tiefpunkt angelangt, etwa bei Hunden wie Pinky. Sie können ihre Unsicherheit nicht überwinden. Sie erstarren, statt zu kämpfen oder zu fliehen. Sie verstecken sich, rühren sich nicht, fangen an zu zittern. Es ist ihnen unmöglich, weiterzumachen und das zu tun, was eben gerade ansteht. Von allein wird sich das nicht bessern. Dazu brauchen sie die Hilfe des Menschen.

Hunde mit schwachem Selbstwertgefühl sind verzweifelt auf der Suche nach einem Rudelführer! Sie wollen gesagt bekommen, was sie tun sollen – manchmal sind das die einzigen Momente, in denen sie sich entspannen können, so wie Pinky. Diese Hunde reagieren gut auf Regeln und Grenzen. Die »Macht des Rudels« verhilft ihnen schnell zu Fortschritten. Die Begegnung mit Artgenossen ist eine wirkungsvolle Therapie für selbstwertschwache Hunde. Allerdings muss ihr Aufenthalt im Rudel anfangs genau überwacht werden, da Hunde instinktiv auf schwache Tiere losgehen. Ihr Zustand bessert sich Schritt für Schritt, aber sie brauchen die starke Führung ihres menschlichen Rudelführers.

Das Selbstwertgefühl eines Haushundes sollte aber auch nicht zu hoch sein. In freier Wildbahn darf nur der Rudelführer mit aufgerichteter Rute und herausgedrückter Brust herumstolzieren und den anderen dominante Energie senden. Als Rudelführer Ihres Hundes dürfen das unter Ihrem Dach nur Sie! Wenn ich in einen Haushalt komme, in dem die Menschen auf Zehenspitzen um den Hund herumschleichen, der alle tyrannisiert und dem alle gehorchen, dann weiß ich, dass es ihm nicht schaden würde, etwas weniger »stolz« auf sich zu sein.

Wenn Sie der »Chef« eines dominanten Hundes werden wollen, müssen Sie ihm einen kleinen Dämpfer verpassen. Damit ist keineswegs gemeint, dass Sie ihn auf irgendeine Weise körperlich misshandeln oder demütigen sollten. Aber bedenken Sie, er wird es Ihnen nicht verübeln, wenn Sie die Führung übernehmen. Womöglich wird er sich anfangs ein wenig wehren, um herauszubekommen, wie viel er sich erlauben kann, aber er nimmt es Ihnen nicht »krumm«, wenn Sie bewiesen haben, dass Ihre Energie stärker ist als die seine.

Vorbeugende Maßnahmen

Die hier genannten Probleme lassen sich allesamt vermeiden, wenn Sie Ihren Hund wie einen Hund und nicht wie einen Menschen behandeln – und Sie es zur Priorität machen, dafür zu sorgen, dass er ein ebenso erfülltes Leben hat wie Sie selbst. In Kapitel 7 verrate ich Ihnen meine Formel für einen glücklichen, ausgeglichenen Hund. Aber zuerst möchte ich auf die heikelsten Fälle eingehen, bei deren Rehabilitation ich um Hilfe gebeten werde – Hunde, deren Aggression sich im roten Bereich befindet.

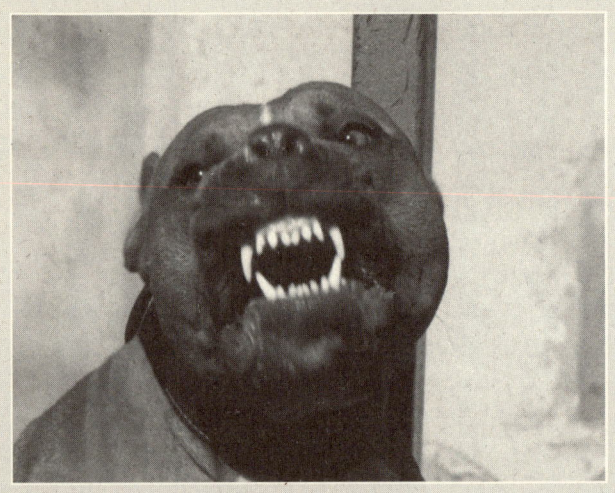

Ein Pitbull im roten Bereich

6

Im roten Bereich

Gefährliche Aggression

Stellen Sie sich Folgendes vor: Sie haben Lebensmittel eingekauft und kehren nun in Ihr exklusives Apartmentgebäude zurück. Der Aufzug hält an Ihrem Stockwerk, und die Türen gehen auf. Das Erste und Letzte, was Sie sehen, sind zwei knurrende 55 Kilogramm schwere Presa-Canario/Mastiff-Mischlinge, die sich von ihren Besitzern losreißen und geradewegs auf Sie zustürmen.

So endete das Leben von Diane Whipple, einer 33-jährigen Lacrosse-Trainerin, im Januar 2001 in San Francisco. Die Halter wurden wegen fahrlässiger Tötung verurteilt und mussten vierjährige Haftstrafen verbüßen. Dies war der vielleicht berüchtigtste Hundeangriff mit Todesfolge in den Vereinigten Staaten, aber bei weitem nicht der einzige. In diesem Land sterben durchschnittlich achtzehn Menschen im Jahr an den Folgen von Bissen.[1] Wir geben jährlich über 165 Millionen Dollar für die Therapie von fast einer Million gefährlichen Hundebissen aus.[2] Sie verursachen knapp 440 000 Gesichtsverletzungen, die in

US-Krankenhäusern medizinisch versorgt werden.[3] Tragischerweise handelt es sich hier bei sechzig Prozent der Opfer um Kinder.[4] Die Hunde, die diese Bisse verursacht haben, findet man meist in einer anderen Statistik wieder – sie sind nur ein Teil der 2,7 Millionen Tiere, die jedes Jahr in Tierheimen getötet werden.[5]

Bedenken Sie, diese Hunde haben nicht »vorsätzlich« gehandelt. Es sind keine »geborenen Killer«, und sie haben sich auch nicht urplötzlich in Tötungsmaschinen verwandelt. Im Gegensatz zu einem gewalttätigen Menschen hatte keiner dieser Hunde ein Empfinden dafür, ob es richtig oder falsch war, ein Leben zu nehmen – das eines Menschen oder das eines Tiers. Wie ich bereits sagte, gibt es in der Fauna keine moralischen Grundsätze. Nur das Überleben. Wenn ein Hund gewalttätig wird, handelt er aus seinem Kampf-oder-Flucht-Instinkt heraus. Und gefährliche Aggression ist nicht die Ursache, sondern die Folge schwerer Verhaltensprobleme bei einem Hund. In vielen Fällen wurde die Gewalt des Hundes zudem von den Menschen, die sich eigentlich um ihn hätten kümmern sollen, vorsätzlich geschürt – oder gar erst genährt.

In freier Wildbahn sind Hunde Raubtiere. Es ist ihnen angeboren, ihr Revier zu verteidigen. Doch bei denen, die bei uns leben, darf aggressives Verhalten gegen Menschen oder Tiere niemals geduldet werden. Niemals.

Meinen Ruf als Spezialist für das Verhalten von Hunden habe ich mir erworben, indem ich einige Vertreter der furchterregendsten Rassen rehabilitierte, die es gibt – Pitbulls, Rottweiler, Boxer und Deutsche Schäferhunde. Ich liebe diese athletischen Tiere, aber sie sind nicht für jedermann geeignet. Es leiden sowohl der Besitzer als auch das Tier und manchmal sogar unschuldige Dritte darunter, wenn ein Hundehalter mit seinem energiegeladenen, körperlich kräftigen Rassehund nicht zurechtkommt.

Ich glaube, dass jenes aggressive Verhalten, das ich als den »roten Bereich« bezeichne, in neunzig Prozent der Fälle zu verhindern gewesen wäre. Wenn ich um Hilfe gebeten werde, handelt es sich meist um aggressives Verhalten, gleich, welcher Art. Und in den mehr als zwanzig Jahren, in denen ich nun mit Hunden arbeite, sind mir nur zwei Fälle begegnet, bei denen ich der Ansicht war, sie nicht rehabilitieren und in gesellschaftsfähige Wesen zurückverwandeln zu können, die bedenkenlos unter Menschen leben konnten. Aufgrund meiner Erfahrung sage ich, dass bei vielleicht einem Prozent der Hunde, die mit Aggressivitätsproblemen zu mir kommen, ein so starkes geistiges Ungleichgewicht vorliegt oder sie von Menschen dermaßen geschädigt wurden, dass sie nicht mehr gefahrlos in die Gesellschaft eingegliedert werden können. Das Ende vom Lied ist, dass wir viele Tiere töten, die den Tod nicht verdienen. Sie haben lediglich das »Verbrechen« begangen, bei den falschen Besitzern zu landen.

Der rote Bereich

Ehe ich in die Vereinigten Staaten kam, war ich noch nie einem Hund im roten Bereich begegnet. Ich hatte tollwütige Hunde gesehen und solche, die miteinander kämpften. Aber sobald der eine sich als dominant erwies, indem er den anderen zu Boden drückte, war der Kampf normalerweise vorüber. In der Natur dient Drohverhalten meist dazu, tatsächliche Aggression zu vermeiden. Sofern es sich nicht um ein schwaches Tier handelt, das vom Rudel getötet werden muss, ist es im Interesse der Gemeinschaft, aggressives Verhalten auf ein Mindestmaß zu reduzieren. Bevor ich in dieses Land kam, hatte ich noch nie einen Hund gesehen, der sein aggressives Verhalten nicht nach einem Warnbiss eingestellt hätte – sei es nun, dass er einen anderen Hund zu Boden drückte oder einen Menschen verjagte oder verschreckte. Aber der rote Bereich war etwas ganz anderes. Hier geht es ums Töten – eines anderen Tiers oder eines anderen Menschen. Dabei haben wir es nicht mit einer Frage der Dominanz oder des Territorialverhaltens zu tun. Ein solcher Hund setzt seinem Opfer zu, bis er es erschöpft hat – bis kein Leben mehr in ihm steckt!

Ein Hund im roten Bereich wird nicht auf Sie hören, nicht einmal wenn Sie ihn packen. Es spielt keine Rolle, dass er schon sein Leben lang Ihr Gefährte ist und bei Ihnen im Bett schläft. Wenn er rotsieht, ist es, als gäbe es Sie nicht. Er wird sich gegen Sie wehren und würde eher sterben, als seinen Angriff abzubrechen. Sie können ihn schlagen, ihn anbrüllen – er wird Sie nicht hören, dazu ist er viel zu »besessen«. Seine Tötungsabsicht ist stärker als jeder Schmerz, den Sie ihm zufügen könnten. Wenn Sie einen Hund schlagen oder anschreien, der sich im roten Bereich befindet, wird das seine Mordlust nur weiter anheizen. Ein solches Tier leidet unter einer Fixierung – aber diese Fixierung ist tödlich.

Ein Hund rutscht niemals von heute auf morgen in den roten Bereich. Deshalb ist diese Entwicklung auch so tragisch – und vermeidbar …

226

»Tickende Zeitbomben«

»Ich hatte ja keine Ahnung, dass er so etwas tun könnte. Wie kann man das vorausahnen? Einen ganz und gar bizarren Vorfall? Wie kann man ahnen, dass ein Hund, den man kennt, der sanft und liebevoll und zärtlich ist, etwas so Schreckliches und Brutales und Widerwärtiges und Grausiges tun kann?«[6]

Diese Worte sprach Hundebesitzerin Marjorie Knoller zu ihrer Verteidigung in der Gerichtsverhandlung der Tötung von Diane Whipple. Ironischerweise waren Knoller und ihr Partner Robert Noel offenbar die Einzigen in ihrem Viertel in San Francisco, die eine solch »bizarre« Reaktion ihres Presa-Canario/Mastiff-Pärchens Bane und Hera nicht »vorausgeahnt« hatten. Diese Hunde hatten sich bereits im roten Bereich befunden, als die beiden Anwälte sie zu sich nahmen. Um es mit den Worten eines Tierarztes zu sagen, der Knoller und Noel in einem Brief vor ihren Hunden gewarnt hatte: Bei den Tieren handelte es sich um »tickende Zeitbomben«, die nur darauf warteten zu explodieren.

Die Geschichte dieses sinnlosen und vermeidbaren Todes begann mit einem Insassen des Folsom-Gefängnisses. Er wurde von den Anwälten Knoller und Noel vertreten, die ihn – aus welchen Gründen auch immer – an Sohnes statt adoptierten. Dieser Gefangene wollte von seiner Zelle aus eine illegale Presa-Canario-Zucht aufziehen. Körperlich starke Hunde wie Presa Canarios, Cane Corsos und Pitbulls werden wegen ihrer extremen Kraft und ihres aggressiven Territorialverhaltens ausgebeutet und leider oft dazu verdammt, als »Gladiatoren« in illegalen Hundekämpfen anzutreten, die Crack- sowie die Methamphetaminherstellung oder andere kriminelle Machenschaften zu schützen.

Bei den beiden Cane Presas Bane und Hera aus San Francisco war es folgendermaßen gewesen: Eine Frau, die eine Farm unweit des Folsom-Gefängnisses besaß, hatte sich im Auftrag des Gefangenen um sie gekümmert. Nachdem die Hunde über einige Hühner, Schafe und eine Katze hergefallen waren, wollte sie nichts mehr mit ihnen zu tun haben. Sie und die anderen Menschen auf der Farm schlugen ängstlich einen Bogen um die beiden Hunde, die in einer entlegenen Ecke des Grundstücks angekettet waren, was ihre Frustration und Aggression nur noch steigerte. Schließlich überredete der Gefangene seine Anwälte, die in der Stadt lebten, die Hunde zu sich zu nehmen.

Nachdem Bane und Hera auf der Farm die Erfahrung gemacht hatten, wie es war, schwache Tiere zu töten, befanden sie sich bereits tief im roten Bereich. Niemand korrigierte sie, nachdem sie getötet hatten. Sie waren lediglich in ihre Ecke verbannt worden. Dann kamen die Hunde in die Stadt und wurden von zwei unerfahrenen Hundebesitzern aufgenommen, mit denen sie in einer Zweizimmerwohnung lebten, wo ihre aufgestaute Frustration weiter wuchs. Sie bekamen von den beiden Anwälten sehr viel Zuneigung und vergalten diese damit, dass sie taten, was sie wollten – indem sie sie dominierten. Die beiden Anwälte gingen zwar offenbar viel mit ihnen spazieren, aber die Hunde liefen stets vorneweg, zerrten ihre Besitzer hinter sich her und beherrschten sie auch unterwegs. Nach der Tragödie meldeten sich mehrere Zeugen, die gesehen haben wollten, wie Marjorie Knoller hinter den

Hunden herlief, die völlig außer Rand und Band waren und sie an der Leine hinterherzerrten.

In der Stadt gab es weder Ziegen noch Hühner, auf die diese Hunde losgehen konnten. Spürten sie schwache Energie, ging diese in den meisten Fällen von Menschen aus. Wenn sich die Hunde im Aufzug befanden, mussten sie nur knurren, und die Wartenden traten einen Schritt beiseite und verzichteten auf die Fahrt mit dem Lift. Sobald jemand die furchterregenden Hunde auf der Straße sah, zuckte er ängstlich zurück.

Dieses Zusammenspiel von Ursache und Wirkung verstärkte die Dominanz der Hunde. Für sie war ein ängstlicher Mensch nichts anderes als ein verängstigtes Huhn oder eine furchtsame Ziege. Angst ist Angst. Schwache Energie. Niemand hatte ihr dominantes, aggressives Verhalten unterbunden, als sie die Tiere auf der Farm angefallen hatten. Und auch jetzt unterband es niemand. Die Hunde wussten natürlich nicht, weshalb die Frau auf der Farm sie weggegeben hatte. Sie wussten nur, dass dominantes, aggressives Verhalten ihr Überleben sicherte und dafür sorgte, dass sie ihren Willen bekamen. Weshalb sollten sie es nun also ändern?

Ich wünschte, ich könnte die Zeit zurückdrehen, diese schreckliche Geschichte ungeschehen machen und noch einmal von vorn anfangen. Ich würde diese Hunde vom ersten Tag an darauf konditionieren, dass Aggression nicht akzeptabel ist. Punkt. Bei einem so starken Hund kostet das selbstverständlich sehr viel Arbeit und Energie. Im Idealfall würde ich dafür sorgen, dass diese Hunde jeden Tag vier bis acht Stunden lang mit ursprünglichen Formen der Bewegung und der Betätigung beschäftigt sind. Ihre Sozialisierung hätte bereits im Welpenalter begonnen werden müssen, sodass sie andere Tiere und Hunde als Mitglieder ihres Rudels akzeptiert und Menschen, vor allem Kinder, als ihre Führer betrachtet hätten. Menschen hätten sie nicht auf »Dominanzspielchen« wie Tauziehen und Raufen konditionieren dürfen. Denn wenn diese Hunde älter werden, gewinnen sie bei solchen Spielen immer, was bei ihnen den Eindruck ihrer Dominanz verstärkt. Ihre Besitzer hätten sie niemals mit Schmerz bestrafen dürfen. Diese Hunde hätten außergewöhnlich starke, konsequente, ruhige und bestimmte Menschen als Rudelführer gebraucht.

Es gibt Leute, die ins Feld führen würden, dass das Verhalten der Hunde eine Frage der Rasse sei. Es stimmt tatsächlich, dass Cane Presas, Cane Corsos, Pitbulls und Rottweiler ursprünglich für den Einsatz als »Hundegladiatoren« gezüchtet wurden. Dennoch handelt es sich in erster Linie um Tiere und Hunde – und erst dann um eine bestimmte Rasse. Ihre kraftvolle Energie lässt sich auch in andere Bahnen lenken. Presa Canarios wurden als Wachhunde gezüchtet, dienten den Spaniern aber auch als Hütehunde. Diese töten ihre Schäfchen nicht. In jüngster Zeit geben die Presa Canarios und ihre Verwandten ob ihrer körperlichen und psychischen Energie sogar hervorragende Schauhunde ab.

Die Rasse muss sich nicht zwangsläufig auf das Verhalten eines Hundes auswirken, aber körperlich starke Rassen haben besondere Bedürfnisse und brauchen besondere Hundehalter – engagierte, verantwortungsbewusste Menschen. Leider waren die beiden Anwälte nicht auf den Umgang mit diesen kraftvollen Tieren vorbereitet. Sie besuchten mit ihnen zwar die Hundeschule, aber wie schon gesagt wurde, beseitigt es weder die Angst noch die Furchtsamkeit, die Nervosität, die Dominanz oder die Aggression eines unausgeglichenen Hundes, wenn er lernt, Befehle zu befolgen.

Ihre Besitzer sagten, sie »liebten« diese Hunde, doch ich wiederhole, dass Zuneigung nicht das ist, was unsere Hunde am dringendsten von uns brauchen. Sie benötigen auch Regeln und Grenzen – und die Zeugenaussagen erwecken den Eindruck, als seien diese Hundebesitzer hinsichtlich der Einhaltung von Regeln im besten Falle inkonsequent und im schlimmsten Falle nachlässig gewesen. Ein Nachbar, der von einem der Hunde gebissen worden war, sagte aus, Robert Noels einziger Kommentar zu dem Vorfall sei gewesen: »Hm, das ist interessant.« Andere bezeugten, sie hätten gesehen, dass die Tiere bereits zwei Tage vor dem tödlichen Angriff andere Hunde bedroht und angefallen hätten. Eine »professionelle Gassigeherin« erklärte, als sie Noel gebeten habe, seinen Hunden einen Maulkorb anzulegen, habe er sie aufgefordert, den Mund zu halten, und sie mit Schimpfnamen belegt.

Auch Diane Whipple, das unschuldige Opfer, war schon einmal von einem der Hunde gebissen worden und hatte seit jenem Tag tödliche Angst vor ihnen. Sie tat alles, um ihnen im Haus aus dem Weg zu gehen. Nach dem Vorfall hatten sich die Besitzer der Hunde weder bei ihr entschuldigt, noch hatten sie – was viel wichtiger gewesen wäre – professionelle Hilfe in Anspruch genommen, damit sich die Hunde an Diane Whipple gewöhnten und diese sich in Zukunft gefahrlos in ihrer Nähe aufhalten konnte. Die Hundebesitzer taten rein gar nichts und sorgten so dafür, dass Frau Whipple das nächste Mal, als die Hunde ihre ängstliche Energie wahrnahmen, erneut zum Angriffsziel wurde.

Der Angriff auf Frau Whipple war der Stoff, aus dem Horrorfilme sind. Er dauerte zwischen fünf und zehn Minuten, und der Gerichtsmediziner sagte aus, nur die Sohlen ihrer Füße und der oberste Teil ihres Kopfes seien unversehrt geblieben. Sie starb vier Stunden nach der Attacke im Krankenhaus. Die Tragödie hatte zwei weitere unnötige Todesfälle zur Folge – sowohl Bane als auch Hera wurden eingeschläfert. Bane, das Männchen, wurde noch am Tag des Angriffs getötet. Ich bot an, Hera zu rehabilitieren. Diese Hunde waren nicht zu Killern geboren. Menschen hatten sie dazu gemacht. Aber obwohl ich glaube, dass es vielleicht möglich gewesen wäre, Hera zu reintegrieren, hatte die öffentliche Entrüstung zu diesem Zeitpunkt ihr Schicksal bereits besiegelt. Selbst wenn es mir gelungen wäre, ihr Verhalten zu ändern, hätte ihr niemand je wieder vertraut.

Ein Monster wird erschaffen

Ich hatte ja bereits erwähnt, dass Rudelführer geboren, nicht gemacht werden. Mit den Hunden, von denen hier die Rede ist, verhält es sich umgekehrt – sie werden gemacht, nicht geboren: Menschen verwandeln Hunde in Monster und treiben sie in den roten Bereich. Angefangen haben wir damit vor Hunderten von Jahren, als wir Kampfhunde züchteten, nach bestimmten Eigenschaften auswählten und mit ähnlichen Partnern kreuzten. Pitbulls und Bullterrier wurden in der Viktorianischen Zeit für grausame »Sport«arten wie Hundekämpfe und Bullenbeißen gezüchtet. Zuchtkriterium war ihre Fähigkeit, sich dank ihrer kräftigen Kiefergelenke in einen Feind verbeißen und sich mit gnadenlosem Druck festhalten zu können. Rottweiler sind die Nachfahren alter römischer Treibhunde. Sie begleiteten die römische Armee, als sie sich kreuz und quer durch den europäischen Kontinent kämpfte, bewachten ihre riesigen Viehherden und bekämpften Wölfe und andere Raubtiere.[7] Julius Caesar schrieb, bei der Invasion Britanniens 55 v. Chr. hätten die Vorfahren der Mastiffs an der Seite ihrer Herren gekämpft. Diese Hunde waren so tapfer, dass man sie mit nach Rom nahm und im Circus Maximus gegen andere Hunde, Bullen, Löwen und Tiger antreten ließ.[8] Die Mastiffs der Antike waren die Vorfahren von Bane und Hera, der Presa Canarios, die Diane Whipple getötet hatten.

Wir machen diese Tiere zu Kriegern, doch unter der Rüstung stecken lediglich Hunde mit stärkeren Waffen. Sie sind nicht von Anfang an aggressiv und gefährlich. Wir können sie als Welpen dahingehend sozialisieren, dass sie mit Kindern, Menschen und sogar Katzen und anderen Tieren auskommen. Das Kämpfen liegt ihnen in den Genen, aber um diesen Instinkt zum Vorschein zu bringen, ist eine gewisse Anleitung nötig. Im modernen Amerika und anderen Staaten sind Hundekämpfe illegal, finden aber häufiger statt, als Sie vielleicht vermuten. Einige Pitbullzüchter meinen, die einzige Möglichkeit, die Zuchtlinie der amerikanischen Pitbulls rein zu halten, sei es, ihre »Kampftüchtigkeit« zu testen: ihre Fähigkeit, bis zum Tode zu kämpfen. Diese Männer betreiben einen ganz besonderen »Sport«. Sie schicken ihre Hunde mit anderen in den Ring und sortieren dann diejenigen aus, die zwar überleben, den Zuchtmaßstäben aber nicht gerecht werden. Die Verlierer werden von ihren Besitzern entweder getötet oder ausgesetzt. Manchmal haben sie Glück, und ein Tierschutzverein liest sie auf. Wenn sie kein Zuhause finden, meist aus dem einfachen Grund, dass sie im Gewand eines Pitbulls, eines Presa oder eines Rottweilers stecken, werden sie schließlich eingeschläfert. Und manchmal greifen sie andere Hunde – oder Menschen – an und töten sie.

Unter Gangmitgliedern ist es ebenfalls Mode und gilt als »macho«, einen großen, brutalen Hund – eine Art vierbeinige Kriegsmaschine – an der Seite zu haben. Illegale Hundekämpfe haben bei einigen Banden große Popularität erlangt. Man wettet, welcher Hund den Kampf überlebt, und das Glücksspiel blüht. Hundekämpfe sind aber nicht auf Gangs oder das kriminelle Milieu beschränkt. Der Zeitung *New York Daily News* zufolge gibt es in den Vereinigten Staaten eine exklusive Untergrundszene, in der viele tausend Dollar den Besitzer wechseln.

»Wir sind wie eine Geheimgesellschaft rund um den letzten wirklich illegalen Sport«, prahlt ein ungenannter Informant, der in dem Artikel zitiert wird. »Die Leute stammen aus allen Schichten – wir haben Prominente, Wallstreet-Broker, ganz normale Menschen.«[9]

Doch ganz gleich, woher die Anhänger der Hundekämpfe stammen – das Beängstigende ist, dass diejenigen, die sich an diesem Blutsport ergötzen, manchmal sogar ihre Kinder mitbringen und damit einen Teufelskreis aus Brutalität in Gang setzen. Sie desensibilisieren eine weitere Generation gegen Grausamkeit im Allgemeinen und gegen Tiere im Besonderen.

Menschen, die Pitbulls, Presa Canarios, Cane Corsos oder andere Hunde zum Kämpfen erziehen, machen durch Misshandlung aus diesen unschuldigen Hunden

234

Killer. Die jungen Tiere dürfen niemals einfach nur Welpen sein. Sie müssen immer kämpfen. Der Besitzer schlägt schon den jungen Hund auf den Kopf, mischt Chilisoße in sein Futter, provoziert ihn, lässt größere Hunden auf ihn los – weil er glaubt, eine solche Behandlung würde den Kleinen hart machen. Er stößt und zwickt ihn, bis der Hund die Zähne zeigt. An diesem Punkt hört er auf. So lernt der Hund, zur Selbsterhaltung die Zähne zu fletschen. Der Besitzer kauft Hühner, lässt den Hund die Hühner hetzen und lobt ihn dabei. Dann bindet er die Hühner an, damit der Hund das Töten lernt. Er hat keine Wahl. Wenn sein Besitzer ihn nicht mehr braucht, »wirft« er ihn einfach weg. Sehr wahrscheinlich setzt er ihn auf einem unbebauten Grundstück oder irgendwo an der Straße aus.

Deshalb findet man auch so viele starke Rassen – Pitbulls und Pitbullmischlinge, Boxer, Rottweiler, Mastiffs und Deutsche Schäferhunde – in Tierheimen. Oft gelten sie als »unvermittelbar« und werden irgendwann eingeschläfert. Im Dog Psychology Center beherberge ich viele solcher Hunde, die als »hoffnungslose Fälle« galten, ehe sie zur Rehabilitation zu mir kamen. Ein paar ebenjener »hoffnungsloser Fälle« leben inzwischen glücklich in Familien oder erledigen sinnvolle Aufgaben bei der Polizei, bei Hilfs- oder Rettungsorganisationen.

Den üblen Zeitgenossen, die Pitbulls oder andere Hunde für illegale Aktivitäten züchten, geht es nur darum, selbst »gut dazustehen«. Sie glauben, ein muskelbepackter Hund mit Narben, kupierten Ohren und einer Kette um den Hals ließe sie hart und brutal aussehen und würde ihnen umgehend den Status eines richtig schweren Jungen verleihen. Diese Burschen sind aber auch schlechte Hundetrainer und -halter. Vor allem fangen sie schon sehr früh an, den Welpen zu misshandeln, was eher zu einem Trauma führt, als die Kampfeslust in ihm zu wecken. Der Hund wird, wenn es zur Sache geht, in aller Regel ängstlich, furchtsam und angespannt. Er kämpft dann nur aus Angst – aus dem Kampf-oder-Flucht-Reflex heraus.

Meine großen Erfolge bei der Rehabilitation dieser Misshandlungsopfer habe ich der Inkompetenz ihrer Besitzer zu verdanken. Zuerst gebe ich den Hunden die Möglichkeit, geistig zur Ruhe zu kommen. Das Tier in ihnen erkennt sofort, dass dies ein sehr viel besserer Zustand ist als der, in dem sie sich bisher befunden haben. Im Gegensatz zum Menschen, den die Macht (oder der Fluch) der Verdrängung manchmal in Missbrauchssituationen gefangen hält, streben Tiere immer nach Gleichgewicht. Das Gehirn signalisiert ihnen automatisch: »Hey, endlich bekomme ich mal eine Auszeit.« Sie sind erleichtert, die ständige Anspannung hinter sich lassen zu können.

Ja, sie bleiben Pitbulls, aber nun sind sie in erster Linie Hunde. Und Hunde töten einander nicht. Sobald ich die Pitbullgene blockiert habe, kann der Hund sein wahres Wesen zeigen. Sein Gehirn sendet keine Pitbullsignale mehr. Es sendet nur noch Hundesignale.

Rasse und Aggression

Es gibt keine Rasse, die von Natur aus im roten Bereich angesiedelt wäre, obwohl statistisch gesehen die meisten Hundebisse zum Beispiel in den Vereinigten Staaten von Pitbulls verursacht werden, die laut der National Canine

Research Foundation (US-Stiftung zur Erforschung des Verhaltens und der Genetik von Hunden) seit 2000 für 41 von 144 Todesfällen verantwortlich waren. An zweiter Stelle lagen die Rottweiler mit 23 Angriffen. Diese Zahlen sind der Grund, weshalb Pitbulls in 200 Städten in den Vereinigten Staaten verboten sind.[10] In einigen Staaten können Hauseigentümer keine Haus- und Grundbesitzerhaftpflicht abschließen oder müssen gehörige Summen zahlen, wenn sie bestimmte Rassehunde besitzen. Eine amerikanische Assekuranz etwa versichert keine Häuser, deren Bewohner Pitbulls, Akita-Inus, Boxer, Chow-Chows, Dobermänner, Rottweiler, Presa Canarios oder Wolfshybriden besitzen.[11] Höhere Versicherungsbeiträge sind zwar eine Möglichkeit, den verantwortungsvolleren Umgang mit Hunden zu unterstützen. Dennoch halte ich ein grundlegendes Verbot bestimmter Rassen für wenig sinnvoll. (Nebenbei bemerkt, ist es interessant, dass der American Kennel Club [der US-Dachverband der Hundezüchter] den Pitbull offiziell nicht als »Rasse« anerkennt.) Die Ächtung bestimmter Hunde ist ein schnelles und einfaches Mittel, aber keine Lösung, um Bisse oder Angriffe zu verhindern.

Die Wahrheit ist, dass alle Rassen in den roten Bereich abrutschen können – wie groß der angerichtete Schaden ist, ergibt sich aus der Kraft des Tiers und der Körpergröße des Opfers. Auch andere als die so genannten Kampfhunde sind gefährlich. So tötete beispielsweise im Jahr 2000 ein kleiner Spitzmischling in Südkalifornien ein sechs Wochen altes Mädchen. 2005 fiel ein Sibirischer Husky – der normalerweise als »gutmütig« gilt – auf Rhode Island ein siebenjähriges Mädchen an und tötete es.[12] In den meisten Fällen trägt der Besitzer die Schuld. Aus demselben Grund kann fast jeder Hund ein guter, gehorsamer Begleiter werden, auch wenn er einer Rasse angehört, die als »natürlich aggressiv« gilt. Angriffslust ist aber kein natürlicher Zustand, sondern die Folge von Unausgeglichenheit. Es ist alles eine Frage der Bindung und der Beziehung zwischen dem Hund und seinem ruhigen, bestimmten Rudelführer.

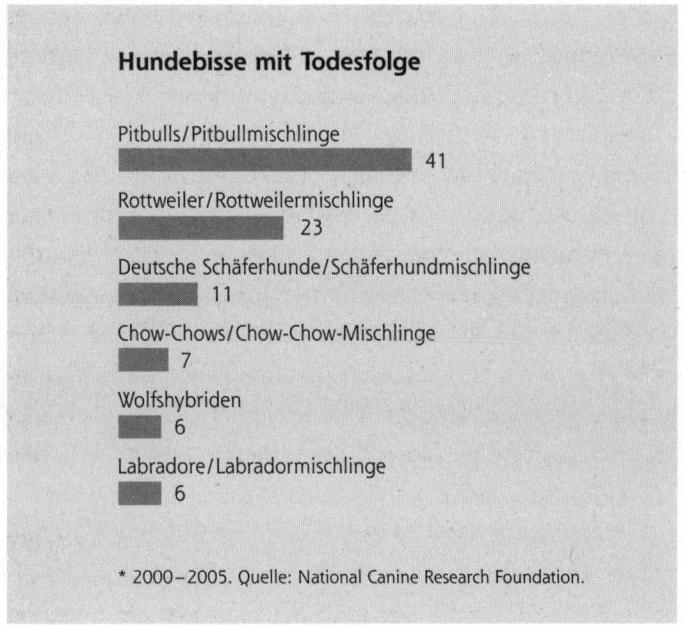

Hundebisse mit Todesfolge

Pitbulls/Pitbullmischlinge
41

Rottweiler/Rottweilermischlinge
23

Deutsche Schäferhunde/Schäferhundmischlinge
11

Chow-Chows/Chow-Chow-Mischlinge
7

Wolfshybriden
6

Labradore/Labradormischlinge
6

* 2000–2005. Quelle: National Canine Research Foundation.

Emily driftet ab

In einer der beeindruckendsten Folgen der Sendung »Dog Whisperer« ging es um die sechs Jahre alte Pitbullhündin Emily, die sich im roten Bereich befand. Der Fall zeigt unter anderem, dass wir, wenn wir eine Hunderasse in den

Rahmen unserer schlimmsten Erwartungen zwängen, oft das erschaffen, was wir am meisten fürchten.

Emily war ein bildhübscher Welpe. Von Geburt an eher klein für ihre Rasse, hatte sie ein milchig weißes Fell mit kakaobraunen Punkten. Als der Teenager Jessica sah, dass einer von Emilys Punkten die Form eines Herzens hatte, wusste sie, dass dieser Hund etwas ganz Besonderes war. Außergewöhnliche Merkmale wie dieses lassen uns Gefallen an einem Tier finden und veranlassen uns dazu, es aufzunehmen, ohne wirklich zu wissen, wie groß unsere Verantwortung ihm gegenüber ist.

Jessica verliebte sich auf den ersten Blick in Emily und brachte sie spontan mit nach Hause. Sie lebte bei ihrem Vater Dave, der seiner heranwachsenden Tochter immer alles hatte durchgehen lassen. Er wollte keinen Hund – und als er erfuhr, dass sie sich für einen Pitbull entschieden hatte, war er noch mehr dagegen. Er hatte immer wieder gehört, dass Vertreter dieser Rasse gefährlich und unkontrollierbar seien. Aber der Welpe war »das Süßeste, was er je gesehen hatte«. Also gab er wie üblich den Wünschen seiner Tochter nach.

Dave hatte Jessica niemals Regeln und Grenzen aufgezeigt, und Jessica wandte bei Emily ebenso die Laisser-faire-Methode an. Gleichzeitig beobachtete Dave besorgt und leider auch mit unterschwelliger Angst, wie seine neue vierbeinige Hausgenossin heranwuchs. Bewusst oder unbewusst glaubte er: »Eines Tages wird sie gefährlich sein.« Sosehr er Emily auch mochte, er konnte den Gedanken nicht aus seinem Kopf verbannen.

Wie ich in diesem Buch zu zeigen versuche, verwandelt sich das, was wir von unseren Hunden denken, in Energie – eine Energie, die sie aufschnappen. Sie werden zu dem, wofür wir sie halten. Das ist kein magischer Hokuspokus. Wir bringen Energie auf unzählige Arten und Weisen körperlich zum Ausdruck. Dadurch, wie wir einen Hund streicheln. Wie wir mit ihm umgehen. Welche Gerüche und Emotionen wir ihm senden. Und Emily lebte als Welpe bei einem Halter, der Angst vor ihr hatte und sich darauf vorbereitete, später einmal Schlimmes mit ihr zu erleben. Er schlich auf Zehenspitzen um sie herum, sorgte sich, sie könne dereinst einmal ein großer, böser Pitbull werden. Er ließ zu, dass der ganze Haushalt nach ihrer Pfeife tanzte, dass sie andere Hunde auf Spaziergängen verbellte und ihn und seine Tochter bei allem, was sie taten, auf jede erdenkliche Weise dominierte.

Zudem wuchs Emily in einem Haushalt auf, in dem sie nie mit Artgenossen in Berührung kam. Das kommt recht häufig vor. Manchen Hunden – sanften, entspannten Tieren mit mittlerem oder niedrigem Energieniveau – macht das nichts aus. Sie können mit fünf Jahren zum ersten Mal in den Hundepark gehen und benehmen sich, als kennten sie ihre anderen Artgenossen schon ihr Leben lang. Doch zahlreiche Hunde sind nicht so entspannt. Viele – besonders solche aus dem Tierheim – sind wie Emily. Sie reagieren sensibel, sind reaktionsschnell … und höchst empfänglich für die Energie ihres Besitzers. Auf ihrem allerersten Spaziergang verhielt sich Emily anderen Hunden gegenüber, die sich ihr näherten, angriffslustig. Nach solchen Aggressionsausbrüchen verhätschelten und trösteten Jessica und Dave sie regelmäßig. Emily musste zu dem Schluss kommen, dass es ihre Aufgabe sei, die Familie zu beschützen.

Als ich sie kennenlernte, war sie sechs Jahre alt und im Umgang mit ihren menschlichen Gefährten ein liebes Tier

– vorausgesetzt, sie verlangten nichts von ihr. Was andere Hunde anging, befand sie sich weit im roten Bereich. Sie spielte schon verrückt, wenn sie einen beim Spazierengehen auch nur roch. Sie bellte, zerrte an der Leine und versuchte, ihn zu attackieren. Sie zerrte so fest an der Leine, dass sie sich fast erwürgte, aber den Schmerz spürte sie nicht – und dies ist ein klassisches Zeichen dafür, dass sich ein Hund im roten Bereich befindet. In ihrer rasenden Mordlust traumatisieren sich diese Tiere sogar selbst.

Dave hatte Angst, Emily könne nicht nur andere Hunde, sondern auch Menschen verletzen, die sich zwischen sie und dieses Tier stellten. Dave und Jessica waren über Emilys Reizbarkeit so besorgt, dass sie überhaupt nicht mehr mit ihr spazieren gingen. Jahrelang ließen sie sie in ihrem mittelgroßen Garten herumlaufen, wo ihre Aggression und ihre Frustration weiter wuchsen. Dave und Jessica schufen so jenes Monster, vor dem sie sich gefürchtet hatten – einen hochgefährlichen Pitbull.

Emily war anderen Hunden gegenüber so aggressiv, dass ich sie zu einer sechswöchigen Intensivtherapie ins Dog Psychology Center holte, was ich als »Trainingslager« bezeichne. Sie »wusste« definitiv, dass sie ein Pitbull war. Sie musste das Rudel kennenlernen, damit sie auch mit ihren tieferen geistigen Schichten, dem Hund und dem Tier in sich, in Kontakt kam.

Der Umgang mit Artgenossen wirkt auf Hunde äußerst therapeutisch. Sie sind zwar gern bereit, Menschen als Mitglieder des Rudels zu akzeptieren, aber wir werden immer in einer fremden Sprache zu ihnen sprechen. Hunde verstehen sich instinktiv. Um gänzlich ausgeglichen zu sein, benötigen sie die Gegenwart anderer Hunde

241

mit balancierter Energie. Emily brauchte den Kontakt zu ihren Artgenossen, um wieder zu lernen, ein Hund zu sein.

Als sie im Center eintraf und einen Blick auf mein vierzigköpfiges Rudel warf, das sie von jenseits des Zauns anstarrte, verschwand ihre harte Fassade augenblicklich. Wofür würde sie sich entscheiden – Kampf, Flucht, Vermeidung oder Unterordnung? Die sonst so aggressive Emily erstarrte. Sie stand unter solchem Stress, dass sie sich dreimal übergeben musste, ehe sie es durch das Tor schaffte. Ich ging mit ihr zur Meute, und zum ersten Mal in ihrem Leben ließ sie sich von anderen Hunden beschnuppern. Sie war zu Tode erschrocken. Doch als ich sie allein in einem eingezäunten Bereich unterbrachte, entspannte sie sich. Sie zeigte mir so bereitwillig ihre ruhige Unterordnung, dass ich wusste, sie würde das Center als neuer Hund verlassen.

In den sechs Wochen, die sie bei uns war, arbeitete ich täglich mit ihr. Anfangs trennte ich sie von den anderen Tieren und ließ sie zusehen, wie das Rudel miteinander umging. Hunde lernen sehr viel, indem sie ihre Artgenossen beobachten und deren Energie aufschnappen.

Ich baute zuerst ihre Energie bei einem anstrengenden Lauf oder einer Fahrt mit den Inlineskates ab, dann ließ ich sie erst eine, dann zwei, dann drei Stunden zum Rudel – und so weiter. In den ersten Wochen passte ich stets auf sie auf, wenn sie bei den anderen war, damit ich mögliche Kämpfe sofort unterbinden konnte. Gleich zu Beginn brach sie eine kleine Rauferei vom Zaun, in deren Anschluss ich sie auf die Seite legte und von ihr verlangte, sich dem anderen Hund unterzuordnen. Danach gewöhnte sie sich allmählich an die Abläufe im Rudel.

Pitbull Emily

Bevor ich mit ihr arbeitete, sorgte ich stets für Bewegung – ein ruhiger Geist ist eher bereit, sich unterzuordnen. Emily hat ein extrem hohes energetisches Niveau, und die in vielen Jahren aufgestaute Energie hatte ihre Aggression genährt. Wir verordneten ihr zusätzliche Inlineskate- und Laufbandeinheiten. Gegen Ende der zweiten Woche entspannte sie sich allmählich in Gegenwart der anderen Rudelmitglieder.

Nach der Hälfte ihres Aufenthalts lud ich Dave und Jessica ein, uns zu besuchen. Ich wollte sehen, wie ihre Gegenwart auf Emily wirkte. Ich konnte ihre Anspannung an der Art und Weise ablesen, wie sie durch das Rudel gingen. Als Dave sie führte, ging Emily tatsächlich plötzlich auf Oliver los, einen unserer beiden Springer-Spaniels im Rudel. Ich hatte die Streithähne im Handumdrehen wieder voneinander getrennt, aber der Vorfall bestätigte mir, was ich von Anfang an befürchtet hatte. Daves zaghafte Energie, sein übervorsichtiges Verhalten sowie Jessicas extreme Angst vor Emilys aggressiven Neigungen versetzten den Pitbull sofort wieder in den dominanten Zustand zurück, in dem er sich in ihrer Gegenwart stets befunden hatte. Ich würde noch weiter mit Emily arbeiten und Geduld mit ihr haben müssen. Aber auch ihren Besitzern stand einiges an Arbeit bevor. Ich musste den beiden beibringen, wie sehr sie zu Emilys Unausgeglichenheit beitrugen. Es fiel ihnen schwer, das zu hören, da sie Emily wirklich liebten, und sie bekamen sofort Schuldgefühle, wenn sie an die Vergangenheit dachten. Ich bat sie, das Geschehene um Emilys willen ruhen zu lassen, sie sollten lieber versuchen, in der Gegenwart zu leben – dort, wo auch ihr Hund sich aufhält! Ihre Hausaufgabe bestand darin, sich auf die Rolle des ruhigen, bestimmten Anführers vorzubereiten, die ihnen zufallen würde, wenn Emily wieder nach Hause kam.

Vor Emilys Aufenthalt im Center hatte durchaus die Gefahr bestanden, dass sie einen anderen Hund anfiel und tötete. Sie war immerzu überdreht und angespannt gewesen. Als ich sie sechs Wochen später zu Dave und Jessica zurückbrachte, erkannten diese den ruhigen, entspannten Pitbull kaum wieder, der neben mir herlief. Am schwersten fiel es ihnen, dass sie ihn nicht gleich mit einem überschwenglichen »Willkommen daheim!« begrüßen und ihn mit Zärtlichkeiten überhäufen durften. Ich versuchte, ihnen zu vermitteln, dass sie ihr mit dieser Zurückhaltung das Geschenk eines neuen, ruhigeren Lebens machten. Emily dachte nicht: »Hey, warum freut sich denn keiner, dass ich wieder da bin?« Hunde spüren, wenn wir uns freuen – erst recht, wenn wir uns *über sie* freuen. Jessica und Dave mussten die aufgeregte emotionale Energie dämpfen, die sie früher ausgestrahlt hatten, da das nur noch mehr Aufregung für Emily bedeutete – und dies führt bei einem Hund mit hohem Energieniveau zu einem Energieüberschuss, der anschließend wieder abgebaut werden muss.

Als Emily sich daran gewöhnt hatte, wieder zu Hause zu sein, und ruhige Unterordnungsbereitschaft zeigte, durften Dave und Jessica sie nach Herzenslust streicheln. Ich gab ihnen eine Hausaufgabe: Sie sollten Emily täglich am Haus ihres alten Erzfeindes, des Dobermanns von nebenan, vorbeiführen. Sie brauchten Geduld und mussten für einen regelmäßigen Tagesablauf sorgen. Sie mussten lernen, Emily auf die richtige Art und Weise zu korrigieren, falls sie in ihr aggressives Verhalten zurückfiel.

Es freut mich, mitteilen zu können, dass Emily heute nicht nur hervorragend zurechtkommt, sondern auch ins Center zurückkehrt, wenn ihre Besitzer auf Reisen sind. Es tut mir im Herzen wohl, sie wiederzusehen. Sie wird von allen als geschätztes Rudelmitglied willkommen geheißen.

Nicht mehr zu retten

So mancher Hundetrainer und Tiertherapeut ist in diesem Punkt nicht meiner Meinung. Trotzdem glaube ich, dass nur sehr wenige Hunde nicht rehabilitierbar sind – selbst wenn sie sich bereits im roten Bereich befinden. Für mich sind die Hunde meines Rudels der lebende Beweis für diese These: Wenn die Bedürfnisse eines Hundes tagaus, tagein befriedigt werden, drängt sein Instinkt auf Ausgeglichenheit. Doch unter den vielen tausend Tieren, mit denen ich gearbeitet habe, waren auch zwei, die ich nicht mehr guten Gewissens in die Gesellschaft zurückkehren lassen konnte. Ich werde sie nie vergessen und nie aufhören, mir zu wünschen, ich hätte mehr für sie tun können. Die Arbeit mit ihnen hat mich gelehrt, dass ein Tier so stark geschädigt sein kann, dass ich machtlos bin. Sie zeigte mir auch, welche schrecklichen und unverzeihlichen Schäden Menschen Tieren zufügen können, die sich ihnen anvertrauen.

Der erste Hund war Cedar, eine zwei Jahre alte reinrassige Pitbullhündin. Sie war kein Kampfhund, aber von dem Menschen, der sie großgezogen hatte, schrecklich misshandelt worden. Er hatte sie oft ausgepeitscht, und sie musste viel körperliche Grausamkeit erleben. Ganz offenbar war ihre Aggression genährt und angeheizt worden. Sie war auch darauf abgerichtet oder konditioniert, andere Menschen anzugreifen. Sie ging nicht auf Arme oder Beine los – sondern auf den Hals. Sie griff an, um zu killen.

Das ist alles andere als natürlich – Pitbulls wurden nicht dazu gezüchtet, Menschen anzufallen. Punkt. Katzen, Ziegen, andere Hunde, das schon – aber es liegt in der Natur des Pitbulls, vor Menschen davonzulaufen und nur anzugreifen, wenn er bedroht oder in die Ecke gedrängt wird. Offensichtlich hatte jemand Cedars Aggression auf Menschen gelenkt und dieses Muster so stark in ihr verankert, dass sie nie wieder etwas mit ihnen zu tun haben wollte. Ihre Vorbesitzer hatten sie offensichtlich als Waffe, nicht als Lebewesen gesehen. Anschließend hatten sie sie – aus welchen Gründen auch immer – einfach ausgesetzt.

Ein liebenswürdiger Herr von einer Tierschutzorganisation las die streunende Cedar auf der Straße auf. Diese entwickelte eine starke Zuneigung zu jenem Mann. Auch Hunde, die Menschen gegenüber aggressiv sind, haben das Bedürfnis nach einem Rudel und gehen oft enge Bindungen zu einer Person ein. Alle anderen aber, die sich ihr näherten, hatten besser auf der Hut zu sein.

Bald war klar, dass Cedar jeden anderen Menschen als ihren Feind betrachtete. Sie griff alle an, die sich ihr näherten. Der Mann, der sie gerettet hatte, wollte nur das Beste für sie, aber er tat, was alle Menschen tun – er nährte ihre Aggressivität nur noch mit seiner Zuneigung und seinem Mitgefühl. Er sagte: »Aber sie liebt mich doch! Mir gegenüber verhält sie sich nicht so.« Leider fiel sie alle übrigen Menschen an. Mitarbeiter des Tierheims kamen schließlich auf mich zu und fragten, ob ich Cedar rehabilitieren könne.

Gleich als ich in Cedars Kiste griff, sah ich den Ausdruck in ihren Augen, während sie knurrte und auf meinen Hals starrte. Es gelang mir, sie anzuleinen, und ich arbeitete jeden Tag stundenlang mit ihr – immer wieder, bis wir beide vollkommen erschöpft waren. Etwa zwei Wochen später hatte ich sie so weit, dass sie sich mir ruhig unterordnete. Allerdings nur mir. Wenn sich einer meiner Assistenten näherte, fiel sie in ihr Aggressionsverhalten zurück und zielte geradewegs auf den Hals.

An diesem Punkt baten mich die Leute vom Tierheim um einen Zwischenbericht. Ich musste ihnen mitteilen, dass ich nicht der Ansicht sei, Cedar könne gefahrlos wieder in die Gesellschaft eingegliedert werden. Der Schaden war zu groß, und sie stellte eine tödliche Gefahr dar. Cedar lebt noch, aber sie wird von dem einzigen Menschen unter

Verschluss gehalten, dem sie vertraut. Andere Menschen können sich nicht einmal im selben Raum aufhalten wie sie.

Sie war mein erster »Flop«. Ich habe mein Leben lang mit Hunden zusammengelebt und gearbeitet, aber ein solcher Fall war mir noch nie untergekommen. Cedar öffnete mir die Augen dafür, wie stark Hunde geschädigt werden können.

Der zweite Hund, den ich nicht rehabilitieren konnte, war ein fünf Jahre alter Chow-Chow/Golden-Retriever-Mischling, den ich »Brutus« nennen werde. Er war von einer Frau gerettet worden und verteidigte sie nun massiv. Nachdem er ihren Mann angefallen und versucht hatte, ihn zu töten, kam die Frau zu mir.

Brutus war lange bei mir, und eine Zeit lang sah es so aus, als mache er sich ganz gut. Aber wenn ich ihn korrigierte, wartete er manchmal so lange, bis ich ihm den Rücken zukehrte, und ging dann auf mich los. Im Gegensatz zu Cedar, die auf die Kehle zielte, griff Brutus den Unterkörper an. Aber das mit ganzer Kraft. Er ließ nicht locker, gab nicht auf und reagierte gänzlich unvorhersehbar.

Als seine Retterin wiederkam, sagte ich ihr, er sei inzwischen zwar ruhiger als bei seiner Ankunft im Center, ich hätte aber nicht das Gefühl, dass er vollständig rehabilitiert sei. Ich könne die Reaktionen dieses Hundes nicht vorhersehen und hätte nach all der Zeit, die ich mit ihm verbracht habe, noch immer kein Vertrauen in seine Fortschritte. Trotz meiner Warnungen wollte sie ihn zurückhaben. Eine Woche später rief ich an, um zu hören, wie Brutus sich benahm; und die Frau schwärmte, wie sehr er sich gebessert habe. Ungefähr einen Monat später fiel er wieder einen Mann an.

Brutus wird sein Leben unter strenger Aufsicht auf einem Gnadenhof verbringen müssen. Und genau wie Cedar war er von den Menschen, die ihn misshandelt hatten, zu diesem Leben verdammt worden.

Ich würde gern sehen, dass mehr Gnadenhöfe für die Hunde geschaffen werden, die nicht zu rehabilitieren sind und nicht gefahrlos mit Menschen zusammenleben können. In meinen kühnsten Träumen stelle ich mir vor, wie Golfplätze in solche Refugien verwandelt werden, auf denen sich professionell ausgebildetes Personal um die Hunde kümmert – und sie studiert. Wir können von diesen geschädigten Tieren nämlich sehr viel lernen. Sie lehren uns, dass Missbrauch Killerhunde hervorbringt. Sie zeigen uns, wie schädlich ein unausgeglichenes Leben für sie ist, und sie würden uns helfen, unausgeglichene Hunde, die nicht mehr loslassen, von solchen zu unterscheiden, die zur Balance zurückfinden können. Wir wären in der Lage, herauszufinden, nach welchen Anzeichen wir bei unheilbaren Hunden Ausschau halten müssen. Ich bin der Meinung, wir sollten diese Hunde nicht einschläfern. Sie sterben wegen der Untaten, die wir Menschen an ihnen begangen haben. Ich denke, wir sollten kreativ genug sein, Möglichkeiten zu finden, damit sie den Rest ihres Lebens so angenehm wie möglich verbringen.

Ein Hund ist keine Waffe

In unserer modernen Welt haben wir alle Angst vor Kriminalität und deren Folgen für unsere Familien. Seit vielen tausend Jahren setzt der Mensch Hunde als Wächter und Waffen sowohl gegen Tiere als auch gegen andere Menschen ein. Heute haben wir offenbar vor allem voreinander Angst. Hunde, besonders die starken Rassen, können tatsächlich hervorragende Beschützer sein; sie haben gewiss eine stark abschreckende Wirkung. Statistiken zufolge wünschen sich 75 Prozent der Halter, dass ihre Hunde eine Schutzfunktion im Haushalt erfüllen.[13] Doch wenn ein Tier sowohl unser loyaler, liebevoller Begleiter als auch eine Waffe zu unserem Schutz sein soll, verlangen wir vielleicht zu viel von ihm.

Einige der erwähnten Hunde im roten Bereich waren angekettet und wurden auf engstem Raum als »Wächter« gehalten. Selbst wenn sie keine weiteren Misshandlungen erfuhren, konnte ihre aufgestaute Frustration für Eindringlinge tödlich sein – das schloss den Milchmann, Verwandte oder unschuldige Kinder ein, die zufällig des Weges kamen. Wenn in Amerika ein Hund jemanden anfällt, kann die Klage den Halter um Haus und Hof bringen; und wie im Fall von Diane Whipple wird er möglicherweise sogar einer Straftat beschuldigt und kommt ins Gefängnis. Aber neben dem Leid der Opfer ist auch das Wohlergehen ihres vierbeinigen Freundes bedroht: Hunde, die Menschen anfallen, werden meist von den Vollstreckungsbehörden oder dem Tierschutz eingeschläfert. Diese Behörden gehen, was die Sicherheit der Öffentlichkeit – oder die öffentliche Meinung – angeht, keine Risiken ein.

Ausbildung eines Rottweilers zum Schutzhund

Ich arbeite inzwischen zwar überwiegend in der Rehabilitation von Hunden, war und bin aber auch in der Ausbildung von Wach-, Polizei- und Schutzhunden tätig. Die Schulung dieser Tiere ist eine Kunst, und für ein verantwortungsvolles Training braucht man einen Profi. Sollten Sie zu der Entscheidung gelangen, dass Sie einen körperlich starken Hund zum Schutz Ihres Hauses brauchen, dann müssen Sie die Sache richtig angehen. Sie brauchen die Anleitung eines erfahrenen Fachmanns und müssen lernen, Ihrem künftigen Beschützer die stärkste Form von ruhiger, bestimmter Führung angedeihen zu lassen. Trotzdem sollten Sie sorgfältig abwägen, was für und was gegen sein Doppelleben spricht: sowohl Ihr Beschützer als auch Ihr Freund zu sein.

Wir tragen die Verantwortung

Wir sind es sowohl unseren Hunden als auch unseren Mitmenschen schuldig, dass wir das Verhalten unseres Hundes kontrollieren können. Falls er nicht richtig sozialisiert oder rehabilitiert wurde und unseren Nachbarn oder deren Haustieren irgendwie gefährlich werden könnte, handeln wir fahrlässig, wenn wir uns mit ihm in die Öffentlichkeit begeben. Manche Tiertherapeuten und -ärzte glauben, positive Verstärkung und Belohnungen seien bei allen Hunden immer und in jeder Situation angemessen. Ich bin der Ansicht, wenn man sie mit Leckerlis und positiver Verstärkung konditionieren kann, dann ist das ideal. Es ist immer am besten, wenn der Mensch das Verhalten und die Erziehung seines Begleiters von einer positiven und mitfühlenden Warte aus sieht; und es ist niemals richtig, ihn aus Wut zu bestrafen. Hunde müssen – wie alle anderen Tiere auch – stets »human« (das heißt aber nicht vermenschlicht) behandelt werden. Doch darüber dürfen wir nicht vergessen, dass die Aggression von Hunden im roten Bereich oft eskaliert, bis sie entweder einen Artgenossen oder einen Menschen töten oder zum Krüppel machen. Ein solches Tier ist so weit aus dem Gleichgewicht, dass es eine Gefahr darstellt; und keine Liebe, kein Lob und kein Leckerli der Welt werden ihn davon abhalten, erhebliche Schäden anzurichten.

Wenn Ihr Hund einer körperlich starken Rasse angehört, sollten Sie bedenken, dass Sie keinerlei Einfluss auf die Energie der Menschen in Ihrer Umgebung haben. Sie können nicht erwarten, dass jemand keine Angst vor ihm hat – selbst wenn Ihr Hund niemals auch nur einer Fliege etwas zuleide tut. Sie können ihn nur kontrollieren. Und das sind Sie den Menschen und den Tieren in Ihrem Umfeld schuldig.

Hunde, die sich im roten Bereich befinden, müssen wissen, dass wir sie im Griff haben. Das heißt nicht, dass wir uns ihnen gegenüber aggressiv verhalten sollten. Wenn man sie bestraft, beseitigt das die Aggression nicht – bei einem Hund im roten Bereich verstärkt es sie üblicherweise noch. Aber wenn wir diejenigen sind, die sich um ein solches Tier kümmern, müssen wir stark und bestimmt auftreten und unerwünschtes sowie schädliches Verhalten konsequent korrigieren. Hunde müssen unsere Macht kennen und wissen, dass wir die Rudelführer sind. Das erreichen wir ebenso sehr durch unsere Geisteshaltung wie durch körperliche Disziplin. Dennoch kann vielen aggressiven Hunden nur von qualifizierten Fachleuten geholfen werden, die reichlich Erfahrung mit solchen gefährlichen »Zeitbomben« haben. Wenn Sie auch nur im Geringsten an Ihren Fähigkeiten im Umgang mit dem eigenen Hund zweifeln – oder glauben, er könne eine Gefahr für Ihre Sicherheit oder die Ihrer Familie bedeuten –, sind Sie es sich und dem Tier schuldig, einen erstklassigen Experten ausfindig zu machen, mit dessen Methoden und dessen Philosophie Sie leben können.

Zum Schluss dieses Kapitels möchte ich noch einmal betonen, dass meines Erachtens kein Hund im roten Bereich sein Leben lassen sollte, solange nicht alle Möglichkeiten der Rehabilitation oder der Unterbringung ausgeschöpft sind. Es gibt zu wenig Gnadenhöfe auf der Welt – zudem platzen die bestehenden Einrichtungen aus allen Nähten und sind ständig in Geldnöten. Doch die engagierten Menschen, die diese Zentren leiten, teilen meine Überzeugung, dass es falsch ist, die Todesstrafe über ein Tier zu verhängen, dem sowohl das moralische Bewusstsein für als auch die intellektuelle Kontrolle über sein Handeln fehlt. Wir sollten Hunde nicht deshalb exekutieren, weil sie zu den Monstern wurden, die ihre Besitzer erschaffen haben – und als die sie nie geboren wurden.

Mit Coach

7

Cesars Formel für einen erfüllten, ausgeglichenen und gesunden Hund

Dieses Buch ist kein Leitfaden für die Hunde*erziehung*. Wie ich bereits in der Einführung gesagt habe, will ich Ihnen nicht zeigen, wie Sie Ihren Hund dazu bringen, Kommandos oder Handzeichen zu erkennen. Ich möchte Ihnen nicht vermitteln, wie Sie ihm beibringen, brav »bei Fuß« zu gehen oder Kunststückchen zu vollführen. Es gibt viele Leitfäden und Bücher über solche Tricks sowie zahlreiche Spezialisten. Doch obwohl ich Ihnen vor allem dabei helfen möchte, die Psyche des Tiers besser zu verstehen, habe auch ich einige praktische Ratschläge für Sie. Diese Empfehlungen gelten für alle Hunde unabhängig von Rasse, Alter oder Größe, unabhängig vom Temperament oder davon, ob sie dominant oder unterwürfig sind. Es handelt sich um meine dreiteilige Formel, die aufzeigt, wie Sie Ihrem Hund ein erfülltes Leben ermöglichen.

Lassen Sie mich noch einmal sagen, dass dies keine einmalige Sache ist, um ein Tier mit Problemen »in Ordnung zu bringen«. Hunde sind keine Haushaltsgeräte. Man kann sie nicht einfach »zur Reparatur geben«, und dann ist die Sache erledigt. Damit diese Formel funktioniert, müssen Sie jeden Tag danach gestalten.

Die Formel ist einfach. Ein ausgeglichener Hund braucht dreierlei, und zwar genau in dieser Reihenfolge:

1. Bewegung,
2. Disziplin und
3. Zuneigung.

Die Reihenfolge ist so wichtig, weil sie der natürlichen Sequenz der angeborenen Bedürfnisse Ihres Hundes entspricht. Das Problem in den westlichen Ländern ist, dass die Bedürfnisse der meisten Haustiere nur zu einem Teil erfüllt werden. Sie erhalten Zuneigung, Zuneigung und nochmal Zuneigung. Einige Hundebesitzer stellen sich etwas besser an, sie geben ihrem Liebling Zuneigung und Bewegung zu gleichen Teilen. Andere erfüllen alle drei Kriterien, setzen die Zuwendung aber an die erste Stelle.

Wie ich in den bisherigen Kapiteln dieses Buches immer wieder betont habe, ist damit die Unausgeglichenheit des Hundes programmiert. Ja, die Tiere sehnen sich nach unserer Liebe. Aber in erster Linie brauchen sie Bewegung und Führung. Vor allem Bewegung, wie Sie bald sehen werden.

1. Bewegung

Dies ist der erste Teil der Formel für einen glücklichen Hund, und es ist der Faktor, den Sie keinesfalls vernachlässigen dürfen. Ironischerweise ist der Auslauf das auch

Disziplin
Hier geht es darum, Regeln und Grenzen zwischen Hund und Bezugsperson festzulegen.

Bewegung
Dies sollte die erste und wichtigste Aktivität des Hundes mit seiner Bezugsperson sein.

Zuneigung
Dies sollte das Letzte sein, was der Hund von seiner Bezugsperson bekommt. Sie kann auch als Belohnung für richtiges Verhalten dienen (vorzugsweise in Form eines nichtverbalen Lauts).

Erste, was die meisten Hundebesitzer in den Vereinigten Staaten und anderen westlichen Ländern streichen. Das liegt vielleicht daran, dass es den dort lebenden Menschen im Allgemeinen offenbar selbst schwer fällt, sich genügend zu bewegen, und sie nicht wissen, dass alle Tiere – auch der Mensch – einen angeborenen Bewegungsdrang haben. Schon nach draußen zu gehen, sich körperlich zu betätigen, den Körper in Gang zu setzen, ist in unserer Gesellschaft heute scheinbar allen anderen Beschäftigungen gegenüber in den Hintergrund getreten. Unser modernes Leben wird so ausgefüllt, dass es uns überwältigend erscheint, in unserem Terminplan täglich auch noch ausgiebige Spaziergänge mit unseren Hunden unterzubringen. Doch wenn Sie die Verantwortung eines Lebens mit Hund auf sich nehmen, gehen Sie ebenjenen

Vertrag ein: Sie müssen mit Ihrem Hund spazieren gehen. Jeden Tag. Am besten mindestens zweimal täglich jeweils mindestens eine halbe Stunde.

Das ist eine ursprüngliche Form der Bewegung. Das Umherziehen mit dem Rudel ist fest in seinem Gehirn verankert. Hunde gehen nicht nur deshalb so gern spazieren, weil sie sich dann lösen können und etwas an die frische Luft kommen – obwohl das erschreckend viele Hundebesitzer zu glauben scheinen. Manche verstehen unter »den Hund ausführen« denn auch, dass sie ihn in den Garten lassen, damit er dort sein Geschäft verrichten kann, und ihn anschließend wieder ins Haus holen. Für ihren Schützling ist das Folter. Jede Zelle in seinem Körper schreit nach Auslauf. Denn in der freien Natur sind Hunde bis zu zwölf Stunden lang auf Nahrungssuche unterwegs.

Man weiß, dass Wölfe in ihrem natürlichen Lebensraum Hunderte von Kilometern weit umherziehen und zehn Stunden lang auf der Jagd sind.[1] Hunde haben unterschiedliche Energieniveaus, und der eine braucht mehr, der andere weniger Auslauf. Einige Rassen sind genetisch darauf programmiert, länger, schneller oder weiter zu laufen. Aber alle laufen. Alle Tiere ziehen umher. Fische müssen schwimmen, Vögel müssen fliegen... und Hunde müssen eben laufen!

Der gemeinsame Spaziergang ist das Wirkungsvollste, was ich Ihnen anbieten kann, um mit allen geistigen Aspekten Ihres Hundes gleichzeitig in Kontakt zu kommen – dem Tier, dem Hund, der Rasse und dem Namen. Wenn Sie den gemeinsamen Spaziergang meistern, können Sie eine echte Bindung herstellen und Rudelführer werden. Diese Art von Bewegung ist die Grundlage Ihrer Beziehung. Dabei lernt Ihr Hund auch, sich seinem Wesen ge-

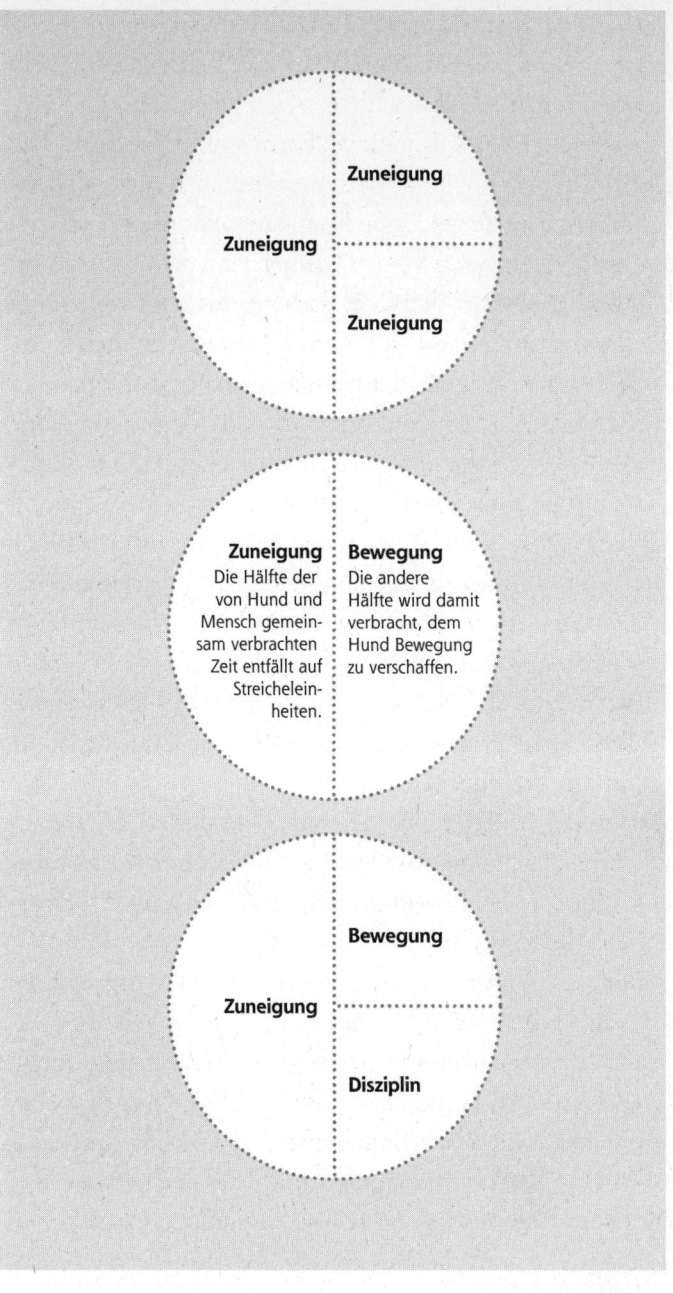

Zuneigung

Zuneigung

Zuneigung

Zuneigung
Die Hälfte der
von Hund und
Mensch gemein-
sam verbrachten
Zeit entfällt auf
Streichelein-
heiten.

Bewegung
Die andere
Hälfte wird damit
verbracht, dem
Hund Bewegung
zu verschaffen.

Bewegung

Zuneigung

Disziplin

mäß zu verhalten. Er erkundet die Umgebung und trifft andere Tiere und Menschen. Er lernt Gefahren wie Autos kennen – und wem man besser aus dem Weg geht, etwa Rad- und Skateboardfahrern. Er darf an Bäume pinkeln und kann sein Revier wirklich erforschen.

Hunde müssen mit der Welt Kontakt aufnehmen und darin herumstreifen können. Es ist unnatürlich, wenn sie die ganze Zeit im Haus oder hinter Mauern verbringen. Ein weiteres Element des erwähnten »Machtparadoxons« – der relativen Häufigkeit, mit der äußerst mächtige Leute sehr verkorkste Hunde haben – ist es, dass diese Menschen oft riesige luxuriöse Häuser mit gewaltigen Gärten ihr Eigen nennen. Sie glauben, ihr Hund bekäme genügend Bewegung, wenn er im Garten des Anwesens herumstreifen darf. Denken Sie nur nicht, ein großer Garten könne eine so ursprüngliche Form der Bewegung wie den Spaziergang ersetzen! Gewiss, er mag mehrere Hektar groß sein, aber für den Hund ist es nur ein ziemlich großer Zwinger, der von Mauern umgeben ist. Wenn Sie ihn den ganzen Tag allein herumstreifen lassen, fehlt zudem die Struktur, die ihm regelmäßige Spaziergänge mit dem Rudelführer geben. Diese sind von entscheidender Bedeutung – vor allem für Hunde mit Verhaltensproblemen und -auffälligkeiten.

DIE »KUNST DES SPAZIERENGEHENS«

Wenn ich neue Klienten besucht und mit ihren Hunden gearbeitet habe, kommt es von Zeit zu Zeit vor, dass sie zu mir sagen: »Wir zahlen Ihnen 350 Dollar für diese Sitzung, und Sie raten uns nur, mehr mit dem Hund spazieren zu gehen…?«

Ja! Manchmal ist es so einfach. Vor allem aber geht es darum, die »Kunst des Spazierengehens« zu *meistern*, wie ich es nenne. Es gibt *eine* richtige Art und Weise, dies zu tun, und eine Million falsche Möglichkeiten. Ich schätze, neunzig Prozent der Hundehalter in den westlichen Zivilisationen machen es falsch.

Sie glauben, ich übertreibe? Dann machen Sie doch mal folgende »Übung«: Gehen Sie in den Park einer großen Stadt und beobachten Sie dort die Hundebesitzer. Zählen Sie, wie oft Waldi an der langen Leine vorneweg läuft. Achten Sie darauf, wie viele Halter hinterhergezerrt werden. Zählen Sie nun noch die Spaziergänger, die geduldig warten, während ihre Hunde den Boden, die Bäume und alles in ihrem Umfeld beschnüffeln – und darüber die Anwesenheit ihres Herrchens völlig vergessen. Keiner dieser Halter hat die »Kunst des Spazierengehens« gemeistert. Wie oft haben Sie gesehen, dass der Hund gehorsam neben oder hinter seinem Herrchen herlief? Nicht oft?

Begeben Sie sich nun einmal dorthin, wo die Obdachlosen leben. Sehen Sie den Unterschied in der Körpersprache sowohl der Menschen als auch der Hunde? Ironischerweise sieht es ganz danach aus, als beherrschten diese Leute die »Kunst des Spazierengehens« perfekt. Sie werden nicht von ihren Hunden hinterhergezerrt. Die Tiere bestimmen nicht, wohin gegangen und was gemacht wird. Warum? Erstens, weil die beiden jeden Tag gemeinsam viele Kilometer zurücklegen. Zweitens, weil die Hunde ihre Halter als Rudelführer anerkennen. Menschen ohne festen Wohnsitz verwöhnen ihre vierbeinigen Begleiter nicht mit Leckerlis oder streicheln sie den lieben langen Tag – trotzdem spüren die Tiere, dass ihr Herrchen oder Frauchen froh ist, sie um sich zu haben. Ihre Besitzer geben ihnen Führung – sie sind jemand, dem sie folgen können und der sie schließlich an einen Ort führen wird, an dem es Nahrung, Wasser und einen Platz zum Schlafen gibt. Sie leben aus Sicht des Hundes ein einfaches, doch geordnetes Leben. So sollte auch ein guter Spaziergang sein: einfach, aber strukturiert.

DIE LEINE

Für gewöhnlich rate ich zur Verwendung einer einfachen kurzen Leine. Ich benutze nichts Exklusiveres als ein Nylonseil für wenig Geld, das ich selbst zu einem Halsband binde. Wenn Sie etwas modebewusster sind, müssen Sie es nicht ganz so einfach halten. Auf jeden Fall empfehle ich – besonders bei Problemhunden –, das Halsband mehr um den Kopf als um den Hals zu binden (siehe die Abbildungen).

Meist wird das Band um den stärksten Teil des Halses gelegt. Dadurch hat das Tier die volle Kontrolle über seinen Kopf und – wenn es einer kraftvollen Rasse angehört – manchmal auch über Sie! Bei Ausstellungen des American Kennel Club legen die Führer ihren Tieren die Leine so an, wie ich es tue. Hund und Halter laufen gemeinsam im Kreis, dabei hält der Führer die Leine locker und benutzt sie dazu, den Kopf des Tiers anzuheben. Die Hunde wirken sehr stolz und tragen den Kopf hoch; und wenn man die Beziehung zwischen Energie und Körpersprache berücksichtigt, dürften sie sich auch so fühlen. Nein, sie sind nicht stolz auf ihren Haarschnitt oder das blaue Band. Das ist ihnen schnuppe. In ihrer Welt ist ein hoch erhobener Kopf ein positives körpersprachliches Si-

So legen Sie die Leine richtig an

gnal und ein Hinweis auf ein gesundes Selbstwertgefühl. Wenn Sie Ihren Hund auf diese Weise anleinen, haben Sie zudem die maximale Kontrolle über ihn – er kann nur dorthin gehen, wohin Sie es möchten.

Viele Halter schätzen die Flexileine offenbar deshalb so sehr, weil sie glauben, ihr Hund bräuchte beim Spazierengehen »Freiheit«. Natürlich wird im Rahmen des Auslaufs später auch Zeit für etwas mehr Freiheit bleiben. Aber es muss eine solche sein, die *Sie* kontrollieren.

Ich bin kein Freund von Flexileinen und halte sie nur bei den sanftmütigsten und entspanntesten Hunden für angebracht. Letzten Endes liegt die Entscheidung über die Leine aber natürlich bei Ihnen. Wie Sie sich auch entscheiden: Lassen Sie nicht zu, dass die Aufregung Ihres Hundes, wenn Sie nach der Leine greifen und sie ihm anlegen, den ganzen Spaziergang dominiert.

In meiner Sendung »Dog Whisperer« trat mal eine Klientin namens Liz auf, deren Dalmatinerhündin Lola vollkommen durchdrehte und wie wild an ihr hochsprang, sobald Frauchen die Flexileine vom Haken nahm. Anschließend donnerte Lola zur Tür hinaus und zog die Leine bis zum Anschlag aus – dabei zerrte sie sie manchmal prompt aus Liz' Hand. Natürlich ist es alles andere als sinnvoll, das Haus auf diese Weise mit seinem Hund zu verlassen …

SO GEHEN SIE AUS DEM HAUS

Ob Sie es glauben oder nicht – man kann richtig oder falsch aus dem Haus gehen. Überlassen Sie Ihrem Hund niemals die Kontrolle über diesen Schritt, wie das bei Liz und Lola der Fall war. Übernehmen Sie noch vor dem eigentlichen Spaziergang die Führung. Leinen Sie Ihren Hund erst an, wenn er sich ruhig und unterordnungsbereit zeigt. Sobald er ruhig ist, legen Sie ihm die Leine an und gehen zur Tür. Lassen Sie nicht zu, dass er wieder ganz aus dem Häuschen ist, während Sie im Flur stehen. Stellen Sie sicher, dass er ruhig und unterordnungsbereit ist, selbst wenn Sie noch einmal kurz warten müssen. Öffnen Sie die Tür und gehen Sie zuerst hinaus. Das ist wirklich wichtig! Indem Sie als Erster hinausgehen, teilen Sie Ihrem Hund mit: »Ich bin der Rudelführer – sowohl im Haus als auch im Freien.«

Beim Spaziergang achten Sie darauf, dass Ihr Hund neben oder hinter Ihnen geht. Wenn er vorneweg läuft oder Sie zieht, geht *er* mit Ihnen spazieren und führt das Rudel an. Sie haben sich vermutlich schon daran gewöhnt, dass Ihr Hund alles beschnuppern muss – jeden Busch, jeden Baum, jede Pflanze und jedes Grasbüschel. Das ist für ihn normal. Doch wenn Sie gemeinsam unterwegs sind, sollte er nur dann stehen bleiben, wenn Sie es zulassen.

Stellen Sie sich vor, ein Wolfsrudel müsste eine Strecke von fünfzehn Kilometern zurücklegen und jedes Rudelmitglied täte, was ihm beliebte – würde Bäume und Grasbüschel beschnuppern, statt zu laufen. Das Rudel fände niemals etwas zum Fressen! Der Spaziergang ist erstens dazu da, eine Bindung zwischen Ihnen und Ihrem Hund herzustellen und Ihren Führungsanspruch zu verdeutlichen, zweitens dient er der Bewegung, und drittens gibt er Ihrem Hund die Gelegenheit, seine Umgebung zu erforschen.

Sie sollten die Leine mit festem Griff, aber entspanntem Arm halten wie eine Aktentasche. Am wichtigsten ist, dass

Sie sich daran erinnern, eine ruhige und bestimmte Energie auszustrahlen. Denken Sie an Oprah! Denken Sie an Kleopatra! Denken Sie an John Wayne! Erinnern Sie sich an eine Gelegenheit, als Sie sich stark wähnten und das Gefühl hatten, alles im Griff zu haben. Halten Sie sich gerade. Heben Sie den Kopf und strecken Sie die Brust heraus. Tun Sie, was nötig ist, um sich diese ruhige und bestimmte Energie zu eigen zu machen und sie mittels Leine an Ihren Hund zu senden, der jedes Ihrer Signale empfängt.

Viele meiner Klienten waren erstaunt, was für eine besänftigende Wirkung es hatte, wenn sie einfach ihre ruhige und bestimmte Energie erhöhten und sie aussandten. Das ist keine Zauberei. Hier ist die Natur am Werk. Hunde wollen einem ruhigen, bestimmten Anführer folgen. Sobald Sie diese Position für sich beanspruchen, ordnen sie sich Ihnen ganz natürlich unter.

Wenn Sie einen Rhythmus gefunden haben und einige Minuten ohne Unterbrechung gelaufen sind, dürfen Sie Ihren Hund vorlaufen lassen – ein kleines Stück. Lassen Sie die Leine locker und erlauben Sie ihm, das Bein zu heben, das Gras zu beschnuppern, was er eben möchte. Er tut es, wenn Sie es sagen. Das ist der Schlüssel. Sobald Sie einem Hund die Erlaubnis dazu geben, braucht er ironischerweise meist weniger Zeit dazu, als wenn es ihm von Anfang an gestattet gewesen wäre. Wenn ich mit meinen vierzig unangeleinten Hunden in den Bergen spazieren gehe, laufen sie ungefähr dreißig bis vierzig Minuten hinter mir her. Dann darf das Rudel fünf Minuten lang vorneweg laufen. Mehr »Freiheit« benötigen sie nicht – sie brauchen eine Freiheit mit Regeln und Grenzen. Ich lasse sie auch nur zehn bis fünfzehn Meter weit weg. Wenn sie

Beim Inlineskaten mit dem Rudel

sich weiter entfernen, erinnere ich sie mit einem kurzen Laut daran, dass sie umzukehren haben.

Ich gehe mit meinem Rudel am liebsten zum Inlineskaten. Das lastet sie so richtig aus. Ich ziehe meine Rollerblades an und laufe mit bis zu zehn – jetzt natürlich angeleinten – Hunden gleichzeitig durch die Straßen. Manchmal schauen mich die Leute komisch an. Sie wollen ihren Augen nicht trauen. Aber die Hunde lieben es. Das eine Mal ziehe ich sie, das andere Mal ziehen sie mich – aber ich bin immer der Chef. Nach drei Stunden sind alle müde und mehr als bereit, sich den Rest des Tages ruhig und unterordnungsbereit zu zeigen!

LAUFBÄNDER

Wenn Sie nicht so lange mit Ihrem Hund durch die Gegend laufen können, wie das sein Energieniveau eigentlich erfordern würde, ist das Laufbandtraining eine gute Ergänzung. Natürlich sollte er nicht immer nur auf diesem Fitnessgerät rennen. Er will ja *mit Ihnen* unterwegs sein. Trotzdem ist das eine wunderbare Zusatzmöglichkeit, um Stress abzubauen, wenn ein Hund besonders viel Energie loswerden muss. Es bedeutet nämlich sowohl eine körperliche als auch eine geistige Herausforderung. Hunde sind wie die Männer – sie können sich immer nur auf eine Sache gleichzeitig konzentrieren…! Und wenn Ihr Hund auf dem Laufband steht, muss er sich konzentrieren. Er gerät geradezu in einen anderen Geisteszustand!

Meine Klienten sind oft skeptisch, wenn es darum geht, einen Hund auf ein Laufband zu stellen. Sie befürchten, er könne sich verletzen, vor allem wenn er angeleint ist. Anfangs sollte er natürlich beaufsichtigt werden, aber im Grunde kann jeder Hund das Laufen auf der »Tretmühle« lernen. Dass Hunde auf Laufbändern stehen, ist nicht neu. Ich habe es nicht erfunden. Schon 1576 beschrieb Dr. Johannes Caius von der Universität Cambridge eine Mischlingsrasse, die er als »Turnspit« bezeichnete.[2] Diese Hunde waren darauf trainiert, in Laufrädern zu laufen, welche mechanisch die Spieße drehten, an denen die Menschen ihr Fleisch brieten. Inzwischen ist diese Rasse ausgestorben – was zweifellos dem Siegeszug des Elektroofens zu verdanken ist! Doch wenn Hunde im 15. und 16. Jahrhundert darauf trainiert werden konnten, mechanische Laufräder anzutreiben, wie schwierig kann es dann für sie sein,

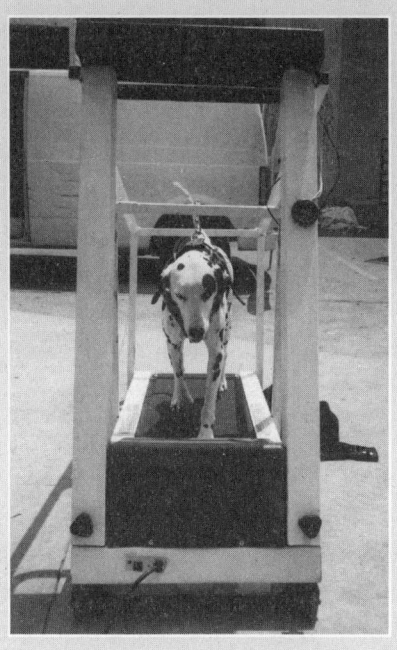

Hunde lernen, auf dem Laufband zu gehen

mit den elektrischen Bändern des 21. Jahrhunderts zurechtzukommen?

Einer meiner Klienten war Geschäftsführer eines Sechzig-Milliarden-Dollar-Unternehmens, sein Name ist ein Begriff. Sein kräftiger Schäferhund war völlig außer sich. Er fiel Menschen an und biss zu, aber sein Besitzer verdrängte dieses Fehlverhalten. Seine Frau hatte mich angerufen. Ich arbeitete mehrere Stunden mit dem Mann, und er ging heftig in die Defensive: Es sei nicht seine Schuld. Es sei die Schuld seiner Frau und seiner Kinder. Er sei viel beschäftigt. Er habe nicht die Zeit, mit dem Hund spazieren zu gehen.

Ich sagte: »Nun, da Sie so sehr Ihren Zeitmangel betonen, würden Sie ihn dann auf ein Laufband stellen?«

Und er erwiderte: »Nein. Kommt nicht infrage! Dieser Hund würde sich nie im Leben auf ein Laufband stellen.«

Ich schwieg. Als er fertig war, fragte ich ihn: »Sind Sie bereit für das Laufband?«

Langsam wurde er wütend: »Ich habe Ihnen doch gesagt, dieser Hund würde niemals auf ein Laufband gehen.«

Ich brauchte fünf Sekunden, um den Hund auf das Fitnessgerät zu stellen, und er hatte den Bogen sofort raus. Wenige Sekunden später war er in seinem Element. Mein Klient war sprachlos. Er gehört nicht zu den Männern, denen oft bewiesen wird, dass sie im Unrecht sind – es kommt nicht häufig vor, dass jemand das wagt. Ich fürchte dennoch, dass dieser mächtige Mann nicht die Energie aufbringen wird, meinen Rat zu befolgen – bis er eine Klage am Hals hat. Leider ist das oft das Einzige, was den einen oder anderen meiner Klienten dazu veranlasst, das Verhalten seines Hundes ernster zu nehmen.

Ich rate Ihnen, sich von einem Fachmann erklären zu lassen, welche grundlegenden Sicherheitsvorschriften Sie beachten sollten, wenn Sie Ihren Hund aufs Laufband stellen. Für das Tier sind die ersten beiden Wochen auf diesem Gerät eine geistige Herausforderung, weil sich der Boden bewegt und sein Instinkt ihn in diesem Fall dazu auffordert davonzulaufen! Nach zwei Wochen werden Sie feststellen, dass Ihr Hund an dem Gerät kratzt und Sie bittet, es anzuschalten. Hunde werden süchtig danach – aber es ist eine gute Sache. Wenn Sie ganz langsam anfangen und aufpassen, bis sich das Tier pudelwohl fühlt, sollten Sie es auf das Laufband stellen und Ihren Verpflichtungen nachgehen können, solange Sie sich nicht allzu weit von ihm entfernen. Lassen Sie ihn auch nicht zu lange auf dem Band, ohne hin und wieder nach ihm zu sehen. Die Bewegung auf dem Laufband bei einer vernünftigen Geschwindigkeit ist zwar kein Ersatz für den Spaziergang im Freien, sie kann aber eine gesunde und sichere Ergänzung zum Sportprogramm Ihres aktiven Hundes darstellen. Das ist besonders bei körperlich kräftigen Tieren wichtig, die zusätzliche Aktivität brauchen, um ihre Dominanz oder ihre Aggression zu dämpfen.

HUNDERUCKSÄCKE

Eine weitere Methode, die ich bei Hunden mit hohem Energieniveau und stärkerem Bewegungsdrang anwende, ist der Hunderucksack. Wenn man einem Hund beim Spazierengehen – oder auch auf dem Laufband – etwas zu tragen gibt, muss er sich mehr anstrengen. Überdies hat er eine Aufgabe, auf die er sich konzentrieren und die er erledigen kann. Hunde lieben Aufgaben; und wie ich bereits sagte, können sie immer nur eine Sache auf einmal erledigen. Wenn sie sich also darauf konzentrieren, zu laufen und etwas zu tragen, sinkt die Wahrscheinlichkeit, dass sie jeder Katze nachjagen, die ihres Weges kommt, oder Radfahrer ankläffen. Haben Sie je eine Pfadfindergruppe beim Wandern gesehen? Ganz gleich, wie hyperaktiv die Buben im Zeltlager sind, wenn sie ihre Rucksäcke tragen, sind sie stets ruhig und unterordnungsbereit! Ähnlich funktioniert es auch bei Hunden. Das wirkt wie ein Beruhigungsmittel – nur ohne Nebenwirkungen. Solch einen Sack gibt es in verschiedenen Größen und Formen. Er sollte je nach Energieniveau und besonderen Bedürfnissen Ihres Hundes zwischen zehn und zwanzig Prozent seines Körpergewichts wiegen.

Diese »Backpacks« haben mir geholfen, bei der Rehabilitation vieler Hunde Wunder zu wirken. Coach, ein aggressiver Boxer mit übertriebenem Schutzinstinkt, war so außer Rand und Band, dass er an dem Tag eingeschläfert werden sollte, an dem ich kam, um mit ihm zu arbeiten. Er hatte zwar die Hundeschule besucht, aber seine Familie war nicht ein einziges Mal mit ihm spazieren gewesen. Dank regelmäßiger gemeinsamer Streifzüge und neuer Regeln und Grenzen von der ganzen Familie ist Coach inzwischen so wohlerzogen, dass er mit seinem achtjährigen Besitzer zur Schule gehen und die Bücher des Jungen in seinem Hunderucksack tragen darf. Nichts ist therapeutischer für einen Hund, als wenn er eine Aufgabe bekommt. Und einen Rucksack zu tragen, ist eine Aufgabe. Coach ist dem Tod von der Schippe gesprungen und hat sich zu einem Gefährten gemausert, der der »Kleinen Strolche« würdig wäre – und das in nur wenigen Wochen.

PROFESSIONELLE »GASSIGEHER«

Falls Sie wirklich nicht spazieren gehen können, weil Sie verletzt oder krank oder anderweitig außer Gefecht gesetzt sind, schlage ich vor, Sie engagieren einen Menschen, der Ihren Hund gegen Bezahlung ausführt. Das ist nicht ideal, um die Rudelführer-Mitglied-Bindung herzustellen, die Sie anstreben, aber es hilft Ihrem Hund, sich an menschliche Führung zu gewöhnen. Ich kenne engagierte Halter, die morgens und abends spazieren gehen und einen »Gassigeher« beschäftigen, damit ihr Hund auch mittags ausreichend Bewegung bekommt. Nicht jeder kann sich diesen Luxus leisten. Aber falls Sie es können, wette ich, dass es weniger kostet als die Anwaltsgebühren, die Sie zahlen müssten, wenn Ihnen die Verhaltensprobleme Ihres unausgelasteten Hundes eine Klage einbrächten.

Natürlich sollten Sie die Referenzen jedes »Gassigehers« prüfen und ihm bei der Arbeit zusehen. Hat er die Hunde im Griff? Zerren sie an ihm herum oder respektieren sie ihn? Sie sollten unbedingt ein gutes Gefühl haben, wenn Sie Ihren Hund einem anderen Menschen anvertrauen. Schließlich kann er sich nicht bei Ihnen beschweren, wenn Sie ihn wieder abholen. Sie müssen sich also auf Ihr eigenes Urteil verlassen.

HUNDE BRAUCHEN EINE AUFGABE

Seit eh und je sind Hunde dazu geschaffen, Aufgaben zu erledigen. In freier Wildbahn funktioniert das Rudel wie eine eingespielte Jagdmaschinerie, und als der Mensch den

Hund domestizierte, achtete er bei der Zucht darauf, aus seinen angeborenen Fähigkeiten Vorteile zu ziehen. Anfangs stand bei der Kreation bestimmter Rassen die Frage im Vordergrund, wie die Tiere uns helfen konnten, unsere eigenen Bedürfnisse zu erfüllen. Es gefällt uns, wie ein Hund Hindernisse überspringt. Und es gefällt uns, wie ein anderer im Boden gräbt. Wir mögen es, wie dieser Hund apportiert und jener Schafe hütet. 95 Prozent aller Rassen, die es heute gibt, waren ursprünglich Arbeitstiere. Nur fünf Prozent wurden als Schoßhunde gezüchtet. Sowohl wilde als auch Haushunde sind zum Arbeiten geboren. Aber heute haben wir für Hunde mit besonderen Begabungen nicht immer die entsprechenden Aufgaben.

Deshalb ist der Spaziergang der wichtigste Job, den Sie Ihrem Hund geben können. Es fordert ihn sowohl körperlich als auch geistig, mit Ihnen – seinem Besitzer – umherzustreifen. Wenn Sie diese ursprüngliche Form der Bewegung hinter sich haben, sind all die übrigen Beschäftigungen an der Reihe, denen Sie sich so gern gemeinsam widmen – Ball spielen, schwimmen, Kunststücke vollführen und andere Aktivitäten.

So wie Sie Ihre Kinder nicht tagelang im Vergnügungspark lassen würden, sollten Sie auch diese aufregenderen Betätigungen mit dem Hund zeitlich begrenzen. Denn die Spiele dienen ebenso wenig wie ein großer Garten als Ersatz für den gemeinsamen Spaziergang. Sie können diesen nicht einfach ausfallen lassen. Nach dem Auslauf wird sich Ihr Hund automatisch zutiefst entspannen – beim Menschen würde man dies vielleicht als »Meditation« bezeichnen. Wenn sich Ihr Hund in jenem Zustand befindet, können Sie ihn getrost zu Hause lassen und Ihrem Tageswerk nachgehen. Dann dürfen Sie nämlich sicher sein, dass Ihr Hund Sie als Rudelführer anerkennt und seine grenzenlose Energie in richtige und konstruktive Bahnen gelenkt worden ist.

2. Disziplin

In der Hundeerziehung ist der Begriff »Disziplin« in letzter Zeit stark in Verruf geraten. Die Menschen, denen dieses Wort niemals über die Lippen kommen würde, verstehen darunter üblicherweise »Strafe«. Für mich bedeutet es etwas ganz anderes, nämlich »Regeln und Grenzen«. Aber es hat auch noch eine sehr viel tiefere Bedeutung – im Hinblick auf meine Hunde und auf mein eigenes Leben.

Disziplin lässt uns bessere Menschen werden, sie macht uns fit, gesund und hilft uns, eine glückliche Beziehung zu führen – weil wir organisiert genug sind, um zu tun, was für die Partnerschaft am besten ist. Das heißt nicht, dass ich meine Frau »diszipliniere«, indem ich ihr sage, wenn sie etwas falsch gemacht hat – in meinem Haus wäre das vermutlich sowieso eher umgekehrt…! In unserer Beziehung bedeutet Disziplin, dass ich Teil eines Paares bin, einer Struktur, die mir meine Grenzen aufzeigt. Weil ich diszipliniert bin, werde ich meinen Verpflichtungen nachkommen. Wenn ich meiner Frau verspreche, etwas zu tun, dann tue ich es auch. Wenn sie verspricht, etwas zu tun, dann tut sie es ebenfalls. Jeden Tag. Disziplin hilft mir, meine Ziele nicht aus den Augen zu verlieren, sie zu erreichen und meine Träume zu verwirklichen. Disziplin hilft mir, ein ausgeglichener, respektvoller und ehrlicher Mensch zu sein. Jemand, der das Beste für sich und sein ganzes Umfeld will – von den Menschen über die Tiere bis hin zu den Bäumen. Wem es an innerer Organisation fehlt, der gibt kein gutes Vorbild ab. Ein undisziplinierter Mensch strahlt schwache Energie aus oder wird zu einer Quelle der Negativität.

Um das Dog Psychology Center zu leiten, brauche ich Disziplin. Ich benötige sie bei der Planung jedes Tages. Ich muss mich an einen bestimmten Ablauf halten. Täglich habe ich dafür zu sorgen, dass die Hunde Wasser, Futter und Bewegung bekommen. Ich muss sorgfältig auf ihren Gesundheitszustand achten und mit ihnen zum Tierarzt fahren, wenn sie krank werden; und ich muss die Zwinger sauber machen. Wenn ich in diesen Dingen undiszipliniert wäre, würde das nicht nur meinem Geschäft schaden, sondern meine geliebten Hunde könnten krank werden oder gar sterben. Für mich ist Disziplin eine ernste Sache.

Mutter Natur ist für Disziplin empfänglich. Jede Spezies auf unserem Planeten kennt Regeln und Grenzen.

Bienen sind organisiert, ebenso Ameisen, Vögel oder Delfine. Wenn Sie je gesehen haben, wie Delfine einen Schwarm Fische jagen, wissen Sie, wie geordnet sie zusammenarbeiten. Wölfe halten sich nicht nur auf der Jagd, sondern auch beim Umherziehen, beim Spielen und Fressen an bestimmte Regeln. Sie stellen die Disziplin nicht infrage. Die Natur betrachtet sie nicht als etwas Negatives. Sie steckt in den Genen. Sie bedeutet Überleben.

Überlegen Sie, welche Rolle sie in Ihrem Leben spielt. Wenn Sie Lance Armstrong sind, heißt Disziplin, in Form zu bleiben, zu trainieren, das Richtige zu essen und jede Woche unendlich viele Kilometer zurückzulegen. Arbeiten Sie bei Starbucks, gilt es, rechtzeitig zur Arbeit zu erscheinen, die Bezeichnungen der unendlich vielen verschiedenen Kaffeesorten auswendig zu lernen, zu wissen, wie viel Milchschaum auf einen Cappuccino und einen Caffè Latte gehört, und auch angesichts einer langen Schlange ungeduldiger Kunden höflich zu bleiben. Nehmen Sie Kampfsportunterricht bei einem Meister seines Fachs, so sollten Sie lieber diszipliniert sein, wenn er Sie auffordert, das Bein zu heben. Er will Sie nicht quälen. Er weiß einfach, dass Sie ohne Disziplin nicht erreichen werden, weswegen Sie zu ihm gekommen sind.

Und so sorge ich bei den Hunden für Disziplin. Es ist meine Aufgabe, ihnen zu sagen, wann sie aufwachen, wann sie fressen und wie sie miteinander umgehen sollen. Ich lege die Regeln und die Grenzen fest, bestimme, wohin wir wie schnell laufen, wann wir uns ausruhen, wann sie das Beinchen heben, wen sie jagen und wen sie nicht jagen, wo sie ein Loch graben und wo sie sich wälzen dürfen. All das ist Teil der Disziplin. Für mich bedeutet dies nicht Strafe. Es sind die Regeln und Grenzen, die zum Wohl der

Hunde und meiner Beziehung zu ihnen aufgestellt werden.

KORREKTUREN

In der freien Natur korrigieren Hunde einander pausenlos: Mütter ihre Welpen oder Rudelführer ihre Gefolgschaft. In wilden Hunderudeln gibt es viele Regeln und Grenzen, Dutzende von unausgesprochenen Benimmregeln, die manchmal auf energetischem Wege, manchmal durch eine Berührung oder einen Biss mitgeteilt werden. Eine Korrektur – manche Menschen würden das als »Strafe« bezeichnen – ist einfach die Folge eines Regelbruchs. Ausnahmen gibt es nicht. Wenn die Tiere sprechen könnten, würde Sie zu dem »Missetäter« etwas sagen wie: »Du bist nicht so diszipliniert wie wir. Du passt nicht in unser Rudel. Wir geben dir aber eine Chance. Doch wenn du es nochmal machst, bist du draußen.«

Hunde nehmen einander Korrekturen nicht übel, und sie tragen anderen Artgenossen ihre Fehler nicht nach. Sie korrigieren und gehen sofort wieder zur Tagesordnung über. Für sie ist das alles ganz einfach und natürlich.

In freier Wildbahn gilt es nicht als »grausam«, Grenzen zu setzen; und damit diese eingehalten werden, brauchen alle Tiere bisweilen eine Korrektur. Jeder kennt Eltern, die ihren Kindern keinen Rahmen geben. Das sind die progressiven Zeitgenossen, deren Sprösslinge kreischend im Restaurant herumrennen, mit Essen um sich werfen und ungehindert Ihr ruhiges, friedliches Abendessen stören. Und das sind die Menschen, die nach der Super Nanny rufen, wenn in der Kinderstube das Chaos herrscht.

Der Mensch lernt auf diese Weise: Wir müssen oft erst einen Fehler machen und berichtigt werden, ehe wir die Regeln wirklich kennen. Hunde müssen wie der Mensch und alle anderen Tiere korrigiert werden, wenn sie einen Fehler machen. Ich bevorzuge das Wort »Korrektur«, da wir zu dem Wort »Strafe« zu viele negative Konnotationen haben und zu viele Menschen ihre Hunde so korrigieren, wie sie ein Kind bestrafen würden. Sie streichen ihrem Sprössling ein besonderes Privileg – »Du hast dein Zimmer nicht aufgeräumt, also darfst du morgen nicht zum Spiel« – oder schicken ihn auf sein Zimmer, nachdem sie ihn gemaßregelt haben.

Hunde jedoch haben nicht den blassesten Schimmer davon, was Sie sagen, wenn Sie sie anbrüllen. Sie nehmen nur Ihre aufgeregte, unausgeglichene Energie wahr, die ihnen entweder Angst macht, sie verwirrt oder die sie einfach ignorieren. Hunde haben keine Vorstellung von »morgen«, deshalb können Sie ihnen auch nicht damit drohen, den Ausflug in den Hundepark zu streichen. Auch wenn Sie das Tier aus dem Zimmer oder nach draußen schicken, wird es vermutlich keine Verbindung zwischen seiner »Verbannung« und seinem Verhalten herstellen. Hunde leben in einer Welt, die aus Ursache und Wirkung besteht. Sie denken nicht, sie reagieren. Deshalb muss die Korrektur im selben Augenblick wie das unerwünschte Verhalten erfolgen. Sie dürfen nicht einmal fünf Minuten verstreichen lassen, ehe Sie Ihren Hund korrigieren, denn dann hat sich sein geistiger Zustand schon wieder verändert. Hunde leben im Augenblick. Auch die Korrekturen müssen im Nu erfolgen – und bei jedem Regelbruch wiederholt werden. Nur dann versteht das Tier, welche Aspekte seines Verhaltens unerwünscht sind.

Auch die Art und Weise, wie wir unsere Hunde korrigieren sollen, wird heiß diskutiert. Derzeit gibt es ein einflussreiches Modell, dem zufolge Hunde oder andere Tiere nur mithilfe von positiver Verstärkung und positiven Erziehungsmethoden abgerichtet werden sollten. Ich persönlich halte positive Verstärkung für eine wunderbare und wünschenswerte Sache – dort, wo sie funktioniert. Sie gelingt bei sehr entspannten Hunden und bei solchen, die bereits als Welpen zu uns kommen. Wenn Sie das erwünschte Verhalten dadurch erzielen können, dass Sie Ihren Hund mit Leckerlis füttern, dann tun Sie das bitte. Aber das Verhalten der Tiere, die zu mir kommen, ist meist völlig außer Kontrolle. Es handelt sich um Findlinge mit einer schrecklichen Vergangenheit voller Misshandlung, Mangel und Grausamkeit. Oder aber die Hunde wurden noch nie in ihrem Leben mit Regeln oder Grenzen konfrontiert. Und dann wären da noch die bereits erwähnten Vertreter im roten Bereich. Diese sind zu weit außer Kontrolle, als dass man sie einfach mit ein paar Leckerbissen rehabilitieren könnte.

Misshandlungen sind freilich in keinem Fall tragbar. Es ist völlig inakzeptabel, wenn ein Hund geschlagen wird. Man kann ein Tier nicht mit Angst dazu bringen, sich zu benehmen. Das funktioniert nicht. Wenn man einem Tier aber starke Führung und genaue Regeln gibt, hat das nichts mit Angst oder Strafe zu tun.

Der Unterschied liegt darin, wann und wie man den Hund korrigiert. Er darf niemals aus Wut oder Frustration gemaßregelt werden. Auf diese Weise entsteht Missbrauch von Tieren – oder Kindern oder Ehepartnern. Wenn Sie wütend werden und Ihren Hund aus dieser Wut heraus korrigieren wollen, sind Sie meist mehr außer Kontrolle als das arme Tier. Sie befriedigen Ihre eigenen Bedürfnisse, nicht die des Hundes – der Ihre unstete Energie spürt und das unerwünschte Verhalten oft nur noch steigert. Sie dürfen nicht zulassen, dass ein Tier Sie wütend macht. Sie sind dazu da, Ihrem Hund etwas beizubringen und Führungskraft zu demonstrieren; und wenn Sie ihn korrigieren, müssen Sie sich stets eine ruhige und bestimmte Geisteshaltung bewahren. Das mag eine Herausforderung für Sie sein, genau wie für Dave, den Besitzer von Bulldogge Jordan. Aber vielleicht ist das Tier ja auch aus diesem Grund in Ihr Leben getreten – damit Sie beide ein gesünderes Verhalten erlernen…

Nachdem ich das vorausgeschickt habe: Bei der Korrektur kommt es mehr auf Ihre Energie, Ihre Geisteshaltung und den Zeitpunkt als auf die angewandte Methode an – sofern diese nicht an Misshandlung grenzt. Schlagen Sie einen Hund niemals. Eine schnelle, bestimmte, aber nie gewalttätige Berührung kann ihn aus einem unerwünschten Zustand herausreißen. Ich lege die Hand wie zu einem Pfötchen zusammen; und wenn ich damit schnell den Hals des Hundes oder die Stelle unter seinem Kinn berühre, fühlen sich die aneinandergelegten Fingerspitzen wie die Zähne eines Rudelmitglieds oder einer Hundemutter an. Die Tiere korrigieren einander oft mit leichtem Schnappen, und die Berührung ist eine der häufigsten Kommunikationsformen. Sie ist wirkungsvoller, als es Schläge je sein könnten.

Verwenden Sie immer die sanfteste Methode, um das Fehlverhalten oder den unerwünschten Geisteszustand eines Hundes zu beenden. Sie wollen damit seine Aufmerksamkeit wieder auf sich, den Rudelführer, lenken.

Alles kann der Korrektur dienen, ein Geräusch, ein Wort, ein Fingerschnippen – was bei Ihnen am besten funktioniert und dem Hund weder körperlichen noch seelischen Schaden zufügt. Bei mir funktioniert es, wenn ich Hunde so berichtige, wie sie es untereinander zu tun pflegen – mit Blicken, Energie, Körpersprache und indem ich mich auf sie zubewege. Hunde sind sich Ihrer Energie stets bewusst, und sie verstehen, wenn Sie ihnen energetisch sagen: »Das ist nicht in Ordnung.«

Wenn der Hund angeleint ist, ziehe ich leicht, um das unerwünschte Verhalten zu beenden. Dieser kurze, sanfte Ruck ist sofort wieder vorbei und verletzt den Hund nicht – allerdings ist der Zeitpunkt von großer Wichtigkeit. Welche Methode Sie auch anwenden, um einen Hund zu lenken, die Korrektur muss in dem Sekundenbruchteil erfolgen, in dem das Fehlverhalten beginnt. Hier kommt es auch darauf an, wie gut Sie Ihren Hund kennen. Sie müssen lernen, seine Körpersprache und Energie so genau deuten zu können, wie er es umgekehrt bei Ihnen vermag.

Alle Hunde lieben es zum Beispiel, sich in Tierkadavern zu wälzen. So tarnen sie in freier Wildbahn den Eigengeruch, wenn sie auf die Jagd gehen. Dieses Verhalten ist eine raffinierte Erfindung von Mutter Natur und tief in den Genen verankert. Doch wenn ein Hund bei uns lebt, ist es nicht nur »unangenehm«, sondern auch in höchstem Maße unhygienisch, wenn er über und über mit totem Kaninchen- oder Eichhörnchenaas bedeckt nach Hause kommt. Ich bin der Ansicht, Haustiere sollten so artgerecht wie möglich gehalten werden. Aber da ich der Rudelführer bin und die Rechnungen bezahle, habe ich wohl auch das Recht zu versuchen, diesen Aspekt des Verhaltens meines Hundes einzudämmen. Sobald ich also sehe, dass er etwas derart Ungewöhnliches erschnuppert hat, muss ich ihn sofort korrigieren, ehe er dem Geruch folgt.

Ein Hund ist sehr viel schneller als wir. Sollten Sie also vergessen, zur rechten Zeit seine »Gedanken zu lesen«, und deshalb die Gelegenheit zur Korrektur verpassen, kann es geschehen, dass Sie zu Hause gezwungen sind, nicht so feine Substanzen aus seinem Fell zu waschen...

DER ALPHAWURF

Ein kontrovers diskutierter Aspekt des Korrigierens ist auch die Dominanzgeste, welche die meisten Hundetrainer und Tierverhaltenstherapeuten als »Alphawurf« oder »-rolle« bezeichnen. Es handelt sich dabei um eine Kopie dessen, was die Tiere in freier Wildbahn miteinander tun: Der dominante Hund drückt den anderen zu Boden, bis dieser seine Unterwerfung signalisiert. Im Grunde fordert ein Wolf den anderen auf, seine Niederlage zuzugeben und einzugestehen, dass er besiegt wurde. Auf diese Weise sorgt ein Rudelführer für Ordnung, ohne zum Großangriff gegen andere Mitglieder übergehen zu müssen.

Einige Tierverhaltenstherapeuten halten den Alphawurf für ebenso grausam, wie einen Hund in Brand zu stecken... Ich werde von vielen Anhängern der rein positiven Erziehung kritisiert, als »unmenschlich« und »barbarisch« bezeichnet, weil ich diese Methode anwende. Ich respektiere die Meinung dieser Kritiker und stimme ihnen insofern zu, dass jene Methode nur in ganz bestimmten Fällen angemessen ist und allein von erfahrenen Hundeführern angewandt werden sollte. Wenn auch Sie diese

Methode für grausam halten, sollten Sie das soeben Gesagte ergänzend zu meinem Rat im Hinterkopf behalten. Ich glaube, im Umgang mit Tieren müssen wir stets auf unser eigenes Gewissen hören.

Ich halte es für ganz natürlich, von einem Hund zu verlangen, dass er sich mir unterordnet, indem er sich auf die Seite legt. Innerhalb meines eigenen Rudels genügt fast immer ein strenger Blick, ein Laut oder eine Geste, um einen Hund »auf Abwegen« zur Unterordnung zu bewegen – sodass er sich hinsetzt oder -legt. Und dies, ohne dass ich ihn berühren oder ihm auch nur nahe kommen müsste. Es versteht sich von selbst, dass ich einen Hund lieber mit einem Blick oder einem Laut als mit einer Berührung zum erwünschten Verhalten bewege. Doch bei extrem dominanten Tieren, solchen, die Menschen oder Artgenossen anfallen, oder bei zwei Hunden, die miteinander kämpfen, muss ich den einen oder beide manchmal selbst auf die Seite legen. Ein dominanter Hund wird sich dagegen wehren und gegen mich ankämpfen – das würden auch die meisten Menschen tun, wenn sie es gewohnt sind, »der Boss« zu sein. Das ist normal. Wenn Sie Ihr Leben lang mit einem bestimmten Verhaltensmuster durchgekommen wären, würden auch Sie gegen denjenigen rebellieren, der endlich einmal »Nein!« zu Ihnen sagt.

Ich habe diese Technik erstmals bei meinem Rottweilerrudel angewandt und verwende sie immer noch, wenn es nötig ist. Sie teilt dem Tier auf ursprüngliche Art und Weise mit, dass ich der Boss bin.

Wenn Außenstehende sehen, dass ein Hund mit angelegten Ohren und geradeaus gerichtetem Blick auf der Seite liegt, nehmen sie an, er reagiere so, weil er Angst vor

Cesar erreicht völlige Unterwerfung ohne jeden Körperkontakt

mir habe. Aber diese Haltung signalisiert nicht Angst, sondern völlige Unterwerfung. Das Tier ist so devot wie nur möglich. In der Hundewelt ist dies das deutlichste Zeichen von Respekt. Die Begriffe beziehungsweise die Gesten »Unterordnung« und »Unterwerfung« haben im vierbeinigen Weltbild aber keinerlei negative Konnotation. Demütigung gibt es nicht, weil Hunde nicht auf der Vergangenheit herumreiten. Ein Hund nimmt mir das nicht übel. Obwohl sich viele meiner Tiere mir irgendwann nach einem »Fehlverhalten« haben unterwerfen müssen, lieben sie mich und folgen mir wie eh und je. Bei vierzig Mitgliedern vergeht kein Tag, ohne dass eines von ihnen »Dummheiten« macht. Aber solche Späßchen können sich zu einem sehr viel störenderen und gefährlicheren Verhalten auswachsen; und wie jeder gute Rudelführer muss ich ein derartiges Verhalten unterbinden, bevor es zu weit geht!

Was den Alphawurf angeht, sollten Sie allerdings Folgendes beachten: Obwohl ich diese Methode bei der Rehabilitation stark unausgeglichener und aggressiver Hunde anwende, möchte ich allen, die keine Profis sind – oder zumindest sehr viel Erfahrung mit Hundeverhalten und -aggression haben –, dringend davon abraten, einen Hund gewaltsam auf die Seite zu legen. Unerfahrene Halter könnten von dominanten oder aggressiven Tieren leicht gebissen, verletzt oder angegriffen werden. Dies ist eine ernste, zuweilen lebensbedrohliche Angelegenheit. Wenn Ihr Hund außerordentliche Verhaltensprobleme hat, die eine solche Korrektur erfordern, sollten Sie sich ohnehin an einen Fachmann wenden.

REGELN UND GRENZEN

Die meisten Menschen haben eine klare Vorstellung davon, was ihre Kinder dürfen und was nicht. Weshalb sollten für Ihren Hund keine derartigen Regeln gelten? Doch viele meiner Klienten kommen erst zu mir, wenn bereits ein gewisser Tiefpunkt erreicht ist. Der Hund gibt buchstäblich den Ton im Haus an, und in der Familie herrscht Chaos. Zahlreiche Halter erzählen dann beschämt, dass sie sich »abkapseln«. Sie laden keine Freunde mehr ein: aus Angst vor der Reaktion ihres Hundes, wenn eine neue Person das Haus betritt. Sie haben ihr Leben nicht mehr im Griff – fast als gäbe es einen Alkoholiker oder einen Drogenabhängigen in der Familie!

In der ersten Staffel meiner Sendung »Dog Whisperer« hatte ich das Glück, ganz wunderbare Menschen kennenzulernen. Die italienischstämmigen Francescos waren eine fröhliche, kontaktfreudige und sehr gesellige amerikanische Familie gewesen, bis ein winziger Bichon Frise namens Bella in ihr Leben getreten war. Als ich die Francescos traf, hatten sie aufgehört, den Rest der Familie zu sich einzuladen. Sie fürchteten, ihr Hund könne jemanden anfallen. Dieses winzige Wollknäuel wog nicht mal fünf Kilo, aber die ganze Familie tanzte nach seiner Pfeife. Wenn jemand das Haus betrat, bellte Bella ihn ununterbrochen an, bis er wieder ging. Die Francescos liebten ihren Hund. Es war der letzte Wunsch einer geliebten Tante gewesen, dass sie ihrer verwaisten Tochter und Nichte einen jungen Hund zum Liebhaben schenkten. Bella hatte eine spirituelle Bedeutung für sie – sie stand für einen Menschen, den sie sehr geliebt und verloren hatten. Deshalb schlichen sie auf Zehenspitzen um sie herum und legten keinerlei Regeln oder Grenzen für sie fest.

Sie wussten nicht, dass sie Bella damit überhaupt gar keinen Gefallen taten. Sie war in Wirklichkeit ein sehr unausgeglichener Hund – immer nervös, weil sie sich so sehr darum bemühte, der Rudelführer zu sein, und es nicht besonders gut machte. Sie hatte kaum Spaß im Leben. Die meisten Hunde wissen instinktiv, dass es nicht ihre Aufgabe ist, »den Haushalt zu führen«. Das wollen sie ja auch gar nicht! Aber wenn *Sie* es nicht tun, bleibt ihnen nichts anderes übrig, als die Aufgabe zu übernehmen…

Ein Hund sehnt sich instinktiv nach Regeln und einer Struktur im Leben. In der Natur dreht sich alles um Verhaltensregeln und -rituale. Nun, da die Hunde als Haustiere bei uns Menschen leben, müssen wir für diese Regeln sorgen. Was Sie in Ihrem Haus erlauben oder nicht, bleibt Ihnen überlassen – ob Ihr Hund bei Ihnen im Bett schlafen, ob er auf dem Sofa liegen, im Garten buddeln, am Tisch betteln darf. Ich empfehle Ihnen allerdings, gewisse Verhaltensweisen grundsätzlich zu unterbinden, denn wenn Sie etwas erlauben, ermutigen Sie seine Dominanz. Sie sollten Ihrem Hund niemals gestatten, Sie – ebenso wenig wie andere Menschen – anzuspringen, wenn Sie zur Tür hereinkommen. Sie sollten Ihrem Hund nicht erlauben, zu heulen, wenn Sie ihn allein lassen. Keine Verteidigung von Spielzeug. Kein Schnappen oder Beißen. Kein morgendliches Aufs-Bett-Springen, um Sie zu wecken. Kein aggressives Verhalten gegenüber Menschen, anderen Hunden oder Haustieren. Kein ununterbrochenes Gebell.

Einige der Verhaltensweisen, die Sie gern unterbinden möchten, sind vielleicht instinktiv. Deshalb müssen Sie sehr viel mehr sein als nur der Halter Ihres Hundes. Sie müssen sein Rudelführer sein. Ein solcher kann sowohl das instinktive als auch das genetisch bedingte Verhalten eines Hundes kontrollieren. Als Halter haben Sie lediglich die Kontrolle über Zuneigung und »Erbgut«. Ein Trainer kann nur auf die Genetik einwirken, ebenso ein Hundeführer. Sie mögen mit Ihrem Tier in die Hundeschule gehen und ihm beibringen, auf die Kommandos »Sitz!«, »Platz!«, »Komm!« und »Bei Fuß!« zu gehorchen. Sie können ihn dazu bringen, Frisbeescheiben zu fangen oder einen Hindernisparcours zu überwinden. Das ist eine Frage der Genetik. Doch nur, weil ein Mensch in Harvard studiert hat, heißt das nicht, dass er danach auch ein gelassener, ausbalancierter Mensch wäre. Und wenn ein Hund bestimmte Befehle ausführt, heißt das noch lange nicht, dass er ausgeglichen ist. Die Erziehung gibt Ihnen keinen Zugang zum Denken eines Hundes, sondern nur zu seiner Konditionierung. Und diese zählt in der Hundewelt nicht viel. Den Tieren ist es gleich, ob sie bei einer renommierten Hundeschau gewinnen. Ihnen ist es egal, ob sie einen Preis bekommen, weil sie die meisten Frisbeescheiben gefangen haben. Sie können Befehle befolgen, apportieren, Fährten suchen oder alles Mögliche tun, worauf ihre Rasse beziehungsweise ihre Gene sie programmieren. Aber kann der Hund zufrieden mit anderen Artgenossen spielen, ohne dass eine Rauferei ausbricht? Ist er in der Lage, im Rudel umherzuziehen? Kann er sein Abendessen verzehren, ohne eifersüchtig über sein Futter zu wachen? Hier ist der Instinkt betroffen. Ein Rudelführer hat die Kontrolle über beides.

Das folgende Beispiel kennen Sie vielleicht aus eigener Erfahrung. Ihr Hund beschäftigt sich gern mit einem Ball. Deshalb spielen Sie sehr lange mit ihm im Garten. Das sind seine Gene. Das ist seine Rasse. Sie können das Verhalten Ihres Hundes beeinflussen, aber nur mit diesem Spielzeug. Die Motivation des Tiers, bei Ihnen zu sein, ist der Ball. Sie haben ihn. Aber nehmen wir an, der Hund verliert das Interesse daran. Seine neue Motivation ist jetzt die Katze. Er fängt an, sie zu jagen. Das ist nun eine Frage des Instinkts. Wie steht es hier mit Ihrer Kontrolle? Können Sie dieses Verhalten unterbinden? Haben Sie Ihren Hund auch ohne den Ball und jenseits des Gartens beim Spazierengehen im Griff? Können Sie ihn davon abhalten, die Eichhörnchen zu jagen? Ein solches Verhalten lässt sich nur mit Führungsstärke unterbinden. Wenn Sie keine Kontrolle über die Instinkte Ihres Hundes haben, können Sie weder absehen noch Einfluss darauf ausüben, was er tut oder was er lässt.

Im Dog Psychology Center, wo ich ein Rudel von dreißig bis vierzig Hunden anführe, muss ich oft instinktive Verhaltensweisen unterbinden, damit das Zusammenleben reibungslos funktioniert. Das Aufreiten zum Beispiel ist bei Hunden instinktiv, doch manchmal muss ich es unterbinden. Denn wenn dieses Verhalten überhandnimmt, könnte es in eine Rauferei ausarten. Ich gestatte weder Kämpfe um Futter noch um Tennisbälle. In meinem Rudel werden keine Rangeleien und keinerlei Aggression toleriert. Die größeren Hunde müssen die kleineren in Ruhe lassen – deshalb kann unser winziger Chihuahua Coco glücklich und zufrieden in einem Rudel mit zwei riesigen Deutschen Schäferhunden, sieben Pitbulls und einem Dobermann leben. Ich muss die stärkeren Tiere davon abhalten, die schwächeren oder die mit instabiler Energie anzugreifen. Es ist normal, dass Hunde versuchen, die

Gordon ist auf seinen Schatten fixiert, was in der Natur als Schwäche gilt

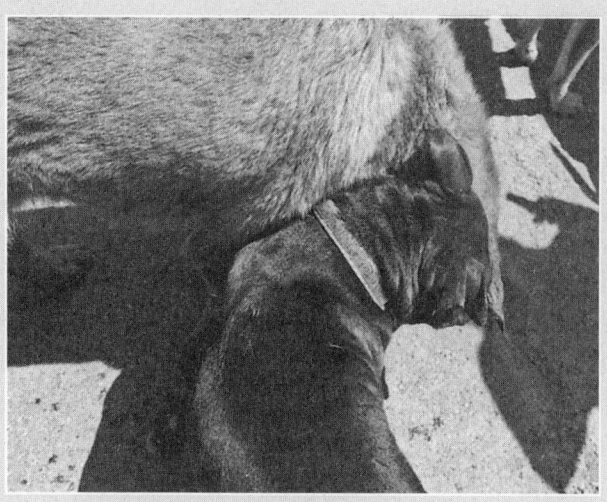

Munchkin greift Gordons Schwäche automatisch an – was unterbunden oder korrigiert werden muss

schwache Energie eines Artgenossen loszuwerden. Ich aber muss meinem Rudel beibringen, auch diese Mitglieder zu akzeptieren und sie in Frieden zu lassen. Auf diese Weise hilft die Gemeinschaft bei der Rehabilitation unausgeglichener Hunde. Die Rudelmitglieder zeigen ihnen durch ihr Vorbild, wie ruhige, unterordnungsbereite Energie aussieht und sich anfühlt. Ich halte die Tiere auch davon ab, Büsche und Bäume anzunagen oder auszubuddeln beziehungsweise sich in den Haufen der anderen Hunde zu wälzen. Diese Regeln habe ich selbst aufgestellt, weil ich das so haben will. Als Rudelführer unserer Hunde ist es unser Recht und unsere Aufgabe, die Richtlinien für sie festzulegen.

Wenn ich ein instinktives Verhalten unterbinde, muss ich es durch eine andere Aktivität ersetzen, um die Energie in neue Bahnen zu lenken. Sie können einem Hund nicht einfach etwas wegnehmen, ohne ihm dafür etwas anderes zu geben. Die Energie, die ihn zu seinem unerwünschten Verhalten veranlasst hat, verschwindet nicht einfach, weil Sie es unterbunden haben! Sie müssen ein unerwünschtes durch ein erwünschtes Verhalten ersetzen. Deshalb gibt es im Center einen Hindernisparcours, Schwimmbäder, Laufbänder, Tennisbälle und andere Möglichkeiten, damit die Hunde sich austoben können. Daher entfallen fünf bis acht Stunden am Tag auf anstrengende körperliche Ertüchtigungen, und aus diesem Grunde mache ich jede Aktivität – vom Gehen über das Baden bis hin zum Fressen – zu einer psychischen Herausforderung für sie. Wenn Sie Ihrem Hund keine Möglichkeit geben, seine Energie abzubauen und seinen Geist zu beschäftigen, wird es ihm sehr viel schwerer fallen, die von Ihnen aufgestellten Regeln und Grenzen einzuhalten. Indem Sie ein guter,

Beim Spielen mit den Hunden im Pool
des Dog Psychology Center

verantwortungsbewusster Rudelführer sind, geben Sie seinem Leben nicht nur eine Struktur, sondern bieten ihm auch zahlreiche Ventile für seine natürliche Energie.

3. Zuneigung

Es mag sein, dass die Hunde in den so genannten zivilisierten Ländern nicht genügend Bewegung haben und Disziplin lernen. An Liebe dagegen mangelt es ihnen freilich nicht. Schließlich ist das der Grund, weshalb sich so viele Menschen dafür entscheiden, ihr Leben mit einem Hund zu teilen – wegen der erstaunlichen, bedingungslosen Zuneigung, die er ihnen schenkt. Und Hunde sind liebevolle Tiere. Sie sind sehr körperbetont, und Berührungen sind sowohl in ihrem natürlichen Umfeld als auch in ihrem Leben mit uns sehr wichtig für sie. Doch wie ich bereits sagte, kann sich die Zuneigung, die ein Hund sich nicht verdienen musste, nachteilig auswirken. Ganz besonders, wenn er sie zum falschen Zeitpunkt erhält.

Wann ist der richtige Zeitpunkt, sich dem Hund liebevoll zu widmen? Nachdem er sich bewegt und gefressen hat. Nachdem er sein unerwünschtes Verhalten abgestellt hat und stattdessen tut, was Sie von ihm verlangen. Nachdem er eine Regel oder ein Kommando befolgt hat. Wenn Ihr Hund an Ihnen hochspringt, weil er gestreichelt werden will, werden Sie seinem Wunsch vermutlich intuitiv nachkommen. Ein solches Verhalten signalisiert ihm, dass er das Sagen hat. Schenken Sie ihm nur dann Zuneigung, wenn er ruhige Unterordnungsbereitschaft zeigt. Befehlen Sie ihm, »Sitz zu machen« und sich zu beruhigen. Anschließend bekommt er seine Streicheleinheiten – aber zu Ihren Bedingungen. Ihrem Hund wird schnell klar werden, dass er nur bekommt, was er will, wenn er sich richtig verhält.

Wann ist der falsche Zeitpunkt für Zuneigung? Wenn Ihr Hund ängstlich, nervös, dominant, aggressiv ist, wenn er heult, bettelt, bellt, wenn er versucht, Ressourcen zu verteidigen – oder eine der Regeln in Ihrem Haus bricht. Die Besitzer von Bane und Hera, den Killerhunden aus San Francisco, zeigten den Hunden immer dann ihre Zuneigung, nachdem diese den ganzen Tag lang andere Menschen terrorisiert hatten. Liebe verstärkt das unmittelbar vorangegangene Verhalten. Sie können das Fehlverhalten eines Hundes nicht »weglieben«, ebenso wenig, wie Sie das kriminelle Verhalten eines Straftäters »weglieben« können. Als wir frisch verheiratet waren, gab mir meine Frau Ilusion alle Liebe der Welt. Aber nicht ihre Liebe brachte mich dazu, mein unangemessenes Verhalten zu ändern, mit dem ich bislang immer durchgekommen war. Erst als sie mir das Messer auf die Brust setzte, änderte ich mich und wurde ein guter Ehemann und Vater. Entweder ich besserte mich, oder sie verließ mich. Ich muss zugeben, dass nicht die Liebe mich verändert hat. Sondern es waren die Regeln und Grenzen!

Hunde mit besonderen Aufgaben sind hervorragende Beispiele für die richtige Art und Weise, Tieren Zuwendung zu schenken. Menschen mit Behindertenhunden müssen verstehen, dass ihr vierbeiniger Begleiter nicht nur ihr Freund ist. Sie müssen lernen, die Rolle des Anführers zu übernehmen, ehe sie erwarten können, dass der Hund die Türen öffnet oder sie zur Bushaltestelle bringt. Diese Tiere wurden von Fachleuten ausgebildet, aber sie werden nur dann auf ihren behinderten Halter hören, wenn dieser lernt, eine ruhige und bestimmte Energie auszustrahlen. Man darf einen solchen Hund während der Arbeit auch nicht streicheln oder berühren. Zuwendung bringt Aufregung, und ein nervöser Hund kann seinen Job nicht tun. Ein solcher Hund bekommt seine Streicheleinheiten, nachdem er eine Aufgabe erledigt hat, und zu Hause, am Ende eines harten Arbeitstages.

Auch Rettungs- und Polizeihunde bekommen bei der Arbeit keine Zuwendung, es sei denn sofort nach Erledigung einer wichtigen Aufgabe. Polizeihundeführer spielen nicht den ganzen Tag mit ihren Hunden und erwarten dann von ihnen, dass sie ruhig nach Päckchen mit illegalen Substanzen suchen. Es ist ganz natürlich für einen Hund, sich Zuneigung verdienen zu müssen. Nur wir Menschen glauben, ihn rund um die Uhr herzen zu müssen, da wir ihm sonst etwas vorenthielten.

ERFÜLLUNG

Wenn ich davon spreche, dass wir unseren Hunden ein »erfülltes« Leben ermöglichen sollen, meine ich dieselbe Art von Erfüllung, wie wir sie uns für unser eigenes Dasein wünschen: Sind wir glücklich? Machen wir das Beste aus jedem Tag? Verwirklichen wir unser Potenzial? Nutzen wir alle unsere angeborenen Talente und Fähigkeiten? Ähnliche Fragen können wir uns auch zum Leben unserer Tiere stellen.

Ein Hund ist erfüllt, wenn er behaglich in einem Rudel leben und sich unter der Leitung seines Führers sicher und geborgen fühlen kann. Ein Hund ist erfüllt, wenn er viel Bewegung bekommt und irgendwie das Gefühl hat, sich Futter und Wasser zu verdienen. Ein Hund ist erfüllt, wenn er sich darauf verlassen kann, dass sein Rudelführer konsequent gültige Regeln und Grenzen festsetzt, nach denen er leben kann. Hunde mögen regelmäßige Abläufe, Rituale und Beständigkeit. Sie lieben es auch, neue Erfahrungen zu machen und die Chance zu bekommen, auf Entdeckungstour zu gehen – besonders wenn sie sich der verlässlichen Bindung an ihren Rudelführer sicher sind.

Hunde tragen auf so vielfältige Art und Weise zu unserer Erfüllung bei. Sie nehmen den Platz menschlicher

Gefährten ein, wenn wir einsam sind. Sie begleiten uns auf unseren Morgenspaziergängen. Sie sind lebendige, warme, weiche Kuscheltiere. Sie sind unsere Wecker, unsere Alarmanlagen und unsere Beschützer. Sie sorgen dafür, dass wir bei Wettkämpfen Geld gewinnen. Wir bitten sie nicht darum, aber sie tun es trotzdem. Sie können nicht sprechen und uns um das bitten, was sie brauchen. Wenn wir unseren Hunden jene einfachen Dinge – Bewegung, Disziplin und Zuneigung (in dieser Reihenfolge!) – geben, tragen wir sehr viel dazu bei, ihnen für all das zu danken, womit sie unser Leben bereichern.

Zeit für Streicheleinheiten im Dog Psychology Center

8

»Können wir nicht einfach friedlich miteinander leben?«

Einfache Tipps für ein glückliches Leben mit Ihrem Hund

In Entwicklungsländern und primitiven Gesellschaften werden Hunde nicht immer mit derselben Liebe und Güte behandelt wie in westlichen Ländern. Wie es scheint, bleiben die Tiere dort aber auch von all den Verhaltensauffälligkeiten und Neurosen verschont, mit denen sie hier zu kämpfen haben. Wie können wir unseren Hunden unsere Liebe schenken, ohne ihnen dadurch »Probleme« zu verursachen? Wie können wir starke Rudelführer sein, ohne das Mitgefühl und die Menschlichkeit zu verlieren, die uns überhaupt erst dazu veranlasst haben, eine solche Bindung einzugehen?

Auf diese Fragen gibt es keine einfachen Antworten. Aber ich werde Ihnen einige praktische Tipps geben, die ich im Umgang mit meinen Klienten entwickelt habe. Ich hoffe, sie werden Ihnen und Ihrem Hund helfen, ein nahezu stressfreies Leben zu führen und die höchsten Stufen der Verbundenheit zu erreichen, die zwischen Vertretern zweier Spezies möglich ist.

Die Wahl des Hundes

Wie ich bereits sagte, ist die Wahl des richtigen Hundes ein wichtiger Faktor für eine lange, erfüllende Beziehung zwischen Ihnen und Ihrem Tier. Fragen Sie sich bitte, noch bevor Sie sich für einen Hund entscheiden, weshalb Sie ihn zu sich holen wollen. Sie müssen diese Überlegungen niemandem anvertrauen, aber Sie müssen vollkommen ehrlich sein – denn einem Hund können Sie nichts vormachen. Das garantiere ich Ihnen. Sind Sie unglücklich und allein und der Hund soll ein Ersatz für menschliche Gesellschaft sein? Soll er die Rolle des Kindes spielen, das Sie nie hatten, oder die Kinder ersetzen, die gerade das »Nest« verlassen haben? Holen Sie den Hund zu sich, um nach dem Tod eines anderen Hundes die Leere in Ihrem Herzen zu füllen? Soll ein brutal aussehender Hund an Ihrer Seite als Statussymbol dienen, oder wollen Sie mit einem niedlichen Hund im Park spazieren gehen, um die Mädchen anzulocken? Soll der Hund kaum mehr als Schutz und Waffe sein?

Wenn dies Ihre Hauptgründe für die Anschaffung eines Hundes sein sollten, bitte ich Sie zu bedenken, dass solch ein Tier ein Lebewesen mit starken Gefühlen, Bedürfnissen und Wünschen ist, die sich von den Ihren unterscheiden – aber deshalb nicht weniger wichtig sind. Ein Hund ist weder eine Puppe noch ein Kind, eine Handtasche, ein Statussymbol oder eine Waffe. Wenn Sie sich dafür entscheiden, Ihr Leben mit einem Hund zu teilen, haben Sie die unglaubliche Chance, eine enge Verbindung zu einem Mitglied einer anderen Spezies herzustellen. Aber diese Chance hat ihren Preis – den Preis der Verantwortung.

Sie sollten sich selbst kennen, ehe Sie sich mit Ihrem neuen Haustier bekanntmachen. Bevor Sie sich in ein Leben als Hundehalter stürzen, sollten Sie den ersten Teil dieser wichtigen Fragen mit Ja und den Teil in Klammern mit Nein beantworten können:

- Bin ich bereit, jeden Tag mindestens eineinhalb Stunden mit meinem Hund spazieren zu gehen? (Oder lasse ich ihn einfach in den Garten und sage mir, dass er so reichlich »Bewegung im Freien« bekommt?)
- Bin ich bereit, zu lernen, meinem Hund ein ruhiger und bestimmter Rudelführer zu sein? (Oder lasse ich mir von ihm auf der Nase herumtanzen, weil das einfacher ist?)
- Bin ich bereit, klare Regeln und Grenzen in meinem Haushalt aufzustellen? (Oder werde ich meinem Hund alles erlauben, was und wann er will?)
- Bin ich bereit, meinem Hund regelmäßig Futter und Wasser zu geben? (Oder werde ich ihn nur füttern, wenn es mir gerade in den Sinn kommt?)
- Bin ich bereit, ihm nur dann meine Zuneigung zu zeigen, wenn es angemessen und mein Hund ruhig und unterordnungsbereit ist? (Oder werde ich den Hund umarmen und küssen, wenn er ängstlich oder aggressiv ist oder wann immer mir gerade danach ist?)
- Bin ich bereit, mit meinem Hund regelmäßig zum Tierarzt zu gehen und dafür zu sorgen, dass er sterilisiert oder kastriert wird, dass er seine regelmäßigen Untersuchungen und Impfungen bekommt? (Oder werde ich nur dann zum Tierarzt gehen, wenn mein Hund krank oder verletzt ist?)
- Werde ich dafür sorgen, dass mein Hund richtig sozia-

lisiert und/oder erzogen wird, damit er keine Gefahr für andere Tiere oder Menschen darstellt? (Oder werde ich das Beste hoffen und die Menschen warnen, meinem Hund aus dem Weg zu gehen?)

– Bin ich bereit, die Haufen meines Hundes zu beseitigen, wenn ich mit ihm spazieren gehe? (Oder bin ich der Ansicht, seine Haufen gingen mich nichts an?)

– Bin ich bereit, mich über Hundepsychologie im Allgemeinen und die Bedürfnisse der Rasse im Besonderen zu informieren? (Oder lasse ich mich bei seiner Führung einfach von meinem Instinkt leiten?)

– Bin ich bereit, etwas Geld auf die Seite zu legen, für den Fall, dass ich bei einem Verhaltensproblem einen Fachmann hinzuziehen oder wegen eines medizinischen Notfalls zum Tierarzt muss? (Oder bekommt der Hund nur, was ich mir gerade leisten kann?)

Haben Sie den Test bestanden? Wenn ja, herzlichen Glückwunsch. Sie sind bereit für einen Hund. Wenn nicht, sollten Sie die Wahl Ihres Haustiers noch einmal überdenken. Es gibt auch viele obdachlose Katzen, die ein Zuhause suchen; diese Tiere haben völlig andere und weniger anspruchsvolle Bedürfnisse als ein Hund.

Nun, was für ein Hund soll es sein? Die Rasse ist ein wichtiges Kriterium, und Sie können sich in zahlreichen hervorragenden Ratgebern über die vielen hundert Hunderassen informieren, die es gibt. Doch wenn es darum geht, den Hund zu finden, der perfekt zu einem Menschen passt, halte ich kompatible Energieniveaus für sehr viel wichtiger als die Rasse. In diesem Buch haben Sie von Hunden gelesen, die mehr Energie hatten als ihre Besitzer. Ich denke da sofort an die Bulldogge Jordan oder auch an

die Pitbullhündin Emily. Wenn Sie ein entspannter, sanftmütiger Mensch sind, wird die Entscheidung für einen
Chinesischen Schopfhund mit einem hohen Energieniveau, der im Zwinger herumspringt, sowohl Ihnen als
auch dem Tier nur Herzschmerz oder Kopfzerbrechen
bringen. Falls Sie ein Läufer sind und mit Ihrem Hund
zum Joggen gehen wollen, ist hinwiederum eine lethar-
gische kurzbeinige Englische Bulldogge nicht ideal.

Schätzen Sie zunächst Ihr eigenes Energieniveau ehrlich ein. Taxieren Sie anschließend die Energie des Hundes,
den Sie unter Umständen zu sich nehmen möchten. Lassen Sie sich Zeit. Sehen Sie sich den Hund, falls möglich,
noch ein zweites Mal zu einer anderen Tageszeit an, um
mögliche Veränderungen in seinem Verhalten feststellen
zu können.

Heute entscheiden sich viele Menschen nicht für reinrassige Hunde vom Züchter, sondern wenden sich stattdessen ans Tierheim, um einen Hund zu »adoptieren«, der
entlaufen ist oder ausgesetzt wurde. Da die meisten Hunde
im Dog Psychology Center ebenfalls gerettet wurden, be-
grüße ich die Uneigennützigkeit solcher Gesten. Leider
»verlieben« sich die Menschen aber viel zu oft in einen
niedlichen Hund oder in einen solchen, der ihnen »leid-
tut«, und entscheiden sich auf der Stelle dafür, ihn zu nehmen. Sie bringen ihn nach Hause, ohne zuvor gründlich
darüber nachgedacht zu haben, und landen in derselben
Hölle wie viele meiner Klienten. Das ist dem Hund gegenüber nicht fair, da er oft bald wieder im Tierheim abgelie-
fert wird. Und wenn Hunde schon mehrmals zurückgebracht wurden, ist die Gefahr größer, dass sie eingeschläfert
werden. Häufig entwickeln sie auch bei jedem neuen
Menschen, der sie adoptiert und anschließend wieder-

bringt, neue und noch schwerwiegendere Probleme. Es ist also sehr wichtig, dass Sie sich bei der Wahl Ihres Hundes Zeit lassen. Ideal wäre, einen Fachmann mitzunehmen, wenn Sie Ihre endgültige Entscheidung treffen. Er kann Ihnen auch helfen, Ihren Hund in Ihren Haushalt einzugliedern.

Ein Hund kommt ins Haus

Wenn Sie einen Hund vom Züchter oder aus dem Tierheim holen, sollten Sie nicht vergessen, dass er das lediglich als Umzug von einem Zwinger in den nächsten empfindet. Das kann ein sechs Millionen Dollar teures und fünfzig Hektar großes Anwesen mit vierzehn Bädern, Schwimmbad, Whirlpool, Gästehaus und Tennisplatz sein, aber für den Hund ist es einfach nur ein größerer Zwinger. Mauern sind für Tiere nicht natürlich. Punkt. Ganz gleich, welcher berühmte Architekt sie geplant hat. Deshalb müssen Sie den Eindruck erwecken, Sie hätten mit Ihrem Hund eine Wanderung zurückgelegt, ehe Sie ihn ins Haus bringen. Sobald Sie daheim sind, gehen Sie mit Ihrem Hund sehr lange – mindestens eine Stunde lang – in seiner neuen Umgebung spazieren. Laufen Sie so lange, wie es nur irgendwie möglich ist, und legen Sie dann noch einmal zwanzig Minuten drauf.

Bei diesem Spaziergang bauen Sie ein Vertrauensverhältnis zu Ihrem neuen Gefährten auf und etablieren gleichzeitig Ihre Rolle als Rudelführer. In jenen ersten wichtigen Augenblicken werden die Regeln für Ihre ganze Beziehung festgelegt. Darüber hinaus bekommt Ihr Hund einen Eindruck von seinem neuen Umfeld. Sie stellen für ihn nach, wie es sich anfühlen könnte, mit dem Rudelführer ein neues Zuhause zu suchen. Und natürlich machen Sie ihn müde, damit er später daheim für die Konditionierung empfänglicher ist.

Das erste Betreten des Hauses ist ebenso wichtig wie der gemeinsame Spaziergang zuvor. Für den ersten Eindruck gibt es nur eine Chance. Wenn Sie es richtig anstellen, können Sie sich damit viel Herzschmerz ersparen. Machen Sie es falsch, müssen Sie Ihren Hund von Stund an rehabilitieren.

Achten Sie darauf, dass zunächst Sie das Haus betreten. Anschließend »bitten« Sie den Hund herein. Sorgen Sie dafür, dass weder Ihr Partner noch Ihre Kinder angelaufen kommen, um ihn mit Zärtlichkeiten zu überschütten und ihn willkommen zu heißen. So schwer Ihrer Familie das auch fallen mag, bitten Sie sie, zu bleiben, wo sie sind. Bringen Sie den Hund zu ihnen, damit er sich ihnen nähern und ihren Geruch kennenlernen kann. Inzwischen haben Sie natürlich auch allen beigebracht, wie man eine ruhige und bestimmte Energie ausstrahlt.

Die meisten Menschen erliegen der Versuchung, den Hund im Haus und auf dem Grundstück herumstreunen zu lassen und entzückt zu beobachten, wie er jedes neue Zimmer und jeden neuen Gegenstand beschnuppert und erkundet. Falls Sie das tun – vor allem, wenn Sie dabei hinter ihm hertappen –, gestatten Sie ihm, das ganze Anwesen für sich zu beanspruchen. In den ersten beiden Wochen müssen Sie ihm für alles, was er tut, erst die »Erlaubnis« erteilen. Weisen Sie ihm in der ersten Nacht ein Zimmer und einen Schlafplatz zu, möglicherweise sein Körbchen oder seine Hütte.

Ich empfehle oft, dass sich die Familien mit ihren Zärtlichkeiten eine oder zwei Wochen zurückhalten, bis der Hund die Hausordnung kennt und sich an sein neues »Rudel« gewöhnt hat. Die meisten Menschen empfinden diese Bitte als unerfüllbar, was ich vollkommen verstehe. Sobald Ihr Hund ruhig in seinem Körbchen liegt und bereit ist zu schlafen, können Sie ihn kraulen und anfangen, eine Bindung von Herz zu Herz herzustellen. Aber bedenken Sie dabei stets: Nicht Ihre liebevolle, sondern Ihre Führungsenergie wird dem Hund das Gefühl geben, bei Ihnen zu Hause sicher und geborgen zu sein.

Am nächsten Tag beginnt die Alltagsroutine für Ihren Hund. Zuerst ein langer Morgenspaziergang, dann Fressen, dann Streicheleinheiten, dann Ruhe. Zeigen Sie ihm ein Zimmer nach dem anderen, und stellen Sie dabei immer klar, dass *Sie* ihm die Erlaubnis geben, den Raum zu betreten. Legen Sie von Anfang an fest, welche Zimmer der Hund betreten darf und welche nicht. Schwanken Sie nicht und ändern Sie die Regeln nicht, ganz gleich, wie traurig er Sie mit seinen treuen Augen ansieht. Erinnern Sie sich daran, dass Sie Ihrem Hund in dieser frühen Phase mit Ihrer Konsequenz und Ihrer Stärke ein Geschenk machen, das ebenso wichtig ist wie die Nahrung und das Obdach, das Sie ihm bieten. Sie machen ihm das Geschenk eines sicheren, verlässlichen Rudels, in dem er sich bald entspannen und sein ruhiges, unterordnungsbereites Selbst leben wird.

Die Hausordnung

Welche Regeln Sie in Ihrem Heim und für Ihren Hund aufstellen, bleibt ganz Ihnen überlassen. Allerdings gibt es einige allgemeine Richtlinien, die ich Ihnen wärmstens ans Herz legen möchte, damit Ihr Status als Rudelführer gewahrt bleibt:

– Wachen Sie auf, wann Sie es wollen, nicht, wann Ihr Hund es will. Er ist nicht Ihr Wecker. Wenn er in Ihrem Bett schläft, erziehen Sie ihn dazu, das Schlaflager ruhig zu verlassen, sofern er vor Ihnen aufwacht und Durst hat oder sich die Füße vertreten will. Anschließend muss er still warten, bis Sie aufstehen und mit dem gewohnten Tagesablauf starten.

– Beginnen Sie den Tag ohne großartige Berührungen und ohne viel zu reden – sparen Sie sich die Streicheleinheiten für die Zeit nach dem Auslauf auf. Während des Spaziergangs wächst Ihre Bindung. Versuchen Sie, jeden Morgen eine Stunde zu gehen. Sie können auch laufen, Rad fahren oder inlineskaten. Im Idealfall haben Sie sich für einen Hund entschieden, der für die von Ihnen bevorzugte Betätigung fit genug ist. Wenn es sich um einen sehr aktiven Sport handelt, können Sie die Dauer verringern. Aber ein flotter Spaziergang ist der beste Ganzkörpersport für Mensch und Hund – er ist sowohl auf körperlicher als auch auf psychischer Ebene die ursprünglichste Form der Bewegung. Wenn Sie nie und nimmer eine volle Stunde spazieren gehen können, schnallen Sie Ihrem Hund einen Hunderucksack um, damit es anstrengender für ihn wird, oder stellen Sie ihn eine halbe Stunde aufs Laufband, während Sie sich für die Arbeit zurechtmachen.

– Füttern Sie Ihren Hund ruhig und schweigend. Geben Sie ihm niemals etwas zu fressen, wenn er aufgeregt auf und ab springt. Er wird nur gefüttert, wenn er »Sitz macht«, wenn er ruhig und unterordnungsbereit ist. Er wird nicht gefüttert, wenn er bellt. Im Dog Psychology Center bekommt der ruhigste, sanftmütigste Hund sein Fressen zuerst. Können Sie sich vorstellen, was für ein Anreiz das für das übrige Rudel ist, ruhige Unterordnungsbereitschaft zu zeigen?

– Ihr Hund darf bei Tisch nicht betteln oder Sie beim Essen stören. Niemand unterbricht den Rudelführer, wenn er isst. Sie legen fest, wie nahe Ihr Hund dem Esstisch kommen darf, und dann halten Sie sich daran. Fallen Sie nicht auf die flehentlichen Blicke Ihres Hundes herein – seine Wolfsvorfahren haben niemals mit ihren Rudelführern um das Fressen konkurriert, und auch er sollte das nicht tun.

– Wenn er sich bewegt und gefressen hat, sind die Streicheleinheiten an der Reihe. Bringen Sie Ihrem Hund bei, ruhige Unterordnung zu zeigen, und streicheln Sie ihn dann, bevor Sie zur Arbeit müssen. Auf diese Weise programmieren Sie ihn jeden Tag darauf, einen schönen, ausgeglichenen und befriedigenden Morgen zu haben!

– Machen Sie kein großes Aufheben darum, wenn Sie das Haus verlassen – oder heimkommen. Wenn Sie Ihren Hund den ganzen Tag allein lassen müssen, sollten Sie das Kommen und Gehen sehr oft üben, bevor Sie ihn die ersten Male tatsächlich sich selbst überlassen. Achten Sie darauf, dass er ruhig und unterordnungsbereit ist, wenn Sie gehen oder kommen. Sobald er die gewünschte Haltung eingenommen hat, sprechen Sie nicht mehr mit ihm, berühren ihn nicht und stellen keinen Blickkontakt mehr her, während Sie gehen. So schwer es Ihnen auch fallen mag, verhalten Sie sich Ihrem Hund gegenüber eher kühl und strahlen Sie gleichzeitig eine ruhige und bestimmte Energie aus. Wenn er ausreichend Bewegung bekommt und Sie seine Angst oder Furchtsamkeit nicht gefördert haben, wird ihm seine biologische Uhr sagen, dass es nun Zeit ist, sich ein wenig auszuruhen und ruhig zu sein. Gestatten Sie ihm nicht, zu heulen oder zu jaulen, wenn Sie gehen. Vielleicht müssen Sie ein paar Minuten warten, bis Ihr Hund so ruhig ist, dass Sie das Haus verlassen können, aber haben Sie Geduld und sorgen Sie dafür, dass er sich an diesen Ablauf gewöhnt. Machen Sie sich keine Sorgen – wenn Sie nach Hause kommen, dürfen Sie ihn wieder liebhaben.

– Bei der Heimkehr halten Sie sich mit Ihren Liebesbezeugungen anfangs so weit wie möglich zurück. Ermutigen Sie aufgedrehtes Verhalten nicht. Ziehen Sie sich um, essen Sie einen Happen, damit Sie bis zum Abendessen durchhalten, und führen Sie Ihren Hund erneut aus. Dieser Spaziergang darf etwas kürzer ausfallen – eine halbe Stunde –, da Sie den Abend mit dem Hund zu Hause verbringen werden. Verankern Sie nach dem Spaziergang noch einmal die Futterregeln. Nach dem Abendessen darf Ihr ruhiger, unterordnungsbereiter Hund Ihr bester Freund sein.

– Der Hund muss ohne jeden Zweifel wissen, wo er schläft. Er sollte einen eigenen Schlafplatz haben, den er sich nicht selbst aussuchen darf. Wenn Ihr Hund neu im Haus ist, legen Sie ihn in der ersten Woche jeden

Abend in seine Transportbox. So gewöhnt er sich an seine neue Umgebung, obwohl ihm gleichzeitig Grenzen gesetzt sind. Tauschen Sie die Transportbox nach der ersten Woche gegen ein Kissen oder ein Hundebett. Das ist nun sein Ruheplatz. Wenn Sie wollen, dass Ihr Hund bei Ihnen im Bett schläft, dann ist das in Ordnung. Es ist natürlich für Hunde, zusammen mit anderen Rudelmitgliedern zu schlafen, und es bietet eine gute Möglichkeit, die Bindung zwischen Ihnen und dem Tier zu stärken. Aber überlassen Sie dem Hund nicht die Herrschaft im Bett. Stellen Sie klare Regeln auf. Sie bitten den Hund ins Schlafzimmer. Gehen Sie ins Bett, warten Sie ein wenig und erlauben Sie Ihrem Hund dann, zu Ihnen zu kommen. Sie entscheiden, wo genau er schlafen darf. Träumen Sie schön.

– Jedes menschliche Haushaltsmitglied muss ein Rudelführer sein. Ihr Hund muss respektieren, dass alle Menschen einen höheren Rang einnehmen als er – vom Kleinkind bis hin zu den betagten Großeltern. Das bedeutet, dass jeder im Haus dieselben Regeln und Grenzen einhalten muss. Besprechen Sie diese gemeinsam und achten Sie darauf, dass sie für alle Gesetz sind. Wie gesagt: Intermittierende Verstärkung erzeugt unvorhersehbare Reaktionen bei einem Hund, was seine Erziehung auf lange Sicht sehr viel schwieriger macht. Ihr Zehnjähriger darf den Hund also nicht heimlich unter dem Tisch füttern, wenn dem Hund das Betteln verboten wurde. Sie können dem Tier nicht erlauben, auf die Möbel zu springen, wenn Sie zu Hause sind, und es verbieten, sobald Ihr Mann auftaucht. Ein inkonsequenter Führungsstil sorgt dafür, dass Ihr Hund auch nur sporadisch folgt.

– Wenn Sie jede Woche etwas Zeit einplanen, um mit

Ihrem Hund zu spielen, ist das eine großartige Ergänzung zu Ihren regelmäßigen Spaziergängen. (Natürlich wissen Sie inzwischen, dass das Spielen kein Ersatz dafür ist!) Es bedeutet auch eine Möglichkeit für Ihren Hund, die besonderen Bedürfnisse und Talente seiner Rasse zum Ausdruck zu bringen. Sie können mit ihm schwimmen gehen, Frisbee spielen, ihn einen Hindernisparcours bewältigen und apportieren lassen – was Ihnen eben gefällt oder dem besonderen Talent Ihres Hundes entspricht. Aber sorgen Sie dafür, dass er mindestens einen seiner großen Spaziergänge hinter sich hat, bevor Sie mit ihm spielen, und halten Sie die Zeit dafür konsequent ein. Lassen Sie sich von Ihrem Hund nicht dazu »überreden«, drei Stunden lang einen Tennisball zu werfen, wenn eine Stunde eingeplant ist.

– Lassen Sie das Baden nicht ausfallen und verschieben Sie es nicht, nur weil Ihr Hund es nicht mag. Ihm wird es egal sein, wie sauber er ist. Aber Sie haben ein Tier verdient, das Sie gern um sich haben. Es gibt viele Möglichkeiten, das Baden für Sie beide angenehmer zu machen. Geben Sie Ihrem Hund die Erlaubnis, sich in aller Ruhe und ganz entspannt mit der Wanne oder dem Waschbecken vertraut zu machen, bevor Sie versuchen, ihn darin zu baden. Hunde in der Natur waschen sich nicht. Wenn es heiß ist, gehen sie ins Wasser oder suhlen sich im Schlamm, um sich abzukühlen. Dieses Verhalten ist instinktiv. Nutzen Sie das aus und verschaffen Sie Ihrem Hund vor dem Bad reichlich Bewegung – einen flotten Spaziergang, einen Dauerlauf, eine Trainingseinheit auf dem Laufband oder beim Inlineskaten. Sorgen Sie dafür, dass ihm schön warm wird (im Sommer lässt sich das leichter bewerkstelligen). Machen Sie das Wasser lauwarm und verlockend. Sie können das Baden auch mit Leckerlis verbinden, aber verlassen Sie sich nicht darauf. Wenn's ums Baden geht, ist ein müder, entspannter Hund, der ordentlich ins Schwitzen gekommen ist, am ehesten dazu zu bringen.

– Erlauben Sie keine Wettbewerbsaggression bezüglich des Futters oder des Spielzeugs! Ihr Hund muss wissen, dass seine Spielzeuge in erster Linie *Ihre* Spielzeuge sind. Achten Sie darauf, dass er ruhig und unterordnungsbereit oder aktiv und unterordnungsbereit ist, ehe Sie ihn füttern, und dass er nicht knurrt, wenn Sie sich ihm während des Fressens nähern.

– Gestatten Sie ihm nicht, wie wild zu bellen. Wenn Ihr Hund ein Problem mit übermäßigem Bellen hat, ist die Ursache meist körperliche oder geistige Frustration. Dieser Hund sehnt sich verzweifelt nach physischer Anstrengung und einem aktiveren Rudelführer. Mit seinem Gebell möchte Ihr Hund Ihnen etwas sagen. Hören Sie auf ihn!

Hunde und Kinder

Das Thema »Hunde und Kinder« könnte ein eigenes Buch füllen. Ich bin mit Tieren groß geworden und lasse meine eigenen Kinder zusammen mit einem Rudel Hunde leben. Ich kann daher bestätigen, dass der Umgang mit Hunden eine der lohnendsten und unvergesslichsten Erfahrungen im Leben unserer Sprösslinge ist. Hunde lehren Kinder Mitgefühl und Verantwortung. Sie bringen ihnen bei, im Einklang mit Mutter Natur zu leben. Sie vermitteln Ausgeglichenheit. Sie demonstrieren bedingungslose Liebe.

Ich würde nicht im Traum daran denken, Andre und Calvin die Freude eines Lebens mit Tieren vorzuenthalten. Doch wenn wir einen Hund halten, dürfen wir nie vergessen, dass wir uns ein fleischfressendes Raubtier ins Haus geholt haben. So nahe sich Hund und Mensch auch stehen, handelt es sich doch um zwei unterschiedliche Arten. Als Eltern und als Tierhalter tragen wir die Verantwortung dafür, die wertvollsten Mitglieder unserer Familie zu schützen – unsere Nachkommen – und sicherzustellen, dass sowohl unsere Kinder als auch unsere Hunde wissen, wie sie zufrieden und gefahrlos miteinander leben können.

Bei über der Hälfte der gefährlichen Hundebisse und Todesfälle in den Vereinigten Staaten sind die Opfer Kinder zwischen fünf und neun Jahren, aber Babys sind besonders gefährdet. Während ich diese Zeilen schreibe, befindet sich Südkalifornien noch immer im Schockzustand wegen des tragischen Todes eines Neugeborenen in Glendale. Der Rottweiler der Großeltern hatte das Kind aus den Armen seiner Mutter gerissen.[1] In solchen Fällen verleugnen die Eigentümer das Geschehen stets. »Er war immer so ein sanftmütiger Hund«, sagen sie. Üblicherweise meldet sich dann mindestens ein Nachbar zu Wort und deutet an, es habe Warnsignale gegeben, die übersehen oder ignoriert wurden.

Ein Baby kann für einen Hund, der noch nie einen Säugling gesehen hat, verwirrend sein. Neugeborene riechen anders als Erwachsene. Sie klingen und bewegen sich anders. Bei Hunden mit starkem Beuteinstinkt können allein die winzige Körpergröße und die Schwäche eines Babys einen Angriff auslösen. Außerdem dreht sich in der Familie natürlich alles um das Kleine, und der Hund bekommt nicht mehr so viel Aufmerksamkeit wie bisher. Wenn er ein Dominanzproblem hat oder auf Sie fixiert ist, kann das Probleme verursachen.

Familien mit Hund, die ein Kind erwarten, müssen sich zuerst zusammensetzen und die Situation ehrlich einschätzen. Wie steht es um das Temperament des Hundes? Was ist mit der Beziehung zwischen Hund und Herrn? Wenn die Eltern schwache Rudelführer sind und zulassen, dass ein dominanter Hund – besonders ein Vertreter einer starken Rasse, der schon einmal aggressiv geworden ist – den ganzen Haushalt beherrscht, wenn der Hund ständige Aufmerksamkeit gewohnt ist, aggressives Territorialverhalten an den Tag legt oder Ressourcen verteidigt, würde ich ernsthaft empfehlen, ihm ein neues Zuhause zu suchen, bevor das Baby kommt. So wichtig Hunde in meinem Leben auch sind – ich weiß, dass ich als Vater das Leben meiner Kinder niemals gefährden würde. Manchmal ist es besser, wenn Hunde und Kleinstkinder nicht im selben Haushalt leben, obwohl das meist mehr an der Beziehung zwischen Hund und Herrn als an dem Hund selbst liegt. Wenn sie richtig sozialisiert wurden, können die meisten Hunde nicht nur friedlich mit Babys zusammenleben, sondern auch zu ihren ergebenen Beschützern werden.

Falls Sie allerdings auch nur den leisesten Zweifel daran hegen, dass Sie Ihren Hund in jeder Situation im Griff haben, dann rate ich Ihnen, innerhalb der neun Monate ein passendes neues Zuhause für ihn zu finden. Das mag Ihnen das Herz brechen, aber die gute Nachricht ist, dass ein Hund sich schneller umgewöhnt als der Mensch. Wenn er in ein neues Rudel kommt, wird er anfangs orientierungslos sein. Aber auch in freier Wildbahn wechseln Wölfe das Rudel, falls dies nötig ist. Wenn es zu groß wird für die Ressourcen der Umgebung, spalten sich einzelne

Tiere ab und bilden neue Gruppen oder suchen sich ein anderes Rudel. Wenn Sie das richtige Zuhause für Ihren Hund gefunden haben, wird er sich innerhalb von einem oder zwei Tagen eingewöhnen. Er passt sich instinktiv an und versucht, sich einzufügen. Er wird Sie wiedererkennen, wenn er Sie sieht oder riecht, aber er wird sich nicht vor Sehnsucht nach Ihnen verzehren. Hunde leben halt im Augenblick.

Sofern Sie sich nicht in der Situation befinden, die ich soeben beschrieben habe, können Sie einiges tun, um Ihren Hund auf die Ankunft des Kindes vorzubereiten. Noch wichtiger ist, ihn darauf zu konditionieren, dass er das Baby als weiteren Rudelführer respektiert. Fangen Sie schon früh damit an. Mögliche Schwachstellen hinsichtlich der Bindung zwischen Rudelführer und -mitglied sollten jetzt beseitigt werden. Wenn Ihr Hund sehr abhängig oder übermäßig ängstlich ist beziehungsweise Trennungsängste hat, kann er heftig auf Veränderungen in der Rudelstruktur reagieren. So schwer Ihnen das auch fallen mag, unter Umständen müssen Sie Ihren Hund desensibilisieren, indem Sie sich ihm gegenüber schon lange vor der Ankunft des Babys etwas kühler verhalten. Erlauben Sie ihm nicht, Ihnen nervös auf Schritt und Tritt zu folgen, wenn Sie im Haus herumlaufen. Lassen Sie ihn nicht mehr in Ihrem Bett schlafen. Regeln Sie neu, welche Möbel er benutzen darf und welche nicht. Lassen Sie ihn wissen, dass er im Kinderzimmer nichts verloren hat. Üben Sie, mit Kinderwagen oder Buggy spazieren zu gehen, und achten Sie stets darauf, dass der Hund hinter dem Kinderwagen bleibt. Ermutigen und belohnen Sie bei diesen Probeläufen seine ruhige Unterordnung.

Sobald das Kind auf der Welt ist, bringen Sie eine Decke oder ein Kleidungsstück, das nach dem Neugeborenen riecht, mit nach Hause und machen Sie Ihren Hund damit bekannt. So kann er das Baby kennenlernen, noch bevor er es sieht. Halten Sie ihm den Gegenstand nicht gleich zum Schnuppern unter die Nase. Setzen Sie zuerst Grenzen. Lassen Sie ihn anfangs von der gegenüberliegenden Seite des Zimmers daran schnuppern. Anschließend darf er etwas näher kommen, aber nicht näher, als er später dem Säugling kommen soll. (Sie verlangen damit nichts Unnatürliches von Ihrem Hund. Es ist normal, weil die Hundemutter in freier Wildbahn ihre Welpen anfangs ebenfalls von den anderen Rudelmitgliedern fernhält.) Der Hund muss in Gegenwart des Babygeruchs stets ruhige Unterordnung zeigen. Korrigieren Sie ängstliches Verhalten oder Fixierungen. Belohnen Sie nur ruhige Unterordnung.

Wenn das Baby nach Hause kommt, stellen Sie es dem Hund nicht draußen vor der Tür vor. Bringen Sie es hinein und bitten Sie anschließend den Hund herein. Stellen Sie klar, dass es das Haus des Kindes, nicht das des Hundes ist. Machen Sie ihn Schritt für Schritt mit dem Kleinen bekannt. Zuerst darf er es von der anderen Seite des Zimmers betrachten. Anschließend kann er immer wieder etwas näher kommen. Entscheidend ist Ihre ruhige und bestimmte Energie.

Als Ilusion damit einverstanden war, dass ich unsere Söhne dem Rudel vorstellte, nahm ich sie auf den Arm, schritt durch die Tiere hindurch und sandte ihnen gleichzeitig meine stärkste Form von ruhiger und bestimmter Energie. Stolz hielt ich meine Söhne im Arm. So teilte ich den Tieren mit, dass diese Babys ein Teil von mir, dem

Rudelführer, waren. Sie hatten sie ebenso zu respektieren wie mich selbst. Später schauten sich meine Söhne an, wie ich mich verhielt. Sie beobachteten, wie ich mit den Hunden umging, und imitierten meine Art.

Nachdem Sie Ihren Hund mit Ihrem Kind bekannt gemacht haben, müssen Sie Ihrem Kleinen allmählich beibringen, den Hund zu respektieren und trotzdem Rudelführer zu bleiben. Deshalb ist es so wichtig, dass Sie die Begegnungen zwischen beiden überwachen: Hunde sollten niemals in der Gegenwart von Kindern sein, die das Laufen lernen und vor körperlicher Energie nur so strotzen. Kinder müssen wissen, dass sie Hunde nicht an den Ohren und der Rute ziehen dürfen, und man muss ihnen beibringen, niemals mit einem Hund Tauziehen zu spielen. Wenn Ihr Kleines zu grob wird, müssen Sie es auf den Arm nehmen und ihm das korrekte Verhalten erklären. Oder Sie zeigen ihm, wie es den Hund stattdessen berühren soll. Je öfter Sie das tun, desto schneller lernt es den korrekten Umgang mit dem Hund. Irgendwann merkt der Hund, dass das Kind keine Bedrohung für ihn bedeutet.

Ich habe Andre und Calvin schon früh beigebracht, die körpersprachlichen Hinweise der Tiere zu verstehen, damit sie wussten, wann sie einen Hund besser in Ruhe lassen sollten. Sie halfen mir beim Füttern, und ich sagte ihnen, man solle den Napf erst dann hinstellen, wenn die Tiere ruhig und unterordnungsbereit waren. Bringen Sie Ihren Kindern bei, wie man sich einem Hund richtig nähert – nicht sprechen, keine Berührungen und keinen Blickkontakt, bis der Hund in ihrer Gegenwart ruhig und unterordnungsbereit ist. Sobald meine Jungs laufen konnten, tappten sie durch das Rudel und waren die Chefs. Machen Sie es wie ich. Erziehen Sie Ihre Kinder von Geburt an zum Rudelführer. Eine Generation von Hunden wird es Ihnen danken!

Gäste

Das korrekte Verhalten gegenüber Ihren Besuchern kann für einen Hund schwer zu erlernen sein. Die meisten Halter wollen, dass er, wenn schon nicht ihr Beschützer, so doch ihre »Alarmanlage« ist. Wenn spätabends ein Fremder kommt, muss er seine Besitzer natürlich darauf aufmerksam machen. Gleichzeitig soll er sich zu benehmen wissen und sanftmütig im Umgang mit Freunden und dem Postboten sein. Es ist nicht leicht, beides miteinander zu verbinden. Wie soll das Tier den Unterschied erkennen, wenn sich der andere jenseits der Tür befindet? Es ist Aufgabe des Herrchens, ihm höfliches Benehmen an der Tür beizubringen und dies, falls nötig, auch durchzusetzen.

Wenn ein neuer Besucher kommt, müssen Sie dafür sorgen, dass Ihr Hund sofort aufhört zu bellen, »Sitz macht« und ruhig und unterordnungsbereit ist, während der Betreffende das Haus betritt. Gestatten Sie ihm nicht, an Ihrem Gast hochzuspringen. Erklären Sie dem neuen Besucher gleichzeitig, er solle Ihren Hund niemals auf die traditionelle – aber falsche! – Art und Weise begrüßen. Es kommt nicht infrage, dass er sich zu dem Tier hinunterbeugt, es streichelt und mit ihm spricht! Ihr Gast muss sich an die Regeln halten, wie sie auch für Besucher des Dog Psychology Center gelten: erst mal nicht berühren, nicht sprechen, kein Blickkontakt. Ihr Hund muss die Gelegenheit bekommen, sich höflich an den Geruch Ihres Gastes zu gewöhnen, bevor dieser ihn streichelt. Ihr Hund kann viele tausend verschiedene Gerüche unterscheiden, und nach einer oder zwei Begegnungen wird Ihr neuer Gast ihm vertraut sein. Wiederholen Sie dieses höfliche Kennenlernritual mit jedem neuen Besucher.

Auch der Postbote kann zu einem Problem für Ihren Hund werden. Die Tiere leben in einer Welt, die aus Ursache und unmittelbarer Wirkung besteht. Falls sich Ihr Hund also angewöhnt, zu bellen, sobald der Briefträger erscheint, spielt sich in seinem Gehirn Folgendes ab: »Der Postbote kommt. Ich belle und knurre. Der Mann geht wieder. Ich habe ihn verjagt.« Bei manchen dominant-aggressiven Hunden wird das den Jagdinstinkt wecken und möglicherweise zu Aggressionsverhalten dem Briefträger gegenüber führen. Für amerikanische Hundebesitzer kann das heißen, dass sie ihre Post künftig selbst in der Filiale abholen müssen. Schlimmstenfalls haben sie mit einer Klage zu rechnen. Die US-Post nimmt die Sicherheit ihrer Mitarbeiter heute sehr ernst. In meiner Sendung »Dog Whisperer« wurde ein Fall gezeigt, in dem das Verhalten eines Hundes nicht nur seine Besitzerin, sondern auch alle anderen Nachbarn um das Privileg der Postzustellung gebracht hatte! (Wie Sie sich vorstellen können, machte das die Hundehalterin bei ihren Nachbarn nicht besonders beliebt!)

Wir haben das Problem dadurch gelöst, dass wir dem Hund beibrachten, nicht mehr zu bellen, wenn jemand an die Tür kam. Als das geschafft war, zog ich mir eine Postuniform an und kam immer wieder an die Tür, bis dem Hund die Lust vergangen war, mich anzubellen. Die Hundebesitzerin musste auf ihre »Alarmanlage« verzichten, damit sie ihre Briefe wieder zugestellt bekam. Man kann die Warnfunktion eines Hundes jederzeit gegen eine elek-

tronische Alarmanlage austauschen. Aber für den Postboten gibt es keinen Ersatz!

Hundesalon und Tierarzt

Jedes Mal, wenn wir einen Hund einer neuen, unbekannten Situation aussetzen, müssen wir ihn zuvor auf die
ungewohnte Umgebung vorbereiten. Die meisten Besitzer wollen ihren Hund mit Leckerbissen beruhigen, doch
wenn er bereits in Panik ist, dürfte das kaum funktionieren. Die Tiere wissen nicht, was ein Hundefriseur ist. Sie
verstehen nicht, warum sie zur tierärztlichen Kontrollun-
tersuchung müssen.

Es kommt so gut wie nie vor, dass ein Hund nicht pro-
testiert, wenn er zum ersten Mal zum Trimmen oder zur
Untersuchung gebracht wird. Es ist sehr selten, dass er
keine Anspannung oder Nervosität verspürt. Beide Situationen sind sehr unnatürlich für ihn. Deshalb müssen
Hundefigaros und Veterinäre nicht nur ihre eigentliche
Aufgabe erledigen, sondern auch noch als Tiertherapeuten
fungieren – und einige von ihnen können das nicht, oder
sie betrachten das nicht als ihren Job. Es hängt also von
Ihnen ab, Ihrem Hund diese Erfahrung angenehmer zu
gestalten.

Bevor Sie zum Tierarzt gehen, müssen Sie Ihren Hund
ebenso halten und berühren, wie der Arzt es tun wird.
Damit sollten Sie lange vor dem Besuch in kleinen, aber
regelmäßigen Schritten beginnen. Das Gehirn des Hundes
muss darauf konditioniert werden, dass er sich auch dort
anfassen lässt, wo ihn normalerweise niemand berührt.
Wenn unsere Hunde ihre Streicheleinheiten bekommen,

fahren wir meist über ihren Kopf, kraulen sie am Bauch und am Rücken. Aber der Tierarzt öffnet ihnen das Maul, prüft die Ohren, die Augen und das Hinterteil.

Sie können die Wahrscheinlichkeit eines erfolgreichen Tierarztbesuchs dadurch erhöhen, dass Sie zu Hause mit Ihrem Hund »Doktor spielen«. Sorgen Sie dafür, dass alle mitmachen – sogar die Kinder. Einer von Ihnen sollte denselben Kittel tragen wie Ihr Tierarzt. Gewöhnen Sie Ihren Hund an einige der Gegenstände, die der Veterinär verwendet – selbst wenn Sie nur die Spielzeugversion benutzen. Gewöhnen Sie ihn an den Geruch von Desinfektionsalkohol. Sie können Ihren Hund während dieser Probedurchläufe massieren oder mit Leckerlis füttern, um positive Assoziationen zu schaffen.

Mit dem Besuch beim Hundefriseur machen Sie es ebenso. Nur Tiere, die aus einer langen Ahnenreihe von Schauhunden stammen, fühlen sich auf Anhieb im Hundesalon wohl. Wie es scheint, haben sie, was das Waschen und Scheren angeht, die Gelassenheit ihrer Eltern geerbt. Für andere Hunde kann es ein Albtraum sein. Erinnern Sie sich noch an Josh, den »Salon-Gremlin«? Ich kann Ihnen gar nicht sagen, wie viele meiner Klienten den Besuch im Hundesalon mehr fürchten als den eigenen Zahnarzttermin!

Ich bin ein sehr wettbewerbsorientierter Mensch und scheue keine Herausforderung. Ich finde es aufregend, mit unausgeglichenen Hunden zu arbeiten und zu versuchen, ihnen zur Ausgeglichenheit zu verhelfen. Deshalb war es mir eine Freude, wenn ich damals im Hundesalon von San Diego Tiere wie Josh pflegen musste. Es ist wie bei einem Cowboy, der einen Bullen oder ein wildes Pferd reiten

muss. Es gibt uns einen Kick. Wir wollen ihnen nicht weh-
tun, wir wollen sie nur zähmen. Ich empfand das als Gelegenheit, das Tier in diesen Hunden zu domestizieren
und gleichzeitig dafür zu sorgen, dass sie schön anzusehen
waren. Wenn der Hund sich ruhig verhielt, umso besser,
dann war ich schneller fertig mit ihm. Aber ein schwieriger Hund war nichts Negatives für mich. Natürlich
spürte er dann meine positive Energie, deshalb konnte ich
ihm die Sache sehr angenehm gestalten. Ich verstand aber
auch, weshalb die meisten Hundefriseure solche Tiere
fürchteten. Sie hassen es, wenn ihnen ein Hund anvertraut
wird, der sie möglicherweise beißen wird, und geben dafür unbewusst dem Hund die Schuld. Dieser wiederum
spürt jene negative Energie, was seine Angst noch verstärkt. In Wirklichkeit verhalten sich die Hunde so, weil
ihre Besitzer sie nie richtig für diese Situation präpariert
haben.

Sie können wie bei der Vorbereitung auf den Gang zum
Tierarzt bestimmte Szenarien nachstellen, um Ihrem
Hund den Besuch beim Hundefriseur Schritt für Schritt
angenehmer zu machen. Kaufen Sie eine Schermaschine
oder eine Schere und probieren Sie die Gegenstände mit
Ihrem Hund aus, um seine Reaktion schon lange vor dem
eigentlichen Termin absehen zu können. Wenn er nervös
ist, warten Sie, bis er Hunger hat. Füttern Sie ihn, und
wenn er dann frisst, klappern Sie ein paar Mal mit der
Schere oder schalten Sie die Schermaschine ein. Wiederholen Sie das einige Male. Allmählich wird er diese Gegenstände mit dem Fressen in Verbindung bringen, was
die Erfahrung im Hundesalon sehr viel unproblematischer
macht.

Vor allem aber – und das kann ich nicht genug betonen – machen Sie vor dem Gang zum Tierarzt oder dem Hundefriseur einen langen, anstrengenden Spaziergang mit Ihrem Hund! Im Idealfall sollten Sie ihn zuerst ganz normal ausführen, bevor Sie aus dem Haus gehen. Sobald Sie beim Tierarzt oder beim Hundesalon angekommen sind, hängen Sie noch einen kürzeren Spaziergang um den Block an. Wenn Ihr Hund vor seiner Ankunft an einem neuen Ort reichlich Bewegung bekommen hat, verfügt er über weniger angestaute Energie und wird für die neue, möglicherweise angsteinflößende Situation empfänglicher sein. Sobald Ihr Hund Ausflüge an andere Orte mit mehr Zeit für Spaziergänge und einer Verbesserung seiner Bindung an Sie in Zusammenhang bringt, wird er sich allmählich darauf freuen. Auch Leckerlis, die Ihr Hund gern mag, können helfen; aber ein Spaziergang mit seinem Rudelführer wird ihm süßer erscheinen als jeder Hundekuchen der Welt!

Im Hundepark

Der Hundepark kann für Ihren Hund eine willkommene Abwechslung von der Routine sein. Besuche dort können ihm helfen, seine sozialen Fähigkeiten zu verbessern oder zu pflegen, und ihm vielleicht etwas Spaß beim Laufen und Spielen mit Mitgliedern der eigenen Art bereiten. Mehr sollten Sie allerdings nicht erwarten. Dieser Park ist nicht der Ort, an dem Ihr Hund seine überschüssige Energie loswerden kann. Ein Besuch dort ist niemals ein Ersatz für einen Spaziergang. Denn immer da, wo viele unbekannte Hunde zusammentreffen, können Konflikte entstehen. Die »Macht des Rudels« ist bei Hunden sehr stark, aber bedenken Sie, dass ich im Dog Psychology Center manchmal Wochen brauche, um ein neues Mitglied erfolgreich ins Team zu integrieren – und mein Rudel besteht aus bereits ausgeglichenen und stabilen Hunden! Können Sie ehrlich sagen, dass alle Tiere im Hundepark ausgeglichen und stabil sind? Sind Sie absolut sicher, dass das auch auf Ihren Hund zutrifft? Ein Hundepark ist von Mauern bzw. Eingrenzungen umgeben. Und sobald man viele Tiere zusammen an einem Ort einsperrt, treten Raufereien auf.

Kommt Ihnen das folgende Szenario bekannt vor? Sie sind müde. Es war ein langer Tag. Ihnen ist nicht danach, Ihren Hund auszuführen, also stecken Sie ihn ins Auto. Er ist überreizt. Sie sagen: »Alles in Ordnung, Rex, wir fahren in den Hundepark!« Rex spürt Ihre Energie und versteht Ihre Signale. Er erkennt Gerüche und geographische Eigenheiten und reimt sich zusammen, wohin es geht. Er wird immer aufgeregter und springt im Wagen auf und ab.

Die meisten würden jetzt denken: »Ach, er ist so glücklich, dass wir in den Hundepark fahren!«

Aber nein, das ist kein Glück. Es ist vielmehr Aufregung. Inzwischen wissen Sie, dass diese bei einem Hund nichts mit Glück zu tun hat. Für gewöhnlich ist sie mit aufgestauter, frustrierter Energie gleichzusetzen. Was also tun Sie? Sie bringen einen enttäuschten, überreizten Hund in den Park. Je nach energetischem Niveau des Tiers kann damit die Katastrophe programmiert sein.

Wenn ein Artgenosse mit einer aufgedrehten, frustrierten, ängstlichen oder dominanten Energie in den Park kommt, nehmen die anderen Hunde dies sofort wahr. Eine solche Ausstrahlung gilt als instabil, und Instabilität wird von Hunden normalerweise nicht geduldet. Die anderen

Tiere werden sich Rex also entweder nähern und ihn herausfordern oder davonlaufen, weil er randvoll mit hochexplosiver, negativer Energie ist. Wenn ein unausgeglichener Hund sieht, dass sich die anderen von ihm entfernen, kann das bei ihm ein Jagd- oder Angriffsverhalten auslösen. Für ihn ist das die einfachste Möglichkeit, seinen Frust loszuwerden. Ein Tier, das sich in einem solchen Zustand befindet, kann in Schwierigkeiten geraten und einen Hund angreifen; anschließend fangen die anderen Hundebesitzer an, ihn zu verurteilen. Ein Paar von ihnen werden herausbekommen, wann Rex üblicherweise in den Hundepark kommt, und versuchen, den eigenen Aufenthalt dort um eine halbe Stunde nach vorn oder hinten zu verlegen. Wenn der Hund auf diese Halter trifft, senden sie ihm negative Energie, die er wiederum spürt. Dann ist der Besuch im Hundepark keine positive Erfahrung mehr für ihn.

Natürlich wissen Sie bereits, was ich vor dem Besuch im Hundepark empfehle, nicht wahr? Führen Sie Ihren Hund aus! Gehen Sie mindestens eine halbe Stunde zu Hause spazieren, und wenn Sie den Wagen am Hundepark abgestellt haben, laufen Sie dort in der Nähe noch etwas herum. Wenn Rex ein hohes Energieniveau hat, schnallen Sie ihm einen Rucksack um. Vergessen Sie nicht: Er geht in den Hundepark, um seine sozialen Fähigkeiten zu verbessern. Das ist kein Ersatz für seine regelmäßigen Bewegungseinheiten. Arbeiten Sie seine nervöse Energie so gut wie möglich ab und betreten Sie den Hundepark erst, wenn sein Energiepegel gegen null tendiert. Kommt er dann im Park an, wird er entspannt sein, aber trotzdem noch auf die anderen Tiere zugehen und sich mit ihnen beschäftigen. Das fördert einen gesünderen Umgang der Hunde miteinander.

Vergleichen Sie es damit, dass Sie sich mit einer Freundin auf einen Kaffee treffen. Sie werden sich nicht in ein Café setzen und plaudern, wenn Sie völlig aufgedreht sind oder Ihnen nach Tanzen oder einer Runde Jogging um den Block zumute ist, oder? Nein. Sie gehen dorthin, nachdem Sie im Fitnessstudio waren, nach der Arbeit, wenn Sie abends vom Tanzen kommen, ruhig sind und sich entspannen wollen. Dann begegnen Sie Ihrer Freundin auf einem gesunden umgänglichen Niveau. Hunde sind da ganz ähnlich. Je ruhiger sie im Hundepark sind, desto geringer ist die Wahrscheinlichkeit, dass sie sich gegenseitig hetzen. Je weniger sie einander hinterherjagen, umso unwahrscheinlicher ist es, dass sie nacheinander schnappen. Und je weniger sie nacheinander schnappen, desto seltener kommt es vor, dass eine Rauferei ausbricht.

Oft ist das Verhalten der Hundebesitzer im Park ebenso schlecht wie ihre mangelhafte Vorbereitung. Sie kommen in den Park, lassen ihren Hund von der Leine und geben sich von da an völlig unbeteiligt, stehen immer an derselben Stelle und schwatzen miteinander. Sie sehen darin eine Chance, sich vom Druck des Hundehalterdaseins zu erholen – eine Weile »auszustempeln«. Aber vergessen Sie nicht: Rudelführer zu sein, ist ein Vollzeitjob. Ein derartiger Besuch im Hundepark bietet dem Tier keine befriedigende Rudelerfahrung, weil es ganz auf sich allein gestellt ist und keinerlei Führung erhält. Damit will ich nicht sagen, dass Sie sich ständig mitten unter den Hunden tummeln und immerzu mit Ihrem eigenen beschäftigen müssten. Ich meine vielmehr, dass Sie aufmerksam sein und nicht immer an derselben Stelle stehen, sondern im Park herumspazieren und wiederholt durch ruhige und bestimmte

Hörsignale, Blickkontakte und Energie mit Ihrem Hund in Verbindung bleiben sollten. Sie müssen seine Körpersprache kennen und wissen, wie Sie ihn bremsen können, wenn es so aussieht, als könne sich eine Begegnung in einen Konflikt verwandeln.

Wenn sich ein Hund danebenbenimmt, von einem anderen herausgefordert oder schikaniert wird, dann reagieren Sie nicht mit sanfter Energie. Unterstützen Sie weder dominantes noch ängstliches oder aggressives Verhalten, indem Sie den Hund trösten oder streicheln. Lassen Sie nicht zu, dass er sich hinter Ihnen versteckt oder zwischen Ihren Beinen kauert. Entfernen Sie stets alle Häufchen, die Ihr Hund hinterlässt, und lassen Sie ihn niemals unbeaufsichtigt in den Hundepark! Wenn Ihre Rolle als Rudelführer gefestigt ist, wird er von Ihnen wissen wollen, wie er sich verhalten soll. Enttäuschen Sie ihn nicht!

Im Umgang mit seinen Artgenossen hat Ihr Hund bekanntermaßen vier Möglichkeiten: Kampf, Flucht, Vermeidung oder Unterordnung. Wenn er die anderen Hunde im Park ignoriert oder ihnen aus dem Weg geht, heißt das nicht, dass er ein Außenseiter wäre. Wenn Sie an einem Arbeitstag mittags in der Innenstadt spazieren gehen, grüßen Sie ja auch nicht alle Leute, die Ihnen begegnen. Sie ignorieren die meisten. Sie stellen sich nicht jedem Fremden vor, den Sie in einem vollen Aufzug antreffen. Auch beim Hund gehört das Ignorieren zum normalen Sozialverhalten. Ein gesunder, ausgeglichener Hund weiß, wie er anderen Tieren aus dem Weg gehen kann, um Konflikte zu vermeiden und weiterhin ausgeglichen zu bleiben.

Es gibt keine anerkannten Statistiken über Kämpfe, Verletzungen und Todesfälle in amerikanischen Hundeparks. Aber es gibt genügend derartige Vorfälle, dass sich viele

Gemeinden um ein grundsätzliches Verbot von Parks ohne Leinenpflicht bemühen. Die Hunde, die sich hier am besten benehmen, wurden meist schon sehr früh daran gewöhnt. Zweifellos gibt es Tiere, die einfach nicht hierher gehören. Punkt. Dominant-aggressive Hunde sollten nicht in den Hundepark gehen, ebenso ängstliche oder nervöse Tiere (was das Problem ihrer Angst natürlich nicht löst). Angst ist für jeden dominanten Hund im Park ein Signal, zum Angriff überzugehen. Bringen Sie unter keinen Umständen ein krankes Tier dorthin. Erstens könnte es seine Artgenossen anstecken, zweitens werten dominante Hunde seine Krankheit als Schwäche. Gehen Sie niemals mit mehr als drei Tieren gleichzeitig in den Park, und nehmen Sie nur dann mehr als eins mit, wenn Sie sich des Temperaments aller Hunde sicher sind. Läufige Hündinnen können Raufereien auslösen, auch das Mitbringen von Futter vermag Kämpfe zu verursachen.

In einem öffentlichen Hundepark können Sie unmöglich das Temperament aller Tiere vorhersagen, die da auftauchen. Um Ihren Hund an den Umgang mit anderen Caniden zu gewöhnen, gibt es viele – sicherere – Alternativen. Sie können sich Freunde mit Hunden suchen und die Tiere gemeinsam ausführen. Das ist die beste Möglichkeit für unsere Vierbeiner, einander im Rudelzusammenhang kennenzulernen. Geben Sie ihnen anschließend die Möglichkeit, auch in entspannteren Spielsituationen miteinander vertraut zu werden, und merken Sie sich das Verhalten und die Reaktionen der einzelnen Tiere gut. Bleiben Sie Teil des Geschehens, korrigieren Sie Ihren Hund, falls nötig, und ermutigen Sie Ihre menschlichen Gefährten, es Ihnen gleichzutun. Die Hunde in der Gruppe werden die Regeln schnell lernen. Ein Wolfsrudel besteht normalerweise nur aus fünf bis acht Tieren. Es ist nicht nötig, dass Rex zehn bis zwanzig andere Hunde um sich hat, um eine Begegnung mit Artgenossen zu genießen und davon zu profitieren.

Auf Reisen

Jeder Halter kennt die Risiken, die das Verreisen mit einem Hund birgt. Wenn wir das Tier in den Wagen oder die Transportbox für den Flug, die Bahn- oder Bootsreise verfrachten, wird es ihm vielleicht schwindelig, andere übergeben sich, und wieder andere sabbern oder hecheln die ganze Zeit. So mancher Hund wird überreizt und kann sich nicht mehr beruhigen. Andere fühlen sich gefangen und versuchen, sich mit angstaggressivem Verhalten zu schützen. Sie knurren, beißen, heulen und/oder bellen ohne Ende.

Wenn es Zeit wird, auf Reisen zu gehen, fühlen sich diese Hunde deshalb so elend, weil sie sich nicht in einem ruhigen, unterordnungsbereiten Zustand befanden, ehe sie in den Wagen oder die Transportbox gesteckt wurden. Wir müssen sie darauf konditionieren, das Verreisen mit Entspannung in Verbindung zu bringen.

Auch hier gilt: Jedes Mal, wenn wir unseren Hunden etwas zumuten, was unnatürlich für sie ist – und dazu gehört ebenso das Reisen in einem Wagen oder im Flugzeug –, ist das Beste, was wir für sie tun können, sie darauf vorzubereiten. Dabei spielt die Bewegung natürlich wieder eine wichtige Rolle. Bevor wir sie in den Wagen, den Zwinger oder die Transportbox stecken, müssen wir mit ihnen spazieren gehen. Ja, ich rate Ihnen wieder einmal, mit Ihrem Hund einen ausgiebigen, anstrengenden Spaziergang zu unternehmen. Wenn es sich um eine sehr lange Fahrt oder einen langen Flug handelt, schnallen Sie ihm einen Rucksack um oder hängen Sie noch eine halbe Stunde auf dem Laufband dran. Ihr Hund sollte richtig müde sein, bevor Sie ihn irgendwo einsperren. Dann wird er sich in einer natürlichen Ruhephase befinden und es als sinnvoll empfinden, über einen längeren Zeitraum hinweg ruhig zu bleiben.

Natürlich fahren manche Hunde liebend gern Auto, sofern sie dann den Kopf aus dem Fenster stecken dürfen. Wenn Ihr Hund die Nase im Wind hat, ist das für ihn aufregender als für den Menschen ein Film in 3D mit vollem Gefühls- und Geruchserleben in virtueller Realität. Das liegt an den Gerüchen – an den Abertausenden von vertrauten und unbekannten Sinnesreizen, die in jeder Sekunde auf die Nase Ihres Hundes einwirken. Wenn fünf Autos vor Ihnen sind, nimmt er jeden einzelnen Geruch in jedem dieser Autos wahr. Wenn Sie an einem Bauernhof vorbeifahren, riecht er die spezielle »Note« jedes Tiers, das dort lebt. Hunden bereitet ein solches Erlebnis unglaublich viel Freude – es bietet ihnen Unterhaltung, Befriedigung und psychische Stimulation.

Trotzdem rate ich Ihnen davon ab, da es sehr gefährlich für die Gesundheit Ihres Hundes sein kann. Er könnte ein Steinchen oder etwas anderes in die Augen bekommen, und zu viel Luft schadet womöglich seinen Ohren. Zudem könnte ihn eine solch große Aufregung überreizen. Wenn Sie sicher sind, dass Ihr Hund sich in seiner Ruhephase befindet und ruhig im Wagen sitzt, öffnen Sie das Fenster einen kleinen Spalt, aber nicht so weit, dass er seinen Kopf hindurchstecken kann. Zwar sind die Gerüche, die er auf diese Weise wahrnimmt, nicht ganz so intensiv; trotzdem kann er aber – ohne Gefahr für seine Gesundheit – viele faszinierende Düfte erschnuppern.

Ein Umzug

Viele meiner Klienten kommen erstmals nach einem großen Umzug zu mir. Sie sagen: »Vorher, im alten Haus, war mein Hund perfekt.« Nun zeigt er unerwünschtes Verhalten. Er ist dies, er ist jenes… Diesen Klienten ist nicht klar, auf welche Weise sie zu den neuen Symptomen ihres Hundes beigetragen haben. Ich möchte Ihnen zeigen, wie Sie das Entstehen derartiger Auffälligkeiten von vornherein verhindern können.

In freier Wildbahn ziehen Hunde die ganze Zeit umher. Nichts gefällt ihnen besser, als eine neue Umgebung zu erkunden. Aber die Art und Weise, wie der Mensch umzieht, ist für sie nicht natürlich. Wenn wir uns auf den Umzug in ein neues Haus oder eine neue Wohnung vorbereiten, haben unsere Haustiere keine Ahnung davon, dass ein Revierwechsel bevorsteht, aber sie spüren natürlich, dass etwas Dramatisches geschehen wird. Erstens sehen sie, dass ihre ganze vertraute Welt verschwindet. Zweitens spüren sie die widersprüchlichen Energien der Menschen hinsichtlich des Umzugs – die Aufregung, die Anspannung, den Stress oder die Trauer. Ist ein Mensch bekümmert, weil er sein Zuhause verlassen muss, nimmt der Hund das als schwache, negative Energie wahr. Wandern wir durch unsere leeren Häuser und weinen, weil wir unsere alte Nachbarschaft so sehr vermissen werden, und schwelgen wir in Erinnerungen, weil unsere Kinder hier geboren wurden, dann verstehen unsere Hunde nur, dass gerade etwas richtig Schlimmes geschieht. Anschließend stecken wir sie in den Wagen oder in die Transportbox und in einen Flieger. Sie wissen nicht, wohin es geht.

Wenn wir dann in unserem neuen leeren Haus ankommen, lassen wir sie heraus und erwarten von ihnen, dass sie sich noch schneller umgewöhnen als wir! Sie sind bereits angespannt vom Umzug, da sie unsere Gefühle spüren und sie mit traumatischen Ereignissen in Verbindung bringen. Deshalb zeigen sie bei der Ankunft im neuen Zuhause unter Umständen völlig neue Verhaltensweisen. Hunde sind keine Möbelstücke! Wir können sie nicht einfach in Umzugskisten packen, von einem Ort zum anderen schleppen und erwarten, dass ihnen das nichts ausmacht.

Wenn es zu Ihrem neuen Domizil nicht allzu weit ist, rate ich Ihnen, vor dem Umzug mit dem Hund zwei- oder dreimal dort in der Nachbarschaft spazieren zu gehen – falls möglich, von der alten zur neuen Wohnung und wieder zurück. Hunde reagieren sehr empfindlich auf ungewohnte Umgebungen, und wenn der Umzugstag gekommen ist, werden sie wissen, dass sie schon einmal hier waren. Falls Sie weiter wegziehen, halten Sie sich an die Tipps für das Verreisen mit dem Hund.

Obwohl Sie Ihren eigenen Trauerprozess oder Ihre emotionale Veränderung durchmachen, müssen Sie Ihren Hund gleich nach der Ankunft am neuen Ort erst einmal ausführen. Dieser Spaziergang soll ihn nicht nur müde machen, sondern auch helfen, sich an die Umgebung zu gewöhnen. Er sollte mehr als eine Stunde dauern. Ich empfehle sogar, drei Stunden oder länger mit dem Hund zu gehen, obwohl das für die meisten Menschen unmöglich ist. Nach der langen Reise wird das auch Ihnen guttun und helfen, ein wenig von dem Umzugsstress abzubauen. Vielleicht können Sie an diesem ersten Tag die Pflichten des Hundespaziergangs und des Auspackens mit anderen Haushaltsmitgliedern tauschen. Aber was Sie auch tun, betrachten Sie diesen Auslauf als Meilenstein im Leben Ihres Hundes. Er macht ihm klar, dass Sie das Revier gewechselt haben, und der Umzug erscheint ihm natürlicher.

Wenn Sie länger als eine Stunde spazieren waren, sollte er müde und gern bereit sein, sich zu entspannen, während Sie ihm Ihr neues Zuhause vorstellen. Füttern Sie ihn und zeigen Sie ihm ein Zimmer nach dem anderen. Lassen Sie ihn nicht allein herumwandern. Viele meiner Klienten haben diesen Fehler einfach deshalb gemacht, weil sie zu sehr mit dem Auspacken beschäftigt waren, statt sich um ihren Hund zu kümmern. Sie haben gesehen, dass er auf Entdeckungstour gehen wollte, und ließen ihn im ganzen Haus herumstreifen – ehe sie selbst Gelegenheit dazu hatten. In diesem Augenblick haben sie die Disziplin vernachlässigt.

Bedenken Sie: Es ist Ihr Haus, nicht seines. Wenn er sich vor Ihnen damit vertraut machen kann, spielt er in dieser Umgebung die dominante Rolle. Ich schlage vor, Sie zeigen ihm ein Zimmer – sagen wir mal die Küche – und sorgen dafür, dass der Rest des Hauses während des Auspackens für ihn tabu ist. Nach dem ersten langen Spaziergang wird er sich in einer Ruhephase befinden und gern bereit sein, auf Sie zu warten. Sind Sie dann fertig, führen Sie ihn von einem Zimmer ins nächste und bitten Sie ihn jedes Mal nach sich hinein, so wie Sie das an seinem ersten Tag bei Ihnen gemacht haben. Er wird lernen, dass dies Ihr neuer gemeinsamer »Bau« ist und Sie auch dort als Rudel-führer unangefochten sind.

Einen neuen Hund ins Rudel eingliedern

Manchmal habe ich Klienten, die ein Verhaltenspro-blem – etwa Trennungsangst – durch die Anschaffung ei-nes zweiten Hundes lösen wollten. Selbst wenn Sie die allerbesten Absichten haben, kann das sein, als würden Sie ein brennendes Zündholz in einen Benzinkanister werfen. Wenn Sie zwei Tiere haben, muss mindestens eines davon ausgeglichen sein. In einem Haushalt mit mehreren Hun-den müssen alle Mitglieder des bestehenden Rudels in Balance sein. Falls es mehr als einem von ihnen an der nötigen Contenance fehlt, ist eine erfolgreiche Kontakt-aufnahme schlichtweg unmöglich. Auch wenn Ihr »Ru-del« nur aus Ihnen und einem Tier besteht, sollte die Er-weiterung um ein neues Mitglied sorgfältig bedacht sein und die Ausgeglichenheit sowie die Energie der Hunde berücksichtigt werden – von Ihrer eigenen einmal ganz zu schweigen.

Erinnern Sie sich noch an Scarlett, meine Französische Bulldogge und den Glücksbringer des Centers? Sie hatte das Pech, im Haus ihrer Besitzer als unausgeglichener Hund in ein Rudel hineingeworfen zu werden, das eben-falls nicht balanciert war. Als Scarlett ankam, lebten dort alle Tiere ohne Regeln und Grenzen. Ein Hund hatte rie-sige Angst vor allem, ein anderer war angstaggressiv und verteidigte sämtliche Ressourcen. Sogar die Menschen in diesem Haus waren nicht entspannt und undiszipliniert. Scarlett ist eine sehr sensible Hündin. Als sie ankam, spürte sie dieses Chaos und reagierte mit Kampf. Sie griff jene negative Energie an. Sie war auch der jüngste und athletischste Hund im Haus und hatte das höchste Energieniveau. Sie wollte sich von den anderen, schwächeren Hunden einfach nicht herumkommandieren lassen. Leider hatten ihre neuen Besitzer ihre Sympathie schon an die Hunde verschenkt, die bereits bei ihnen lebten – sie besaßen die älteren Rechte. Scarlett war »die Neue«, und deshalb gab man ihr die Schuld an allem. Als sich ihre Besitzer nicht ändern wollten, musste ich Scarlett deshalb aus diesem Umfeld entfernen.

Sie sollten sich nur für ein Tier entscheiden, dessen Energie zu derjenigen des Ersthundes passt. Nehmen Sie keins, dessen energetisches Niveau höher ist! Wie bei unserer Partnersuche müssen die Vorlieben der Hunde keineswegs völlig deckungsgleich sein, damit sie miteinander auskommen. Aber sie müssen dasselbe Grundtemperament haben. Wenn sich Menschen einen Zweithund anschaffen, bevorzugen sie in der ersten Zeit meist den Hund, der schon da war – sie werden nämlich von Schuldgefühlen geplagt, weil sie einen »Konkurrenten« ins Haus geholt haben. Sie wollen nicht, dass der erste »eifersüchtig« wird. Wir deuten die nur natürliche Phase in einem tierischen Rudel, in der festgelegt wird, wer der Dominantere und wer der Unterwürfigere ist, oft als »Eifersucht«. Vielleicht verspüren Hunde tatsächlich etwas, was diesem menschlichen Gefühl ähnelt. Der Grund für die »Eifersucht« ist aber der, dass der Neue denjenigen, der sich in der bestehenden Umgebung bereits wohlgefühlt hat, mit einem höheren Energieniveau oder einer konkurrierenden Energie konfrontiert.

Trotzdem machen sich viele Halter Gedanken. Sie meinen: »Jetzt ist mein Hund böse auf mich. Er hasst mich.« Deshalb strahlen sie noch mehr negative Energie aus. Wenn die Beziehung zwischen den Hunden und ihrem Besitzer dann weiter den Bach runtergeht, gehen sie möglicherweise zum Tierkommunikator. Der erklärt ihnen vielleicht, die beiden Hunde seien uralte Rivalen, die schon in einem vergangenen Leben nicht miteinander ausgekommen sind. Sie glauben, ich übertreibe? Das ist noch die entschärfte Version von einigen der Geschichten, die mir meine Klienten erzählt haben!

Sie müssen beide Hunde gleich behandeln – aus der ruhigen, bestimmten Position des Anführers heraus. Einfache Rudelmitglieder kämpfen nicht um die weitere Rangfolge; sie sollten ihre ganze Energie darauf verwenden, Ihre Regeln und Grenzen einzuhalten. Wenn Sie ein wirklich souveräner Rudelführer sind, haben die Hunde gar keine andere Wahl, als miteinander auszukommen. Zwei unterordnungsbereite Tiere können zufrieden miteinander leben und spielen. Zwei dominante werden einander herausfordern und sich wie Ihnen das Leben zur Hölle machen.

In bestimmten Situationen würde ich allerdings zu einer stärker von Dominanz und Unterwerfung geprägten Beziehung zwischen Erst- und Zweithund raten. Kürzlich drehten wir eine Folge für die zweite Staffel des »Dog Whisperer«, in der es darum ging, einen Gefährten für einen bereits vorhandenen Hund zu finden. Die Folge heißt »Bufords Blind Date«. Buford war ein aggressiv aussehender, sehr ruhiger und stabiler, aber nicht sozialisierter Boxer. Buford war ein wunderbarer Kandidat für die Anschaffung eines Zweithundes, doch seine Besitzerin Bonita war keine hundertprozentig engagierte, ruhige und bestimmte Rudelführerin. Sie gab sich zwar sehr entspannt, brauchte aber viel Hilfe, ehe sie sich einen weiteren Boxer ins Haus holen konnte. Ich wusste, ich konnte mich nicht darauf verlassen, dass sie zwei athletischen Hunden eine entsprechend starke Führung geben würde.

Ich fuhr mit Bonita zur Boxer Rescue in Sun Valley, Kalifornien, um ihr bei der Wahl einer »platonischen Braut« für Buford zu helfen. Buford ist ein sanftmütiger Kerl und hätte mit den verschiedensten Hunden auskommen können, aber ich musste bei der Auswahl auch Bonitas Energie und ihr Engagement berücksichtigen. Sie brauchte einen Hund, der sich ohne erheblichen zusätzlichen Aufwand in den Haushalt einfügte.

Wir entschieden uns für Honey, eine kleine, freundliche, aber extrem ruhige und unterordnungsbereite Hündin mit einem Fell, das an cremige Milchschokolade erinnerte. Als wir Honey nach Hause brachten, erlaubte ich Buford sofort, seine Dominanz zu demonstrieren. Sowohl er als auch Honey waren kastriert, trotzdem gestattete ich ihm die Dominanzgeste, Honey aufzureiten. Darüber hinaus wies ich Bonita an, Honey zwei Wochen lang nicht zu streicheln. Bonita liebt Hunde, und es fiel ihr ausgesprochen schwer. Dennoch war es wichtig, dass sie Buford den Raum gab, sich der neuen Hündin gegenüber als dominant zu erweisen, ehe Bonita ihre Beziehung zu Honey aufnahm.

Im Grunde betraute ich Buford mit der Aufgabe, die normalerweise dem Menschen zufällt – den neuen Hund mit der Hausordnung bekannt zu machen. Da Buford so ausgeglichen war, würde er diese Aufgabe in den ersten beiden Wochen vermutlich konsequenter erledigen, als Bonita es getan hätte.

Wenn ein neuer Hund ins Haus kommt, müssen Sie wieder einmal darauf achten, dass die bereits vorhandenen Tiere vor dem großen Kennenlernen ausgiebig ausgeführt worden sind und ihre Energie durch Bewegung abgebaut haben. Sorgen Sie dafür, dass sie ruhig und unterordnungsbereit sind. Selbst wenn das bevorstehende Treffen Sie nervös macht, müssen Sie verstehen, dass Sie sich Ihre Angst, Anspannung, Nervosität oder Unsicherheit von Ihren Hunden keinesfalls anmerken lassen dürfen. Das würde die erste Begegnung mit ziemlicher Sicherheit zu einem negativen Erlebnis für sie machen. Falls Ihnen nicht wohl dabei ist, dass sich die Hunde in Ihrem Haus kennenlernen, dann machen Sie es wie viele andere Hundebesitzer auch – lassen Sie die erste Begegnung auf neutralem Boden stattfinden. Am Ende des Tages können Sie die beiden dann gemeinsam ins Haus bitten.

Vor allem aber müssen Sie Ihren eigenen Hund kennen, ehe Sie über eine Vergrößerung Ihres Haushalts nachdenken können. Vergewissern Sie sich, dass Ihr Hund weder frustriert ist noch Probleme mit Angst- oder Dominanzaggression hat. Wenn Sie auch mit anderen Hunden Kontakt haben, stellen Sie Ihre eigenen Beobachtungen dahingehend an, wie Ihr Hund sich ihnen gegenüber in verschiedenen Situationen verhält. Beobachten Sie ihn im Hundepark oder beim gemeinsamen Spielen ganz genau. Das wird Ihnen zeigen, an welchen Bereichen seines Verhaltens Sie mit ihm arbeiten müssen, bevor Sie neue Mitglieder ins »Rudel« aufnehmen.

Der Lebenszyklus des Hundes: Alter und Tod

Wenn wir viele Jahre mit einem Hund zusammenleben, werden wir unweigerlich zusehen müssen, wie er altert. Hunde haben kürzere Lebenszyklen als wir Menschen – sie werden im Durchschnitt 13,[2] wir dagegen 77 Jahre alt.[3] Falls wir sie also nicht gerade zu uns nehmen, während wir selbst schon in einem hohen Alter sind, ist die Wahrscheinlichkeit groß, dass sie vor uns altern und sterben. Für viele Hundebesitzer und Familien kann diese Zeit herzzerreißend sein, aber Tiere treten meiner Ansicht nach auch deshalb in unser Leben, weil sie uns lehren sollen, dass das Älterwerden und Sterben natürlich sind, dass wir die Zeit nach unserem Dahinscheiden lediglich als eine andere Phase unseres Lebenszyklus erfahren und akzeptieren müssen. Hunde feiern das Leben, und sie haben keine Probleme mit dem Tod. Sie kommen mit ihm sogar sehr viel besser zurecht als wir. Wir müssen sie in dieser Hinsicht als unsere Lehrer betrachten. Ihre natürliche Weisheit kann uns helfen, Trost zu finden, wenn wir uns unserer menschlichen Gebrechlichkeit und Endlichkeit stellen müssen.

Wird ein Hund krank – angenommen, er hat Krebs –, »sieht« er seine Krankheit nicht wie wir. Wir haben Mitleid mit ihm und überschwemmen ihn jedes Mal, wenn wir ihn anschauen, mit Trauerenergie; doch eine solche Energie erzeugt nur ein negatives Umfeld für ihn. Wenn ein Hund mit einer Krebsdiagnose vom Tierarzt kommt, denkt er nicht: »O Gott, ich habe nur noch sechs Monate zu leben! Ich wünschte, ich wäre einmal in China gewesen!« Hunde leben im Augenblick, ob sie Krebs haben

341

oder nicht, blind sind oder sehen, taub sind oder hören können. Ganz gleich, wie schrecklich ihre Lage ist, Hunde leben einfach weiter Tag für Tag im Hier und Jetzt.

Vor kurzem hielt ich in Texas ein Seminar vor 350 Zuhörern. Neben mir auf der Bühne saß eine Hündin aus einem örtlichen Tierheim. Bei ihr war vor kurzem Krebs festgestellt worden, aber man konnte sich keinen Hund vorstellen, der glücklicher gewesen wäre als sie! Die Seminarteilnehmer flüsterten: »Der Hund hat Krebs. Ach, das arme Ding.« Aber dieser Hündin war es egal, dass die Menschen Mitleid mit ihr hatten. Sie amüsierte sich prächtig. Sie war nur eine ausgeglichene, ruhige und unterordnungsbereite Hündin in einer interessanten neuen Umgebung – wir können von Hunden lernen, das Leben Tag für Tag in vollen Zügen zu schätzen und zu genießen.

Die Entscheidung, einen todkranken Hund einschläfern zu lassen, ist eine der schwersten, die uns Menschen abverlangt wird. Diese ganz persönliche Entscheidung ist letzten Endes eine Frage Ihres Gewissens, Ihrer spirituellen Überzeugungen und Ihrer persönlichen Verbindung zu Ihrem Hund. Eine meiner Klientinnen erklärte, sie habe sie erst in dem Augenblick treffen können, als in ihrem Hund »alle Lichter ausgingen«, obwohl er noch lebte und atmete. Das Beste, was ich Ihnen für eine solch schmerzliche Situation mitgeben kann, ist dies: Wenn Ihr Hund einmal stirbt, wird er vermutlich ein sehr viel ausgefüllteres Leben gehabt haben als Sie. Er hat jeden Augenblick auf dieser Erde genossen. Er verlässt sie ohne Bedauern – und ohne Unerledigtes zurückzulassen.

Der Mensch ist das einzige Tier, das den Tod aktiv fürchtet, das sich davor ängstigt, zwanghaft darüber nachdenkt und deswegen trauert – und das, bevor er eintritt. Wir können diesbezüglich so viel von Hunden lernen! Das Tier lebt jeden Augenblick, jeden Tag im Hier und Jetzt. Es kostet jeden Tag bis zur Neige aus. Trauern Hunde? Ja. Forschungen haben bewiesen, dass viele Tiere um ihre Toten trauern, besonders um Familienangehörige, Partner oder diejenigen, zu denen sie eine tiefe Beziehung hatten.[4] Doch für die meisten Tiere ist die Trauer lediglich eine Phase, die sie bei ihrer Rückkehr zur Ausgeglichenheit durchlaufen. Wenn in freier Wildbahn ein Rudelführer stirbt, wird der Verlust des Leittiers eine Weile betrauert und anschließend der schwierige Übergang zu einer neuen Rudelstruktur gemeistert. Dann geht das Leben weiter.

Wie ich bereits sagte, gehen Hunde psychologisch betrachtet sehr viel schneller wieder zum Alltag über als der Mensch – das heißt, sofern wir sie lassen. Wenn einer von zwei Hunden in einem Haushalt stirbt, wird der andere natürlich um seinen dahingeschiedenen Gefährten trauern. Doch es ist normal, dass dieser Hund anschließend wieder in seinen ausgeglichenen Zustand zurückfindet; es sei denn, der Mensch lässt es nicht zu. Wir verhindern, wozu seine Natur ihn drängt – weiterzumachen, das Leben bis zur Neige auszukosten.

Sie wären überrascht, wie oft ich in Familien komme, in denen ein Hund gestorben ist und das überlebende Tier plötzlich völlig neue Probleme entwickelt. Die Familie bittet mich um Hilfe und sagt: »Er kann Winstons Tod einfach nicht verwinden.« Dann sehe ich mich im Zimmer um. Überall sind Fotos von Winston. Andenken an seine Beerdigung, die Urne mit seiner Asche auf dem Kaminsims. Die Vorhänge sind zugezogen. Das Haus ist dunkel und staubig. Das ist natürlich nicht das Werk des Hundes.

Ich frage, wann Winston gestorben ist, und höre: »Vor einem halben Jahr.« Ein halbes Jahr! Für einen Hund ist ein halbes Jahr eine Ewigkeit. Und es kann nicht normal sein, so lange in einer Depression zu verharren. Hunde sind mehr als bereit, in ihren ursprünglichen ausgeglichenen und stabilen Zustand zurückzukehren. In diesen Fällen steckten die Menschen in ihrer Trauer fest und waren nicht bereit, mit ihrem Leben weiterzumachen. Der Hund spürte lediglich deren tragische Energie und die Depression und wurde davon heruntergezogen. In einigen Fällen brauchten die betroffenen Menschen sogar Trauerbegleitung, damit sie ihren Unwillen, mit dem Leben weiterzumachen, nicht mehr auf ihren Hund projizierten. Sie mussten zuerst ihre eigenen Probleme akzeptieren und überwinden.

Ich erlebe auch sehr oft, dass kurz nach dem Tod eines Hundes ein neuer Hund ins Haus kommt. Dieser soll als »Ersatz« für den verstorbenen dienen. In solchen Fällen ist es oft zu früh für den »Ersatzhund«. Die Menschen (und manchmal auch die anderen Hunde im Haus) stecken noch mitten in der Trauerphase. Wenn man ein Tier in ein Haus holt, in dem Trauer herrscht, kommt es in eine Umgebung, in der nur sanfte, schwache – durch und durch negative – Energie zu spüren ist. Darin gibt es keine starken Rudelführer.

Kürzlich hatte ich den Fall, dass ein Deutsche-Doggen-Welpe das Regiment im Haus übernommen hatte und dem Mann, der Frau und dem Ersthund sehr zu schaffen machte. Der Welpe war nicht von Natur aus dominant, aber sobald er das Haus betreten hatte, spürte er ein Führungsvakuum. So schwer Ihnen das auch fallen mag, ich rate Ihnen dringend, nach dem Tod eines Haustiers eine Weile zu warten, ehe Sie sich ein neues holen. Warten Sie, bis Sie bereit sind, die Vorhänge zu öffnen, das Licht hereinzulassen und wieder zu lachen. Dann sind Sie auch wieder disponiert, die Rolle des Rudelführers zu übernehmen und dem neuen Hund in Ihrem Leben ein gesundes, ausgeglichenes Zuhause zu bieten.

Cesar und Daddy

9

Erfüllter Hund, erfüllter Herr

Das mag ein Schlag für unser aufgeblasenes menschliches Ego sein, aber im Grunde brauchen wir die Hunde mehr als sie uns. Wenn der Mensch morgen vom Erdboden verschwände, würden die Hunde irgendwie überleben; sie gehorchten ihren Genen und bildeten Rudel, ähnlich wie ihre Verwandten, die Wölfe, es noch immer tun. Sie würden wieder jagen, sich Reviere suchen und wie bisher Junge aufziehen. In mancher Hinsicht wären sie vielleicht glücklicher. Hunde brauchen den Menschen nicht, um ausgeglichen zu sein. Ja, die Schwierigkeiten und Imbalancen, unter denen sie leiden, ergeben sich meist daraus, dass sie mit unnatürlichen Situationen konfrontiert werden und mit uns in dieser modernen, industrialisierten Welt hinter Mauern leben.

Wie ich bereits angedeutet habe, sind Hunde vom Pluto und Menschen vom Saturn. Es wäre vielleicht richtiger, zu sagen: Hunde sind von der Erde – und die Menschen kommen aus dem All. Wir unterscheiden uns in so vielen

Punkten von all den anderen Wesen, die mit uns auf diesem Planeten leben. Wir sind vernunftbegabt, und das schließt die Fähigkeit ein, uns selbst etwas vorzumachen. Das geschieht, wenn wir Tiere vermenschlichen. Wir projizieren unsere Vorstellungen auf sie, um uns selbst besser zu fühlen. Dabei schaden wir nicht nur den Tieren. Gleichzeitig distanzieren wir uns auch immer weiter von der natürlichen Welt, in der sie leben.

Wir übersehen offenbar, dass auch wir noch Zugang zu jener Welt haben, in der sie leben. Deshalb können die indigenen Völker Generation für Generation in den Wüsten, den Bergen, den Wäldern und im Dschungel überleben. Sie gehören wie wir zur Spezies Homo sapiens und sind doch ganz im Einklang mit ihrer animalischen Natur. Sie können in beiden Welten leben. Hier in der »Zivilisation« haben wir uns von jener natürlichen Welt entfernt, da wir uns selbst als die einzige überlegene Art betrachten – die Spezies, die erschafft und entwickelt. Wir töten unsere bessere, natürlichere Seite immer weiter ab, wenn wir des Geldes wegen ganze Ökosysteme zerstören. Niemand anders fügt Mutter Natur so großen Schaden zu wie wir. Das tut nur der Mensch.

Doch unabhängig davon, welche Desaster wir anrichten, sehnt sich unsere animalische Natur nach Erfüllung. Weswegen sonst pflanzen wir Bäume entlang den Autobahnen? Weshalb schmücken wir die Eingangshallen von Hochhäusern mit Wasserfällen? Weshalb hängen wir Landschaftsbilder an die Wände unserer Häuser? Sogar die winzigsten Innenstadtwohnungen haben oft Blumenkästen vor den Fenstern. Wir geben die Ersparnisse eines ganzen Jahres für einen zweiwöchigen Urlaub am Meer, an einem See oder in den Bergen aus, der uns den Verstand rettet. Das liegt daran, dass wir uns ohne jegliche Verbindung zur Natur isoliert glauben. Unsere Welt fühlt sich kalt an. Wir werden unausgeglichen. Wir sterben innerlich.

In Amerika und in vielen weiteren Kulturen der Welt dienen die Hunde und die anderen Tiere, die wir ins Haus holen, als eine unserer wichtigsten Verbindungen zur Natur. Wir tun das vielleicht nicht bewusst, aber sie stellen den »Link« zu einem Teil von uns dar, den wir gänzlich zu verlieren drohen. Falls wir die Hunde aber vermenschlichen, verpassen wir die lebenswichtigen Lektionen, die zu lehren sie zu uns gekommen sind: wie wir die Welt durch die Wahrheit unserer animalischen Instinkte erfahren, wie wir jeden Augenblick und jeden Tag bis zur Neige auskosten können.

Wenn wir uns einen Hund zulegen, sind wir dafür verantwortlich, dass seine instinktiven Bedürfnisse erfüllt werden, damit er ein ausgeglichenes Leben führen kann. Den Tieren ist es egal, ob sie Kunststückchen vorführen können. Es ist ihnen gleich, ob sie Preise gewinnen oder ihre Halsbänder funkeln, und es interessiert sie auch nicht, ob Sie in einem großen Haus wohnen oder Arbeit haben.

Dafür sind ihnen andere Dinge wichtig: etwa die Solidarität im Rudel, die Bindung an ihr Leittier beim gemeinsamen Umherziehen, die einfachen Freuden im Genuss eines einzigen Augenblicks… Wenn Sie die Bedürfnisse Ihres Hundes in diesen Punkten erfüllen – indem Sie ihm Bewegung, Disziplin und Zuneigung zukommen lassen, und zwar in dieser Reihenfolge –, wird er sich bereitwillig und mit Freuden dafür revanchieren. Dann werden Sie Zeuge des Wunders, wie zwei völlig verschiedene Arten miteinander kommunizieren können und eine Bindung zwischen ihnen entsteht, die Sie nie für möglich gehalten hätten. Sie werden in der Beziehung zu Ihrem Hund jene Art von tiefer Verbundenheit finden, von der Sie vielleicht immer geträumt haben.

Ich hoffe aufrichtig, dass Ihnen dieses Buch ein Ausgangspunkt für Ihre Bemühungen um eine bessere, gesündere Beziehung zu den Hunden in Ihrem Leben sein wird.

Das goldene Licht der magischen Stunde ergießt sich über den verlassenen südkalifornischen Strand. Ich springe in eine flache Welle und werfe mit aller Kraft einen Tennisball ins Meer. Japsend vor Freude stürmt das ganze Rudel hinterher. Jeder Hund will derjenige sein, der ihn mir zurückbringt. Trotzdem kämpfen sie niemals miteinander um den Ball. Wer Hunde kennt, der weiß, was für ein Wunder das ist – aber ich bin ein guter Rudelführer, und sie sind gute Rudelmitglieder. Regeln sind Regeln, und alle wissen das. Dieses Mal ergattert Carlitos, ein dreibeiniger Pitbull, den Preis – der Beweis für seine schiere Entschlossenheit. Die anderen bellen ihm hinterher, als er zu mir zurückhumpelt und mir den nassen Ball mit dem Ausdruck höchster Verzückung in den Augen in die Hand legt. Ich kraule ihn am Kopf, dann laufe ich wieder ans Wasser und werfe den Ball noch einmal ins Meer. Wieder springen die Hunde in die Brandung. Einen Augenblick lang kann ich empfinden, was sie fühlen – das kühle Salzwasser auf meiner Haut, die vielen tausend Gerüche des Strandes in meiner Nase, das beruhigende Rauschen der Wellen in meinen Ohren. Ich spüre die reine Freude dieses einen, flüchtigen Augenblicks, und das verdanke ich ihnen. Ich habe ihnen alles zu verdanken.

Die rote Sonne berührt den Pazifik, als wir den steinigen Pfad zum Van hinauftrotten. Wir sind erschöpft, aber glücklich. Heute Nacht werden alle über vierzig Hunde im Center tief und fest schlafen. Auch ich werde gut schlafen, weil ich weiß, dass ich dazu beitrage, ihnen ein erfülltes Leben zu schenken – so wie es ihnen bereits gelungen ist, mein Leben zu erfüllen.

Anhang

DANK

Dies ist mein erstes Buch, und es bedeutet mir sehr viel. Deshalb ist es mir wichtig, all jenen Menschen zu danken, die mein Leben beeinflusst haben – die mir halfen, den Traum vom eigenen Buch zu verwirklichen! Einige davon habe ich nie kennengelernt, aber sie alle trugen dazu bei, mein Denken und die Art und Weise, wie ich meine Arbeit angehe, zu prägen.

An erster Stelle steht Jada Pinkett Smith, die mehr als eine Klientin ist. Sie ist auch meine Mentorin, Ratgeberin und mein Vorbild. Danke, Jada, du hast mir gezeigt, was bedingungslose Freundschaft ist.

Jay Real möchte ich dafür danken, dass er mich unter seine Fittiche genommen und mich mit den Regeln und Grenzen der Geschäftswelt vertraut gemacht hat. Jay, du bist ein Ehrenmann. Du wusstest instinktiv, wann du mich an der Hand nehmen und führen musstest, aber auch, wann ich bereit war, das Nest zu verlassen und davonzufliegen. Dafür werde ich dir ewig dankbar sein.

353

Ich habe auch zwei Frauen zu danken. Jenen Damen, die einen Hundesalon in San Diego führten und mich einstellten, kurz nachdem ich in die Vereinigten Staaten gekommen war. Verzeiht, dass ich eure Namen vergessen habe – damals konnte ich noch kein Englisch, und amerikanische Namen waren sehr schwierig für mich. Aber wenn ihr diese Zeilen lest, sollt ihr wissen, dass ich niemals vergessen werde, was ihr für mich getan habt. Ihr wart meine ersten (aber nicht meine letzten!) amerikanischen Schutzengel.

Die Autoren von »Selbsthilfe«-Büchern und die Experten auf diesem Gebiet werden von den Medien oft lächerlich gemacht; doch ich bin mir sicher, dass ich meinen gegenwärtigen Erfolg vielen von ihnen zu verdanken habe. Oprah Winfrey beeinflusste mich, lange bevor ich die Ehre hatte, sie persönlich kennenzulernen und mit ihren Hunden zu arbeiten. Gleich zu Beginn meiner beruflichen Laufbahn veränderte ihre Sendung »How to Say No« (»Wie man nein sagt«) mein Leben. Damals sagte ich nein zu meiner Familie, aber ja zu allen anderen. Danke, Oprah, für deine Weisheit und dein Verständnis. So, wie du lebst und arbeitest, wirst du für mich stets der Inbegriff von »ruhiger, bestimmter« Energie sein. Du bist eine wirklich großartige menschliche »Rudelführerin«!

Ich möchte auch noch andere Autoren erwähnen und empfehlen, die sowohl mein Leben als auch meine Arbeit mit den Hunden beeinflusst haben. Anthony Robbins zeigte mir, wie man sich ein Ziel setzt, wie man das tut, was nötig ist, um es zu erreichen – und es erreicht. Dr. Wayne Dyer lehrte mich die Macht der Aufmerksamkeit. Deepak Chopra half mir dabei, dass ich mir über meine Ansichten zum Thema »Gleichgewicht zwischen Körper und Seele« sowie »Unsere Verbindung zur Natur und den spirituellen Welten« klarer wurde. Dr. Phil McGraw lehrte mich, wie man Menschen auf liebevolle Art und Weise Dinge sagt, die sie vielleicht nicht hören wollen. Er half mir auch, freundlich zu akzeptieren, dass meine Ratschläge nicht für jedermann geeignet sind. Das Buch *Männer sind anders. Frauen auch: Männer sind vom Mars, Frauen von der Venus* des Psychologen John Gray half mir, meine Ehe zu retten.

Es gab einen Punkt in meinem Leben, an dem ich mich verzweifelt fragte, ob ich verrückt sei. An dem ich mich fragte, ob ich der einzige Mensch auf der Welt sei, der glaubte, dass Hunde*psychologie* – nicht Hunde*erziehung* – der Schlüssel sei, um verhaltensauffälligen Hunden zu helfen. Das Buch *Dog Psychology: The Basics of Dog Training* des verstorbenen Dr. Leon F. Whitney sowie *Was geht in meinem Hund vor?* von Dr. Bruce Fogle retteten mich aus dieser Misere und halfen mir dabei, zu erkennen, dass ich auf dem richtigen Weg war.

Als 2002 eine Reportage über mich in der *Los Angeles Times* erschien, fiel eine Horde von Hollywoodproduzenten über mich und das Dog Psychology Center her. Sie versprachen mir das Blaue vom Himmel, sofern ich ihnen mein Leben und meine »Rechte« überschrieb. Nur Sheila Emery und Kay Sumner forderten nichts von mir und verzichteten auf wilde Versprechungen. Ich danke ihnen dafür, dass sie den Kontakt zur MPH Entertainment Group hergestellt haben – zu Jim Milio, Melissa Jo Peltier und Mark Hufnail. Das Team MPH/Emery-Sumner verkaufte meine Sendung »Dog Whisperer with Cesar Millan« an den National Geographic Channel. Im Gegensatz zu den anderen Produzenten, die auf mich zugekommen waren, wollte man mich bei MPH nicht verändern. Nicht ein einziges Mal bat man mich, dass ich mich verstellte. Sie wollten mich so präsentieren, wie ich war – ohne Schnickschnack und ohne Show. Kay, Sheila und die drei Partner von MPH (ich bezeichne sie als mein »Fernsehrudel«) halfen mir, mir meine Bodenständigkeit und meine Gelassenheit in einer Branche zu bewahren, in der Anfänger leicht aus dem Gleichgewicht geraten.

Mein besonderer Dank gilt meinen wunderbaren Söhnen Andre und Calvin. Sie haben einen Vater, dem seine Mission sehr am Herzen liegt: eine Aufgabe, welche oft Zeit verschlingt, die er mit ihnen hätte verbringen können. Sie sollen wissen, dass meine Gedanken in jeder Sekunde, die ich nicht mit ihnen verbringe, in erster Linie ihnen gelten. Meine unglaublichen Jungs, ihr seid der Grund, weshalb ich weitermache. All die Spuren, die ich auf dieser Welt hinterlasse, hinterlasse ich für euch. Ihr sollt in einer ehrenwerten Familie aufwachsen. In einer Familie, die für etwas Wichtiges steht. Andre und Calvin, ich hoffe, ihr werdet euch stets an eure Wurzeln erinnern, sie lieben und ehren.

Am wichtigsten aber ist meine Kraftquelle, meine Stütze – meine Frau Ilusion Wilson Millan. Ich glaube, niemand ist glücklicher als ein Mann, dessen Frau hundertprozentig hinter ihm steht, und ich habe dieses Glück. Ilusion kannte mich, bevor ich »jemand« war oder etwas hatte. Sie lehrte mich bedingungslose Liebe und »rehabilitierte« mich. Ich bin ein sehr bodenständiger Mensch, aber vor der Ehe mit meiner Frau hatte ich ein wenig die Orientierung verloren. Ich wurde egoistisch, und meine Prioritäten gerieten durcheinander. Ilusion rettete mich. Sie stellte Regeln auf und setzte Grenzen. Sie kämpfte für das, was sie als das Beste für die Beziehung und für unsere Familie erachtete, und gab in diesen Dingen niemals nach. Sie liebt die Menschen, wie ich die Hunde liebe. Zu Beginn meiner Laufbahn fiel es mir leichter, die menschliche Seite des Mensch-Hund-Teams abzutun, aber Ilusion erkannte sofort, dass die Menschen verstehen mussten, wenn die Hunde glücklich sein sollten. Sie ist der selbstloseste und nachsichtigste Mensch, den ich kenne. Sie weiß, was wahre Vergebung ist – kennt nicht nur die Worte, sondern weiß, wie man wirklich vergibt. Sie hat den Menschen vergeben, die für höchst traumatische Ereignisse in ihrem Leben verantwortlich waren. Das allein ist mir eine Inspiration. Ilusion, jeden Morgen erwache ich voller Stolz und fühle mich geehrt, dass du meine Frau bist.

Zum Schluss sind da noch die Hunde. Wäre ich ein Baum, hätten all die wundervollen Menschen in meinem Leben zu meinem Wachstum beigetragen. Meine Wurzeln aber sind die Hunde. Sie sorgen dafür, dass ich auf dem Boden bleibe. In jedem Hund, dem ich begegne, lebt der Geist meines Großvaters weiter. Des Mannes, der mein Lebensziel am stärksten beeinflusst und der mir als Erster das Wunder der Tierwelt und die Wunder von Mutter Natur nahegebracht hat. Hunde lesen keine Bücher, und dieser Dank bedeutet ihnen nichts. Aber ich hoffe, wenn ich in ihrer Nähe bin, spüren sie die Energie meiner unsterblichen Dankbarkeit für all das, was sie mir geben.

Melissa Jo Peltier möchte folgenden Menschen danken:
Laureen Ong, John Ford, Colette Beaudry, Mike Beller und Michael Cascio vom National Geographic Channel sowie Russel Howard und Chris Albert, ihrer genialen Werbeabteilung. Dem Team und den Mitarbeitern von

»Dog Whisperer with Cesar Millan«, die immer wieder hervorragende Arbeit leisten. Scott Miller von der Trident Media Group für seinen Glauben und seine Geduld sowie dem unvergleichlichen Ronald Kessler dafür, dass er den Kontakt zu Trident hergestellt hat. Kim Meisner und Julia Pastore von Harmony Books für ihren Sachverstand. Heather Mitchell für die Recherchearbeit und das Prüfen der Fakten. Kay Sumner und Sheila Emery dafür, dass sie Cesar in unser Leben gebracht haben. Ilusion Millan für ihr Vertrauen und ihre Freundschaft. Jim Milio und Mark Hufnail für zehn unglaubliche Jahre – und es ist noch lange nicht Schluss. Euclid J. Peltier (meinem Vater) für die Inspiration. Der reizenden Caitlin Gray für ihre Geduld, während ich den Sommer mit Schreiben zubrachte. Und John Gray, der Liebe meines Lebens – mit dir wurde alles anders.

Und natürlich Cesar. Cesar, ich danke dir für die Ehre, bei der Erfüllung deiner Lebensaufgabe mitwirken zu dürfen.

CESARS GLOSSAR

1. Ruhige und bestimmte Energie
Die Energie, die Sie ausstrahlen müssen, um Ihrem Hund zu zeigen, dass Sie sein ruhiger und bestimmter Rudelführer sind. Bitte beachten Sie, dass »bestimmt« weder »wütend« noch »aggressiv« heißt. »Ruhig und bestimmt« bedeutet immer, dass Sie mitfühlend und ruhig sind, aber alles im Griff haben.

2. Ruhige und unterordnungsbereite Energie
In der Natur ist dies die angemessene Energie für die Mitglieder eines Rudels. Somit ist das auch die Energie, die ein Hund ausstrahlen sollte, der in einem menschlichen Haushalt lebt. Eine ruhige und unterordnungsbereite Energie erkennt man unter anderem an einer entspannten Körperhaltung, angelegten Ohren und der nahezu instinktiven Befolgung der Kommandos des »Rudelführers«.

3. Bewegung, Disziplin und Zuneigung: in dieser Reihenfolge!
Dies sind die drei Zutaten für einen glücklichen, ausgeglichenen Hund. Die meisten Halter geben lediglich Zuneigung oder erfüllen die drei Grundbedürfnisse ihres Hundes nicht in der richtigen Reihenfolge:

– *Bewegung:* ein mindestens einstündiger Spaziergang jeden Tag, der in der korrekten Art und Weise abzulaufen hat.
– *Disziplin:* Regeln und Grenzen, die dem Hund gewaltfrei klargemacht werden.
– *Zuneigung:* eine Belohnung für unsere Hunde und für uns selbst, aber erst nachdem sich der Hund in unserem »Rudel« ruhig und unterordnungsbereit zeigt.

4. Die Kunst des Spazierengehens meistern

Der gemeinsame Spaziergang ist für den Hund ein äußerst wichtiges Ritual. Sie müssen jeden Tag mindestens zweimal 30 bis 45 Minuten spazieren gehen, um Ihren Hund sowohl geistig als auch körperlich zu fordern. Darüber hinaus hat der Hundebesitzer während des Spaziergangs die Rolle des Leittiers zu spielen. Das heißt, der Hund läuft neben oder hinter seinem Herrchen/Frauchen, statt vorauszulaufen und an der Leine zu zerren. Wenn ein Hund sein Herrchen »ausführt«, fühlt er sich in diesem Augenblick als Rudelführer. Dann hat der Mensch ihn nicht im Griff.

5. Regeln und Grenzen

– Hunde müssen zweifelsfrei wissen, dass ihr Rudelführer die Regeln und Grenzen sowohl für das Leben zu Hause als auch außer Haus festlegt.
– Wut, Aggression oder Missbrauch des Hundes werden Ihnen die Position des Leittiers nicht sichern. Ein wütender, aggressiver Rudelführer hat die »Zügel« nicht in der Hand. Dagegen erleichtern eine ruhige und bestimmte Energie und tägliches, konsequentes Führungsverhalten das Durchsetzen der Regeln.

6. Probleme

Wenn sich ein Hund nicht darauf verlassen kann, dass sein Besitzer ein starkes, ausgeglichenes »Alpha-Tier« ist, wird er unsicher, welche Rolle er selbst im Rudel spielt. Ein Hund, der nicht weiß, wer der Anführer ist, sorgt sich um das Überleben der Gemeinschaft und versucht deshalb, die fehlenden Führungselemente zu ergänzen, was oft völlig unsystematisch geschieht. Das kann zu Aggression, Furchtsamkeit, Angst, zwanghaftem Verhalten oder Phobien führen: Das bezeichne ich als »Probleme«.

7. Ausgeglichenheit

Ein ausgeglichener Hund befindet sich in dem Zustand, den Mutter Natur für ihn vorgesehen hat – er ist ein ruhiges und unterordnungsbereites Rudelmitglied, das körperliche Erfüllung in der Bewegung, geistige Erfüllung in Regeln und Grenzen und emotionale Erfüllung in der Zuneigung seines Besitzers findet.

8. Hundeerziehung

Die Konditionierung eines Hundes auf menschliche Befehle: »Sitz!«, »Bleib!«, »Komm!«, »Bei Fuß!« – das ist nicht das, was ich tue.

9. Rehabilitation von Hunden

Und das tue ich: Ich helfe Hunden mit Problemen, in den ausgeglichenen Zustand ruhiger Unterordnung zurückzufinden. Manchmal hat es den Anschein, als könne ich einen Hund von einem Augenblick auf den anderen »in Ordnung bringen«, aber wie ich schon sagte: Hunde sind keine Haushaltsgeräte. Man kann sie nicht einfach zum Richten geben. Eine dauerhafte Rehabilitation des Hundes ist nur mit einem ruhigen, bestimmten, verlässlichen und konsequenten Halter möglich.

10. Nase, Augen, Ohren: in dieser Reihenfolge!

Ich erinnere Hundebesitzer immer wieder daran, dass ihre Tiere die Welt anders sehen als wir. Wir verlassen uns bei der Kommunikation in erster Linie auf die Ohren und Augen. Bei Hunden steht die Nase an erster Stelle, dann folgen die Augen und schließlich die Ohren. Wenn wir einem Hund erlauben, sich mit unserem Geruch vertraut zu machen, ehe wir Blickkontakt zu ihm aufnehmen oder ihn ansprechen, können wir unter anderem schon damit früh Vertrauen schaffen.

11. Hunde vermenschlichen

Viele Halter machen in allerbester Absicht den Fehler, dass sie ihre Hunde als etwas wie ihre »Kinder« betrachten. Ich rate ihnen, die Welt stattdessen mit den Augen eines Hundes zu sehen. Ein hübsches Outfit, exklusives Hundefutter und eine Millionenvilla machen einen Hund nicht glücklich. Regelmäßige Bewegung, ein starker, verlässlicher Rudelführer und Zuneigung, die er sich verdienen musste, sind das Rezept für einen ruhigen und ausgeglichenen Hund.

12. Das Training der Hundehalter

Wenn sie mich engagieren, meinen viele Hundehalter, ihr Hund sei das Problem. Ich versuche, ihnen klarzumachen, dass ihr eigenes Verhalten sehr starke Auswirkungen auf ihren Hund hat, und mache Vorschläge, wie sie »umdenken« und lernen können, ruhige und bestimmte Rudelführer zu werden.

LITERATURVERZEICHNIS

Abrantes, Roger: *Hundeverhalten von A–Z*. Stuttgart: Kosmos, 2005

American Kennel Club: *The Complete Dog Book*. New York: Wiley Publications, 19. Aufl. 1998

Bekoff, Mark: *Minding Animals: Awareness, Emotion and Heart*. New York: Oxford University Press, 2002

Dibra, Bash, mit Elizabeth Randolph und Kitty Brown: *Your Dream Dog: A Guide to Choosing the Right Breed for You*. New York: New American Library, 2003

Fogle, Bruce: *Was geht in meinem Hund vor? Faszinierende Einblicke in das Wesen und Verhalten von Hunden*. Bergisch Gladbach: Lübbe, 1993

Hauser, Marc D.: *Wilde Intelligenz: Was Tiere wirklich denken*. München: Deutscher Taschenbuch Verlag, 2003

Irvine, Leslie: *If you Tame Me: Understanding Our Connection with Animals*. Philadelphia: Temple University Press, 2004

McConnell, Patricia B.: *Das andere Ende der Leine: Was unseren Umgang mit Hunden bestimmt*. Mürlenbach/Eifel: Kynos-Verlag, 2004

Die Mönche von New Skete: *Wer kennt schon seinen Hund?* Berlin: Ullstein, 3. Aufl. 1990

Scott, John Paul, und John L. Fuller: *Genetics and the So-*

cial Behavior of the Dog: The Classic Study. Chicago: University of Chicago Press, 1965

Towery, Twyman L.: *Die Weisheit der Wölfe. Wolfsstrategien für Geschäftserfolg, Familie und persönliche Entwicklung.* München: Goldmann Arkana, 1999

Whitney, Leon F.: *Dog Psychology: The Basics of Dog Training.* New York: Howell Book Hose, 1971, 1964

ÜBER DIE AUTOREN

Cesar Millan

Cesar Millan ist ein renommierter Experte für das Verhalten und einer der gefragtesten Fachleute im Bereich der Resozialisierung von Hunden. Ob tyrannische Chihuahuas oder ängstliche Doggen, Cesar besitzt ein außergewöhnliches Talent für die Kommunikation mit Hunden und dafür, die Welt mit ihren Augen zu sehen. Zu seinen prominenten Klienten gehören Will Smith und Jada Pinkett Smith, Vin Diesel, Nicolas Cage, Ridley Scott, Michael Bay, Hillary Duff – und natürlich ihre Hunde. Im Dog Psychology Center in Los Angeles erhält Cesar bis zu hundert Anrufe am Tag von Hundehaltern, die verzweifelt um seine Hilfe bitten. Wenn sich diese Menschen an Cesar wenden, stecken sie mit ihrem geliebten Tier in der Krise. Er ist ihr Helfer in der Not und oft auch ihre letzte Hoffnung.

Neben seiner Sendung »Dog Whisperer with Cesar Millan« im National Geographic Channel war Cesar auch in der »Tonight Show« mit Jay Leno, bei »Good Morning, America« mit Diane Sawyer, in »Good Day Live«, »America's Top Dog«, »Entertainment Insider« und dreimal in der »Oprah Winfrey Show« zu sehen. In Zeitschriften wie *People* und *Men's Health* sowie den Zeitungen *The Washington Post, Los Angeles Times, New York Post* und

US Weekly, um nur einige herauszugreifen, sind Berichte über ihn erschienen. 2005 ehrte die Jury des US-Tierschutzbundes sein Engagement für die Resozialisierung von Tierheimtieren mit einem Sonderpreis.

Cesar wurde in Culiacán, Mexiko, geboren und hat über zwanzig Jahre Erfahrung mit Hunden. Er lebt in Los Angeles und verbringt seine Freizeit mit seiner Familie – seiner Frau Ilusion und seinen beiden Söhnen Andre und Calvin –, die ihn bei seiner Arbeit unterstützen.

Weitere Informationen über Cesar Millan, das Dog Psychology Center und die nächsten Seminare finden Sie auf seiner Internetseite www.cesarmillaninc.com. Dort ist auch seine erste DVD »People Training for Dogs« erhältlich.

Melissa Jo Peltier

Melissa Jo Peltier ist Miteigentümerin und Mitbegründerin der Produktionsfirma MPH Entertainment in Burbank, Kalifornien. Für ihre Arbeit als Film- und Fernsehautorin sowie als Regisseurin hat sie über fünfzig internationale Preise und Auszeichnungen erhalten, darunter Emmy, Humanitas und Peabody sowie drei Nominierungen für den Writers Guild Award. Ihr Fernsehkrimi »Nightwaves« mit Sherilyn Fenn in der Hauptrolle war 2004 ein großer Erfolg. Zusammen mit ihren beiden Partnern ist Peltier ausführende Produzentin und Koautorin der Serie »Dog Whisperer«. Sie teilt ihre Zeit zwischen Los Angeles und New York auf, wo sie mit ihrer Familie lebt.

BILDNACHWEIS

ANMERKUNGEN

Einführung

1 Quelle: U.S. Humane Society (US-Tierschutzbund).

2 Mindy Fetterman: »Pampered Pooches Nestle in Lap of Luxury«. *USA Today*, 11. Februar 2005, 1A.

3 Alex Lieber: »Lifetime Costs of Pet Ownership«. Pet-Place.com, http://petplace.compuserve.com/Articles/artShow.asp?artID=5024.

1. Eine Kindheit mit Hunden

1 Robert M. Saponsky: »Social Status and Health in Humans and Other Animals«. *Annual Review of Anthropology* 33 (2004), S. 393–414.

2. Wenn wir mit den Tieren sprechen könnten

1 Bruce Fogle: *Was geht in meinem Hund vor? Faszinierende Einblicke in das Wesen und Verhalten von Hunden*. Bergisch Gladbach: Lübbe, 1993, S. 97.

2 Hubert Montagner: *L'Attachement: Les Debuts de la Tendresse (Attachment: The Stages of Affection)*. Paris: Editions Odile Jacob, 1988.

3 Don Oldenburg: »A Sense of Doom: Animal Instinct for Disaster«. *The Washington Post*, 8. Januar 2005, C1.

4 Maryann Mott: »Did Animals Sense Tsunami Was Co-

ming?«. *National Geographic News*, 4. Januar 2005, http://news.nationalgeographic.com/news/2005/01/0104_tsunami_animals.html.

5 Dr. med. vet. Leon F. Whitney: *Dog Psychology: The Basics of Dog Training*. New York: Howell Book House, 1971, S. 152 f.

6 Carolyn M. Willis et al.: »Olfactory Detection of Human Bladder Cancer by Dogs: Proof of Principal Study«. BMJ 329 (2004), S. 712.

3. Hundepsychologie

1 Marc D. Hauser: *Wilde Intelligenz – Was Tiere wirklich denken*. München: Deutscher Taschenbuch Verlag, 2003, S. 11 ff.

2 H. Varendi, R. H. Porter und J. Winberg: »Does the Newborn Baby Find the Nipple by Smell?«. *The Lancet* 8, Nr. 344 (8298; Oktober 1994), S. 989 f.

3 H. Varendi, R. H. Porter und J. Winberg: »Attractiveness of Amniotic Fluid Odor: Evidence of Prenatal Olfactory Learning«, *Acta Paediatrica* 85, Nr. 10 (1996), S. 1223–1227.

4 John Paul Scott und John L. Fuller: *Genetics and the Social Behavior of the Dog*. Chicago: University of Chicago Press, 1965, S. 94 f.

5 Bruce Fogle: *Was geht in meinem Hund vor?*, a.a.O., S. 159 f.

6 Patricia B. McConnell: *Das andere Ende der Leine: Was unseren Umgang mit Hunden bestimmt*. Mürlenbach/Eifel: Kynos Verlag, 2002, S. 124.

7 Virginia Morell: »The Origin of Dogs: Running with the Wolves«. *Science* 276, 5319 (13. Juni 1997), S. 1647 f.

8 David L. Mech: *The Wolf: The Ecology and Behavior of an Endangered Species*. New York: Natural History Press, 1970.

9 John Paul Scott und John L. Fuller: *Genetics and the Social Behavior of the Dog*, a.a.O., S. 400–403.

10 Maryann Mott: »Breed-specific Bans Spark Constitutional Dogfight«. *National Geographic News*, 17. Juni 2004, http://news.nationalgeographic.com/news/2004/06/0617_040617_dogbans.html.

4. Die Macht des Rudels

1 »Wolves in Denali Park and Reserve«, National Park Service/Dept. of the Interior, http://www.nps.gov/akso/ParkWise/Students/ReferenceLibrary/DENA/WolvesInDenali.htm.

2 Bruce Fogle: *Was geht in meinem Hund vor?*, a.a.O., S. 115 f.

3 Elizabeth Pennisi: »How Did Cooperative Behavior Evolve?«. *Science* 309, 5731 (1. Juli 2005), S. 93.

4 Elizabeth MacDonald und Chana R. Schoenberger: »Special Report: The World's Most Powerful Women«. *Forbes*, 28. Juli 2005.

5 R. Butler und H.F. Harlow: »Persistence of Visual Exploration in Monkeys«. *Journal of Comparative and Physiological Psychology* 46 (1954), S. 258.

6 E.E. Shillito: »Exploratory Behavior in the Short-tailed Vole *Microtus arestis*«. *Behavior* 21 (1963), S. 145–154.

7 Quelle: American Humane Association.

5. Verhaltensauffälligkeiten

1 Kathy Dye: »Wolfes: Violent? Yes. Threat? No«, *Juneau Empire*, 2. November 2000, http://juneauempire.com/smart_search/.

6. Im roten Bereich

1 J.J. Sacks et al.: »Fatal Dog Attacks, 1989–1994«. *Pediatrics* 97, Nr. 6 (1. Juni 1996), S. 891–895.

2 D. Pimental, L. Lach, R. Zuniga und D. Morrison: »Environmental and Economic Costs Associated with Non-indigenous Species in the United States«. Cornell University, College of Agriculture and Life Sciences, Ithaca, N.Y., 1999, www.news.cornell.edu/releases/Jan99/species_costs.html.

3 T.A. Karlson: »The Incidence of Facial Injuries from Dog Bites«. JAMA 251, Nr. 24 (Juni 1984), S. 3265 ff.

4 Quelle: American Society of Plastic Surgeons.

5 Quelle: American Humane Association.

6 Jaxton Van Derbeken: »Dog Owner Defends Story: Knoller Says Her Memory of Attack ›fades in and out‹«. *San Francisco Chronicle*, 13. März 2002, A21.

7 American Kennel Club: *The Complete Dog Book*. New York: Wiley Publishing, 19. überarbeitete Ausgabe 1998, S. 286 f.

8 Ebenda, S. 271–275.

9 Juan Gonzalez: »News & Views: This Web Site's the Pits«. *New York Daily News*, 4. Dezember 2003, www.nydailynews.com/news/story/142548p-126284c.html.

10 Maryann Mott: »Breed-specific Bans Spark Constitutional Dogfight«, a.a.O.

11 Kerry Kearsley: »Washington Bill Asks Insurers to Con-

sider 'Dogs' Deeds, Not Their Breeds«. *AP Online*,
18. März 2005.

12 Benjamin N. Gedan: »Even Mild-mannered Dogs Can
Be Lethal to Children«. *The Providence Journal*, 15. Juli
2005, B17.

13 Bruce Fogle: *Was geht in meinem Hund vor?*, a. a. O.,
S. 264.

7. Cesars Formel für einen erfüllten, ausgeglichenen und gesunden Hund

1 »Wolves in Denali Park and Reserve«, a. a. O.

2 John Paul Scott und John L. Fuller: *Genetics and the
Social Behavior of the Dog*, a. a. O., S. 46.

8. »Können wir nicht einfach friedlich miteinander leben?«

1 Amanda Covarrubius und Natasha Lee: »Pet Rottweiler Kills Toddler in Glendale«. *Los Angeles Times*,
4. August 2005, B1.

2 J. J. Brace: »Theories of Aging«. *Veterinary Clinics of
North America – Small Animal Practice* 11 (1981),
S. 811–814.

3 Quelle: American Association of Retired Persons
(Amerikanische Vereinigung der Ruheständler).

4 Marc D. Hauser: *Wilde Intelligenz*, a. a. O., S. 282–286.

REGISTER